高等职业院校精品教材系列

江苏高校品牌专业
建设工程资助项目
（PPZY2015C242）

C 语言程序设计案例教程

高玉玲　王　璇　主编

宋维君　王书旺　副主编

胡晓燕　胡国兵　尹会明　顾振飞　杜　军　参编

于宝明　主审

電子工業出版社
Publishing House of Electronics Industry
北京 • BEIJING

内 容 简 介

本书根据国家示范建设课程改革成果及C语言程序设计课程教学要求进行编写。全书内容分为12章，系统地讲解编程与C语言基础、基本数据类型、运算符与表达式、顺序结构程序设计、选择结构程序设计、循环结构程序设计、数组、函数、指针、结构体、联合体与枚举、编译预处理、文件处理等知识。书中设有多个实例，同时在章节中穿插3个阶段性综合训练，每经过一个阶段的学习就完成一个综合性的应用设计，在应用设计中强化理论知识，将理论和实践紧密结合。在内容安排上由浅入深，注重例题的可操作性，融入微信扫码实例的信息化手段，并通过读一读、练一练的形式帮助学生掌握C语言的程序设计方法和技巧，最后根据自测题和上机训练题进行学习检测和操作练习。

本书为高等职业本专科院校相应课程的教材，也可作为开放大学、成人教育、自学考试、中职学校和培训班的教材，以及编程爱好者自学C语言的参考书。

本书提供免费的电子教学课件、习题参考答案、程序代码，详见前言。

图书在版编目（CIP）数据

C语言程序设计案例教程/高玉玲，王璇主编. —北京：电子工业出版社，2016.8（2022.7重印）

高等职业院校精品教材系列

ISBN 978-7-121-29198-2

Ⅰ.①C… Ⅱ.①高… ②王… Ⅲ.①C语言－程序设计－高等学校－教材 Ⅳ.①TP312

中国版本图书馆CIP数据核字（2016）第145486号

策划编辑：陈健德（E-mail：chenjd@phei.com.cn）

责任编辑：李　蕊

印　　刷：天津画中画印刷有限公司

装　　订：天津画中画印刷有限公司

出版发行：电子工业出版社

北京市海淀区万寿路173信箱　邮编　100036

开　　本：787×1 092　1/16　印张：19　字数：486.4千字

版　　次：2016年8月第1版

印　　次：2022年7月第14次印刷

定　　价：55.00元

凡所购买电子工业出版社图书有缺损问题，请向购买书店调换。若书店售缺，请与本社发行部联系，联系及邮购电话：（010）88254888，88258888。

质量投诉请发邮件至zlts@phei.com.cn，盗版侵权举报请发邮件至dbqq@phei.com.cn。

本书咨询联系方式：chenjd@phei.com.cn。

前　言

C 语言是一种功能通用、应用广泛的程序设计语言，既可用来开发系统程序，又可用来开发各种应用程序，它不仅在软件设计与开发领域中长盛不衰，也是学习其他高级语言的基础。C 语言程序设计已经成为高职院校电子信息、计算机等多个相关专业的一门必修专业基础核心课程。

本书在开展国家示范建设课程改革成果的基础上按照 C 语言程序设计课程教学要求编写。全书以高等职业教育的职业能力培养为目标，注重以理论教育为基础，以技能培训为前提，将理论与实践紧密结合，同时融入微信扫码实例的信息化手段，方便教师进行教学与学生自学。在内容安排上根据学生的实际需要，力求浅显易懂，每章都以最基础的知识为起点，每个知识点都选用恰当的实例，让学生熟练掌握书中的基本概念和基本操作，然后进入更深层次的学习，并通过读一读、练一练的形式帮助学生掌握 C 语言的程序设计方法和程序设计技巧，最后根据自测题和上机训练题进行学习检测和操作练习。

全书内容分为 12 章，通过多个实例来系统讲解编程与 C 语言基础、基本数据类型、运算符与表达式、顺序结构程序设计、选择结构程序设计、循环结构程序设计、数组、函数、指针、结构体、联合体与枚举、编译预处理、文件处理等知识，并在章节中穿插 3 个阶段性综合训练，目的在于使学生能够运用前面所学的知识点进行程序的综合开发，真正掌握程序设计的核心内容。全书注重基础、突出应用，在应用设计中强化理论知识，完全满足教中学、学中做的一体化教学需求。

本书为高等职业本专科院校相应课程的教材，也可作为开放大学、成人教育、自学考试、中职学校和培训班的教材，以及编程爱好者自学 C 语言的参考书。本课程教学的参考学时为 75 学时，各院校可根据不同专业的实际需要对本教材的内容做适当的取舍。

本书由南京信息职业技术学院高玉玲和王璇任主编，由宋维君和王书旺任副主编。其中高玉玲编写第 3～8 章，王璇编写第 9～12 章及阶段性综合训练 3，宋维君编写第 1 章，王书旺编写阶段性综合训练 1 和 2，胡晓燕编写第 2 章，其他参加编写的人员还有胡国兵、尹会明、顾振飞、南京中兴通讯股份有限公司高级工程师杜军。本书内容由南京信息职业技术学院电信学院于宝明院长审核，在此表示衷心的感谢。书中部分内容的编写参照了有关文献，谨对书后所有参考文献的作者表示感谢。

由于编者水平和时间有限，书中错漏在所难免，恳请广大读者批评指正，并提出宝贵意见。

为了方便教师教学，本书还配有免费的电子教学课件、习题参考答案、程序代码，请有此需要的教师登录华信教育资源网（http://www.hxedu.com.cn）免费注册后再进行下载，有问题时请在网站留言或与电子工业出版社联系（E-mail：hxedu@phei.com.cn）。

编者

第1章 编程与C语言基础

教学导航

教	知识重点	1. C语言程序的基本结构；2. C语言程序的开发流程
	知识难点	计算机的运行机制
	推荐教学方式	一体化教学：边讲理论边进行上机操作练习，及时将所学知识运用到实践中
	建议学时	4学时
学	推荐学习方法	课中：接受教师的理论知识讲授，积极完成上机练习 课后：巩固所学知识点，完成作业，熟悉Visual C++ 6.0集成开发环境的使用
	必须掌握的理论知识	1. C语言的特点；2. C语言程序的基本组成； 3. printf( )和scanf( )的简单应用
	必须掌握的技能	Visual C++ 6.0集成开发环境的使用

知识分布网络

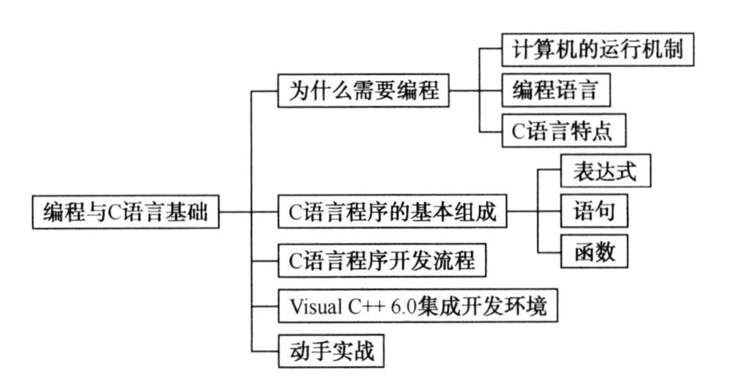

程序设计语言是人们与计算机进行交流的语言，它遵循一定的规则和形式，对计算机下达“命令”，制定其工作顺序。为满足计算机的各种应用，人们设计了上百种程序设计语言。C 语言是一种功能通用、应用广泛、很有发展前途的高级语言，既可用来开发系统程序，又可用来开发各种应用程序。为了使读者对 C 语言有一个整体的认识，本章将介绍 C 语言的特点、C 语言的基本语法成分、C 语言程序的结构及 C 语言程序的开发过程。

1.1 为什么需要编程

目前，计算机的应用作为 21 世纪信息大爆炸时代的重要标志之一，已经渗透到社会的各个领域和层面，成为人们工作和生活中不可或缺的一部分。计算机不仅可以帮助人们解决科学研究和工程技术中复杂的数值计算问题，而且还可以协助人们驾驶汽车、烹饪美食、网上购物和娱乐等。计算机是如何做到这些的呢？这要从计算机的运行机制入手。

1.1.1 计算机的运行机制

时至今日，世界上各类计算机的基本结构大多建立在冯·诺依曼计算机模型基础上，即属于冯·诺依曼计算机体系结构的计算机，主要由运算器、控制器、存储器、输入设备和输出设备五部分组成，如图 1.1 所示。

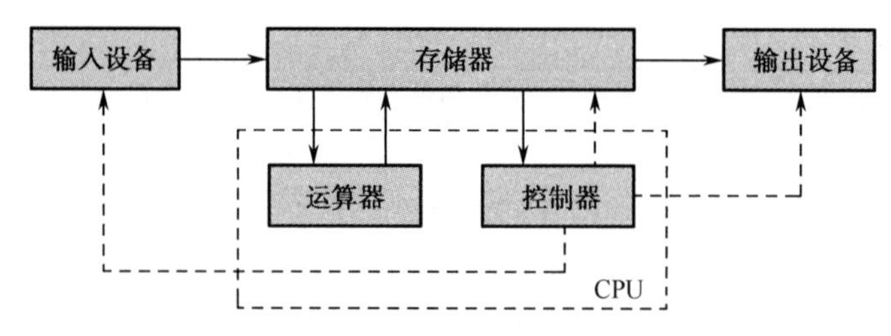

图 1.1 冯·诺依曼计算机体系结构

CPU 由运算器和控制器组成，运算器负责数据加工，实现算术逻辑运算；控制器负责指挥和控制各部件协调工作，实现程序执行过程。

存储器由主存和辅存（如磁盘）组成，负责实现信息存储。主存由小容量、快速元器件组成，存放近期常用的程序和数据；辅存由大容量、低价格元器件组成，存放所有的程序和数据。

I/O 设备包括输入设备和输出设备，负责实现信息的输入和输出，以及信息的格式变换。

冯·诺依曼计算机体系结构的计算机运行机制：如果需要计算机解决某个问题，需先根据问题的要求，确定解决方法，然后将方法用指令序列（程序）的形式描述出来，并且通过输入设备将该程序和要处理的数据存入计算机的存储器中。计算机执行程序时，将自动地按顺序从主存储器中逐条取出指令加以分析，并执行指令规定的操作。也就是说，如果没有程序，计算机就是一堆“废铁”，想让计算机自动运行完成某一任务，必须事先把程序编出来，这是人们学习“编程”的原因。

1.1.2 编程语言

编程就是使用一种程序设计语言编写程序代码，让计算机解决某个问题的过程。由这个

定义来看，根据使用的程序设计语言不同，编写的程序就不同，总的来说分三种：机器语言、汇编语言、高级语言。

机器语言是最底层的计算机语言，是硬件能直接执行的二进制代码。对于不同的计算机硬件（主要是 CPU），其机器语言是不同的，因此，针对一种计算机所编写的机器语言程序不能在另一种计算机上运行。由于机器语言程序是直接针对计算机硬件所编写的，因此它的执行效率比较高，能充分发挥计算机的速度性能。但是，用机器语言编写程序的难度比较大，容易出错，而且程序的直观性比较差，也不容易移植。

汇编语言也是面向机器的程序设计语言。由于汇编语言用符号代替了机器语言的二进制码，所以具有直观、容易理解和记忆的特点。但是，汇编语言和机器语言一样依赖于计算机硬件，其可读性和可移植性较差。

高级语言接近于自然语言和数学语言，从而易于为人们接受、掌握和书写。高级语言的显著特点是独立于具体的计算机硬件，通用性和可移植性好。

C 语言是世界上最流行、使用最广泛的高级程序设计语言之一，既有高级语言的特性，又具有汇编语言的特点。C 语言可以作为系统设计语言，编写系统应用程序；也可以作为应用程序设计语言，编写不依赖计算机硬件的应用程序，应用非常广泛。

1.1.3　C 语言特点

1972 年，C 语言由美国贝尔实验室的 Dennis M. Ritchie 在 B 语言的基础上完善和扩充，始用于 UNIX，后逐渐进入其他操作系统，并被移植到各种大、中、小及微型计算机上，使其成为当今使用最为广泛的程序设计语言之一。1987 年，美国标准化协会制定了 C 语言标准“ANSI C”，即现在流行的 C 语言。C 语言之所以得到如此多的青睐，归功于其优秀的特性。

C 语言的主要特点如下所述。

1）C 语言简洁、紧凑，使用方便、灵活

C 语言是现有程序设计语言中规模最小的语言之一，ANSI C 标准一共只有 32 个关键字，9 种控制语句，因此用 C 语言书写的程序长度短，表达方法简洁。

2）运算符丰富

C 语言的运算符包含的范围很广泛，共有 34 种运算符。C 语言把括号、赋值、强制类型转换等都作为运算符处理，从而使 C 的运算类型极其丰富，表达式类型多样，除了能完成算术、关系和逻辑运算外，还能完成以二进制为单位的运算，从而可以实现比较复杂的运算。

3）数据结构丰富

C 语言的数据类型有：整型、实型、字符型、数组类型、指针类型、结构体类型、共用体类型等，能用来实现各种复杂的数据类型的运算。并引入了指针概念，使 C 语言可以实现其他高级语言难以实现的功能，提高了程序运行效率。

4）C 语言是结构化语言

结构化语言的显著特点是代码及数据的分割化，使程序层次清晰，便于使用、维护及调试。C 语言程序采用函数结构，可以十分方便地把整体程序分割成若干相对独立的功能模块，并且为程序模块间的相互调用及数据传递提供了便利。

5）C语言语法限制不太严格、程序设计自由度大

一般的高级语言语法检查比较严，能够检查出几乎所有的语法错误。而C语言允许程序编写者有较大的自由度。

6）C语言允许直接访问物理地址，可以直接对硬件进行操作

因此，它既具有高级语言的功能，又具有低级语言的许多功能，能够像汇编语言一样对位、字节和地址进行操作，而这三者是计算机最基本的工作单元，可以用来写系统软件。

7）C语言程序生成代码质量高，程序执行效率高

汇编语言程序目标代码的效率是最高的，对于同一个问题，用C语言编写的程序编译生成目标代码的效率仅比用汇编语言编写的程序低10%～20%。

8）可移植性好

C语言程序基本上无须做很多修改就可以运行于各种型号的计算机和各种操作系统中。

由于C语言编程执行效率较高，语法格式自由，模块化性能好，因此不但成为各种操作系统和应用系统的开发语言，而且已成为很多嵌入式开发工程师首选的编程语言。

1.2 C语言程序的基本组成

几乎所有的程序设计语言都是由表达式、语句、语句块和函数块等基本元素构成的。

1.2.1 表达式

表达式由一个或多个操作数通过运算符组合而成。操作数是要处理的数据对象。运算符是一种“功能”符号，用来告知对操作数所要进行的数学和逻辑运算。C语言大部分的基本操作都是作为运算符处理的。例如：

```
1+2
a-b
c&&d
c>d
```

以上都是表达式。

第一个表达式是由操作数1、2和运算符“+”组成的算术表达式。运算符“+”称为算术运算符，表示要对两个操作数1、2进行加运算。

第二个表达式，名为a的操作数减去（运算符“-”）名为b的操作数，它也是算术表达式。

在第三个表达式中，运算符“&&”表示对操作数c和d进行逻辑与运算，是逻辑表达式。它最终的结果是逻辑真、逻辑假。运算符“&&”称为逻辑运算符。

最后一个表达式，操作数c同操作数d进行比较，结果是逻辑真、逻辑假，它是关系表达式。运算符“>”称为逻辑运算符。

C语言将除了控制语句和输入/输出以外的几乎所有的基本操作都作为运算符处理，运算符异常丰富，能够构成多种表达式，表达式应用灵活，数据处理能力强，可以处理各种复杂问题。

1.2.2 语句

语句用来命令计算机系统执行某种操作。C语言的语句可分为表达式语句、复合语句、

空语句、控制语句、函数调用语句五类。

例如： y=1+2; 是最简单的表达式语句，功能是完成操作数“1”加操作数“2”的算术运算，并将计算结果保留在 y 中。y 在 C 语言中称为变量。变量是程序中数据的存放场所，对应着一段连续的存储空间。在 C 语言中通过定义变量来申请并命名这样的存储空间，并通过变量的名字来使用这段存储空间。

C 语言的控制语句用于控制程序的流程，以实现程序的各种结构方式，由特定的语句定义符组成，如 if-else 语句、do while 语句等。

C 语言本身没有输入/输出语句，C 语言的输入/输出操作由 scanf 函数和 printf 函数等标准函数完成。

注意：C 语言的语句必须以分号结束。

1.2.3 函数

C 语言作为一种结构化程序设计语言，用函数来实现程序模块，每个函数是一个可以重复使用的程序模块，通过模块间的相互调用实现复杂的功能。可以说 C 语言程序的全部工作都是由各式各样的函数完成的，所以也把 C 语言称为函数式语言。

从函数定义（编写实现相对独立功能的程序代码）的角度看，C 语言函数可分为库函数和用户定义函数两种。

库函数是由编译程序根据一般用户的需要编写并提供给用户使用的一组程序。用户使用库函数时，只需在程序前包含有该函数原型的头文件即可，在程序中可以直接调用。下面介绍的 printf、scanf 等函数均属此类。

用户定义函数是指由编程者自己开发、编写的、以实现一定功能的函数。要在程序中定义函数本身，才能使用。

每个 C 语言程序由一个或多个函数组成，其中必须且只能包含一个主函数 main()，主函数属于用户自定义函数。

1. main()函数

main()函数（主函数）是 C 语言程序启动的入口，同时也是程序的出口。程序总是从 main() 函数开始执行，执行到 main()函数结束则结束。一个 C 语言源程序必须有，也只能有一个主函数 main()。主函数可以调用其他函数，从而实现各种功能，main()函数是唯一一个不能被其他函数调用的特殊函数。

和其他用户自定义函数一样，主函数需要定义后才能使用，所谓定义就是编写实现一定功能的程序段。

main()函数定义的标准格式：

函数由两部分组成：

（1）函数的说明部分。int main(void)，main 是函数名；int 指明了 main()函数的返回类型，即函数执行完带给操作系统的数据类型；函数名后面的圆括号一般包含传递给函数的信息，void 表示执行 main()函数时没有给函数传递数据，这部分详细说明见第 8 章。

（2）函数体。即在函数说明部分下面的花括号{……}内的部分，每个函数的函数体只有一个。函数体包括函数体声明部分和函数体执行部分。函数体声明部分由变量定义、自定义类型定义、自定义函数说明、外部变量说明组成，其中变量定义是主要的；函数体执行部分是实现函数功能的语句的有机集合。

return 0;在这里作为程序的结束状态。如果系统返回 0，则说明程序运行正常；若返回其他数字，则代表各种不同的错误情况。

现在通过以下实例进一步了解主函数的构成。

实例 1.1 用 C 语言编程，计算矩形的面积。

具体程序如下：

```
1:  int  main(void)
2:  {
3:     int length;              } 变量定义
4:     int wide, area;          }
5:     length=8;                }
6:     wide=5;                  } 执行语句
7:     area= length*wide;       }
8:     return 0;                }
9:  }
```

说明：

第 1 行，函数的说明部分，main 是主函数名。

第 2 行和第 9 行，函数体的定界符，是函数的开始和结束。主函数的“{　}”也是 C 语言程序的起点和终点。

第 3 行和第 4 行，函数体声明部分。定义了 3 个有符号整型变量 length、wide、area，分别存放长、宽、面积。

第 5～8 行，函数体执行部分。

第 5 行和第 6 行，赋值语句，给变量 length 赋 8，变量 wide 赋 5。

第 7 行，将变量 length 的值乘以变量 wide 的值，结果 40 赋值给变量 area。

第 8 行，函数运行后将返回给操作系统一个“0”，用以说明程序运行正常。

程序在 VC 环境中，经编译、链接后运行，结果如图 1.2 所示。

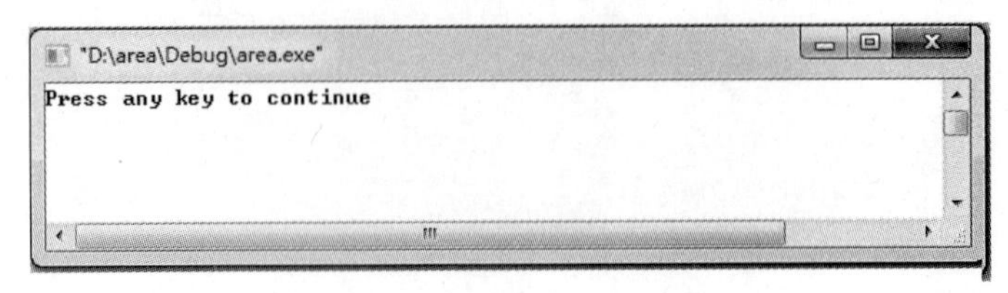

图 1.2　实例 1.1 运行界面

按下任意键后，窗口关闭，回到VC主界面。

上述函数实现了一个长为8，宽为5的矩形面积的计算。但是，遗憾的是，在整个过程中，没能看到运行的结果。如何能使人们直观地看到运行结果呢？而且，当矩形的长、宽值改变了，此函数就不能与时俱进了，上述函数通用性太差，该如何解决呢？

解决的方法很简单，只要在函数中加入人机交互界面，通过输入操作随意修改变量length和wide的值，由输出操作把结果反馈给用户，用以观察函数功能是否实现。由于C语言中没有专门的输入/输出语句，所以程序中的所有输入/输出操作是由调用标准的输入/输出库函数实现的。下面对scanf/printf函数做一个简单的介绍，详细的说明见第4章。

2. 输出函数printf和输入函数scanf

scanf/printf函数是C语言的标准输入/输出库函数。标准输入/输出库函数是别人把一些常用的函数编完放到一个文件里，供程序员使用，程序员需要的时候把它所在的文件名用#include< >加到里面就可以了（尖括号内填写文件名）。

在ANSI C中，标准输入/输出库函数被定义在头文件“stdio.h”中。因此，在使用标准输入/输出库函数之前必须将“stdio.h”文件包含进来，在程序开头应使用下面的编译预处理命令：

```
#include <stdio.h>
```

或

```
#include"stdio.h"
```

1）printf函数

printf函数的功能是按照指定的输出格式向外部输出设备输出数据，是最常用的输出函数。

```
printf("输出内容");
```

在屏幕上显示指定内容，双引号中的内容原样输出。

```
printf("%d",i);
```

在屏幕上输出整型量i的值，其中%d用于说明变量i以十进制形式输出。

实例1.2　printf函数应用实例。

（1）若要在屏幕上显示“Please enter a number:”，具体语句序列如下：

```
printf("Please enter a number:\n ");
```

转义字符"\n"将光标移到下一行开头。

（2）在屏幕上显示变量的值，具体语句序列如下：

```
x=3;
printf("%d",x);
```

两条语句执行后，屏幕显示“3”。

（3）在屏幕上显示变量的值，具体语句序列如下：

```
x=3;
printf("x=%d",x);
```

两条语句执行后，屏幕显示“x=3”。

（4）在屏幕上显示变量的值，具体语句序列如下：

```
x=3;
y=4;
```

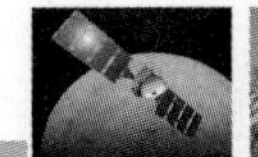

```
    z=x+y;
    printf("x=%d,y=%d,z=%d",x,y,z);
```

4条语句执行后，屏幕显示“x=3,y=4,z=7”。

2）scanf函数

scanf函数的功能是按照所指定的输入格式向计算机输入数据，是最常用的输入函数。

```
    scanf("%d",&a);
```

从键盘上输入整型量赋给整型变量a。变量a用于接收数据，其名前必须加地址运算符&。

实例1.3 从键盘上输入3个整型量，依顺序分别赋予3个整型变量x、y、z。具体语句序列如下：

```
    scanf("%d%d%d",&x,&y,&z);
```

当执行这条函数调用语句时，程序会停下来，等待用户从键盘输入数据。注意，在输入的两个数据之间用空格来分隔，当然也可用“Tab”键或“Enter”键来分隔。

1.3 C语言程序开发流程

用高级语言编写的程序称为源程序，计算机不能识别和运行。源程序必须被翻译成机器语言程序，即目标程序，这样才能在机器上运行。因此，高级语言程序的执行过程如图1.3所示，一般要经过以下几步（也称为上机操作步骤）。

（1）编辑C语言源程序。可以用任何一种编辑软件将在纸上编写好的C语言源程序输入计算机，并将C语言源程序文件“*.c”以纯文本文件形式保存在计算机的磁盘上。

（2）编译C语言源程序。使用C语言编译程序将编辑好的源程序文件“*.c”翻译成二进制目标代码文件“*.obj”。编译程序对源程序逐句检查语法错误，发现错误后不仅会显示错误的位置（行号），还会告知错误类型信息。这时需要再次回到编辑软件修改源程序的错误，然后再进行编译，直至排除所有语法和语义错误。

（3）链接。程序编译后产生的目标文件是可重定位的程序模块，不能直接运行。链接将编译生成的各个目标程序模块和系统或第三方提供的库函数“*.lib”链接在一起，生成可以脱离开发环境、直接在操作系统下运行的可执行文件“*.exe”。

（4）运行程序。如果经过测试，运行可执行文件达到预期设计目的，那么这个C语言源程序的开发工作便到此完成了。如果运行出错，则说明源程序的逻辑存在问题，需要再次回到编辑环境针对源程序出现的逻辑错误做进一步检查、修改源程序，重复编辑→编译→链接→运行的过程，直到取得预期结果为止。

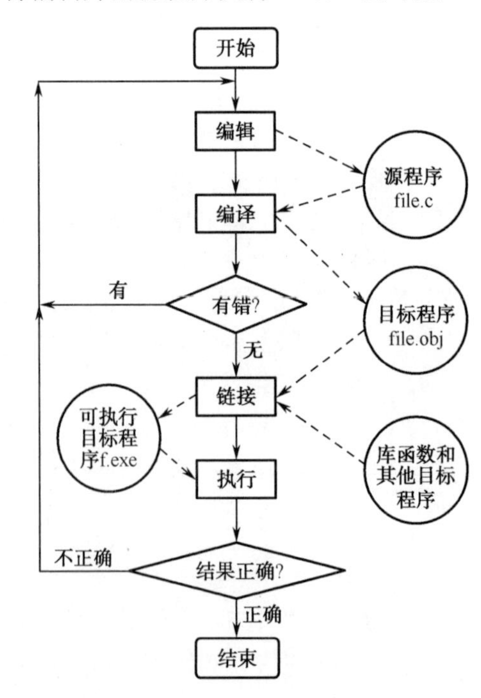

图1.3 C语言程序的执行过程

1.4 Visual C++ 6.0 集成开发环境

Visual C++ 6.0 是微软为 C++程序设计者推出的最经典、最具里程碑意义的一款程序集成开发环境，以后简称 VC。VC 集成开发环境功能强大，集程序创建、编辑、编译、调试为一体，初学者学习 C 语言编程，并不需要了解开发环境的全部功能。可以在安装 VC 时选择完全安装 MSDN，然后在遇到问题时再去查阅 MSDN 中的相关说明。在这里，重点介绍 VC 集成环境下开发 C 语言源程序的过程。

第一步：打开 Visual C++ 6.0。

单击“开始”按钮，依次选择“程序”→“Microsoft Visual Studio 6.0”→“Microsoft Visual Studio 6.0”，打开 Visual C++ 6.0 主窗口，如图 1.4 所示。

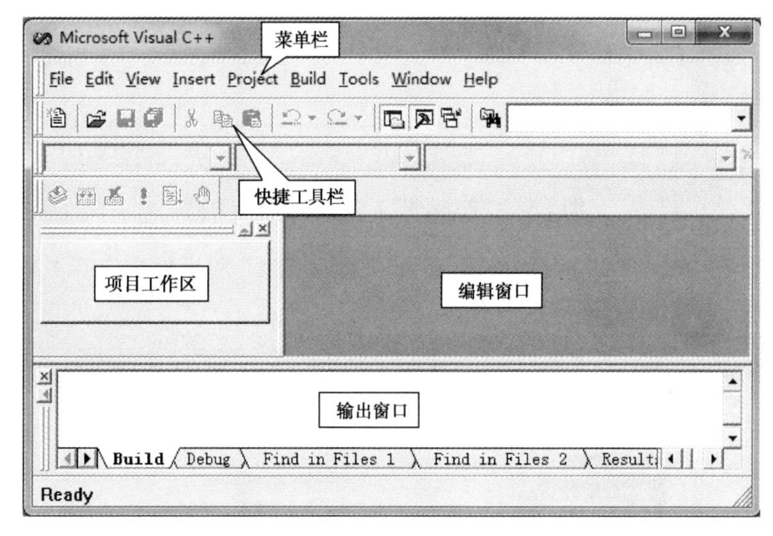

图 1.4　Visual C++ 6.0 主窗口

跟大多数的 Windows 应用程序一样，Visual C++主窗口最上面是菜单，然后是工具栏，中间是工作区（左侧窗口是项目工作区，C 语言程序员可以在“ClassView”页的 Globals 全局选项里查看到正在开发的全局变量和全局函数；右侧窗口是编辑窗口，可以同时对多个文档进行编辑）。最下面状态栏上面的窗口是输出窗口，主要用于显示编译、链接信息和错误提示。可以双击错误提示行，VC 会在编辑窗口内打开出错代码所在的源程序文件，并将光标快速定位到出错行上。在编辑窗口内输入、编辑程序源代码时，源代码会显示“语法着色”。在默认情况下，代码为黑色，注释为绿色，关键字为蓝色。还可以通过“Tools”菜单下的“Options”对话框中的“Format”选项卡进一步设置指定颜色。

第二步：新建工程。

开发一个应用程序，往往会有很多源程序文件、菜单、图标、图片等资源，VC 通过“项目”管理上述资源。

（1）单击主窗口顶部的“File”（文件）菜单中的“New”（新建）选项，系统弹出“New”对话框。单击“New”对话框顶部的“Projects”（工程）选项卡，选择“Win32 Console Application”

（Win32 控制台应用程序）选项，如图 1.5 所示。在“Project Name”文本框中输入一个工程名字，如“first”，在“Location”（位置）文本框中输入一个路径（或单击文本框右边的选择按钮，在弹出的“Choose Directory”（目录选择）对话框中选择一个路径），如“D:\VC”，然后按下“OK”（确定）按钮。

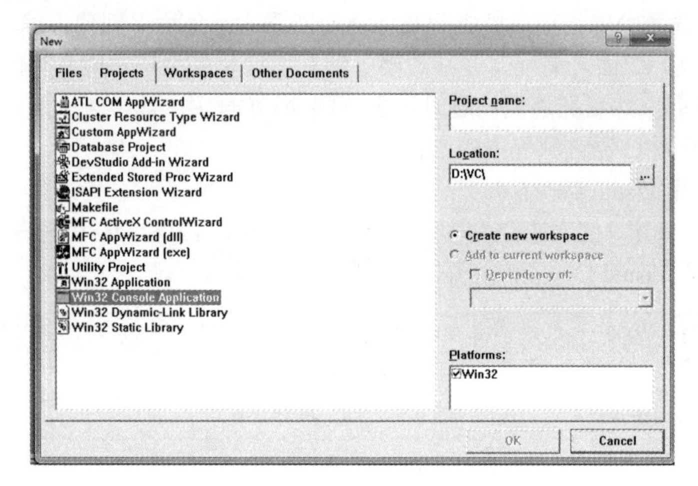

图 1.5　“Projects”（工程）选项卡页面

（2）在弹出的“Win32 Console Application-Step 1 of 1”对话框中选择“An empty project”单选项，然后单击“Finish”（完成）按钮，如图 1.6 所示。

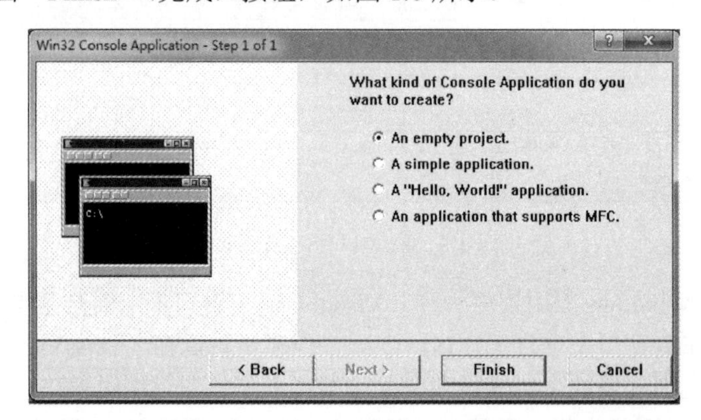

图 1.6　“Win32 Console Application-Step 1 of 1”对话框

（3）在弹出的“New Project Information”（新建工程信息）对话框中单击“OK”（确定）按钮，如图 1.7 所示。

至此，在“D:\VC \first”目录下建成了一个名为“first”的空项目。

第三步：新建源程序文件。

（1）单击主窗口顶部的“File”菜单中的“New”选项，系统弹出“New”对话框。

（2）在“New”对话框中，选择“Files”→“C++ Source File”，在右边的“文件”文本框中输入源程序文件名，如 data_1.c（加上.c 扩展名指出是建立 C 语言源程序，不加扩展名就默认为.cpp，即 C++源程序）。单击“OK”按钮，系统将回到主窗口，且主窗口右边出现了 data_1.c 文件的编辑窗口。

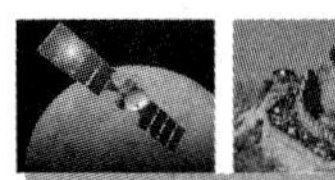

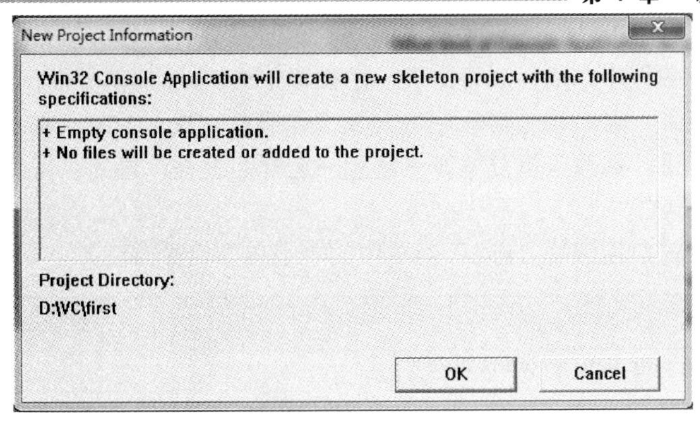

图 1.7　New Project Information（新建工程信息）对话框

（3）在主窗口右边的编辑窗口中输入源程序，并保存这个文件。

（4）单击主窗口顶部的“Project”→“Add to Project”（添加工程）→“Files”选项，将文件添加到一个项目中。

第四步：编译链接源文件。

（1）首先单击菜单“File”→“Save All”命令（“文件”→“保存全部”）保存工程，然后单击菜单“Build”→“Compile”命令（“组建”→“编译”），此时将对程序进行编译。若编译中发现错误（error）或警告（warning），将在“Output”窗口中显示出它们所在的行，以及具体的出错或警告信息，可以通过这些信息提示来纠正程序中的错误或警告。当没有错误与警告出现时，“Output”窗口所显示的最后一行应该是：“data_1.obj-0 error(s), 0 warning(s)”，如图 1.8 所示。

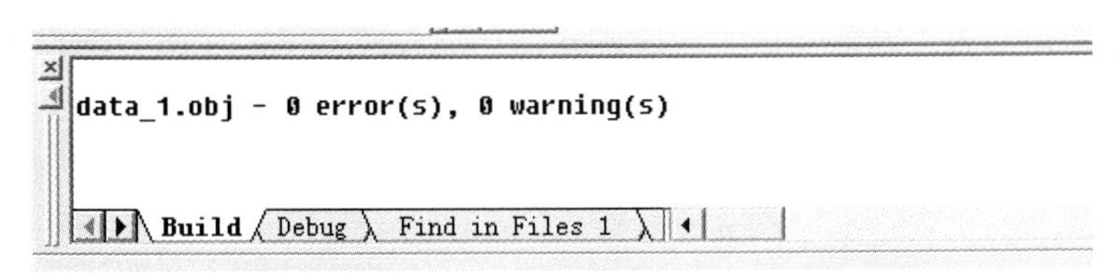

图 1.8　编译时无错误的提示信息

（2）编译通过后，单击菜单“Build”→“Build”命令（“组建”→“组建”），链接生成可执行程序。链接成功后，“Output”窗口所显示的最后一行应该是：“first.exe-0 error(s), 0 warning(s)”，如图 1.9 所示。

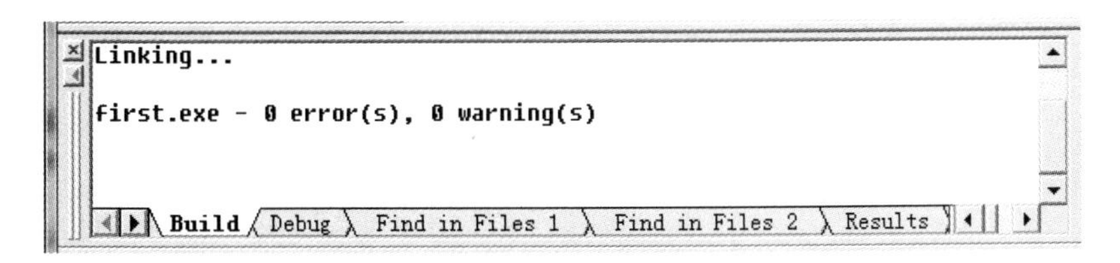

图 1.9　链接成功的提示信息

第五步：运行可执行程序。

对于已经链接成功的.exe 文件，单击“Build MiniBar”工具栏上的“Execute Program”

按钮运行程序。或者单击“Build”菜单下的那个感叹号“!”，也可按组合键“Ctrl+F5”，VC都将运行已经编好的程序，执行后将出现一个类似于DOS窗口的界面，如图1.10所示。

若运行结果正确，则C语言源程序的开发工作到此完成。否则，要针对源程序出现的逻辑错误返回第三步进行修改，重复编译→链接→运行的过程，直到取得预期结果为止。

第六步：退出VC。

可通过单击主窗口顶部的“File”菜单中的“退出”命令实现。

图1.10　运行窗口

1.5　动手实战

本节通过简单的C语言源程序，介绍其基本框架和特点。

1.5.1　编写你的第一个C语言源程序

一个C语言源程序可以由一个或多个源文件组成，每个源文件可由一个或多个函数组成。一个源程序不论由多少个文件组成，都有且只能有一个main()函数，即主函数。对于简单的C语言源程序来说，由于功能简单，可以把全部代码封装在主函数中，放在一个文件里。接下来学习简单C语言源程序的开发。

实战案例1.1　从键盘上输入两个整数，然后计算并显示输出这两个整数的平方和。

具体程序如下：

```
1:   /* The first C program*/
2:    #include<stdio.h>
3:    int main(void)
4:   {
5:     int a,b,sum;                    //定义整型变量a、b、sum
6:     printf("请输入两个数字");       //输出提示信息
7:     /* 从键盘输入两个整数赋值给变量a、b */
8:     scanf("%d",&a);
9:     scanf("%d",&b);
10:    sum=a*a+b*b;                      //把a²+b²的值赋给sum
11:    printf("输出：%d*%d+%d*%d=%d\n",a,a,b,b,sum);    //输出语句
12:    return  0;                        //函数正常退出
13:   }
```

程序分析：

第1行，注释。

注释一般用来说明整个程序或某段程序的功能。注释的常用方式有两种，一种是注释内容占据多行，对注释以下的一段程序或者整个程序文件进行说明，以“/*”开始，以“*/”结束；另一种是出现在一行语句的右边，对这行语句进行说明解释，以“//”作为开始。程序中添加注释的目的是帮助程序阅读者阅读理解程序。必要的注释可以增加程序的可读性，注释对程序的执行没有任何影响，编译时将被过滤掉，因此注释可以添加在程序的任何位置。

第 2 行，将“stdio.h”文件的全部内容加入程序中。

C 语言的函数必须先定义才能使用，程序中调用了标准库函数 printf 函数和 scanf 函数，而它们的函数定义在“stdio.h”文件中，因此在使用 printf 函数和 scanf 函数前，必须用 #include 命令将“stdio.h”文件包含进程序中。

#include 命令不是 C 语言语句，属于预处理命令，其功能是将相应文件中的全部内容进行“复制”，然后“粘贴到”（也就是插入）程序指定的位置上。必须以“#”开始，不以分号结束。

第 3 行，主函数的说明。

第 4 行，主函数的函数体开始，也是程序的“起点”。

第 5 行，定义 3 个变量 a、b、sum。以 “//”开始的部分是对这行语句所加的注释。

第 6 行，提示输入两个整数。

第 7 行，注释，说明接下来两条语句的功能。

第 8 行，按照十进制格式输入整数值并存入变量 a 中。

第 9 行，按照十进制格式输入整数值并存入变量 b 中。

第 10 行，计算两个整数平方之和，结果存入变量 sum 中。

第 11 行，按照指定格式输出计算结果。

第 12 行，程序正常退出。

第 13 行，主函数结束，也是整个程序的“终点”。

尽管这个程序很简单，但是也足以表现 C 语言源程序在组成结构上的特点了。

实战总结 1.1 C 语言源程序的基本框架和特点

C 语言程序最基本的程序框架由预处理命令和函数组两部分构成。预处理命令可以改进程序设计环境，提高编程效率，合理地使用预处理功能编写的程序便于阅读、修改、移植和调试，也有利于模块化程序设计。函数组完成 C 语言源程序的全部工作。

1）C 语言源程序的构成特点

（1）一个 C 语言源程序可以由一个文件组成，也可以由若干个文件组成。

（2）函数是程序的基本组成单位，每个源文件可由一个或多个函数组成，这使得程序容易实现模块化。

（3）一个源程序不论由多少个文件组成，都有且只能有一个 main()函数，即主函数。

（4）源程序中可以有预处理命令（include 命令仅为其中的一种），预处理命令通常应放在源文件或源程序的最前面。

2）编写 C 语言源程序时的注意事项

（1）C 语句都必须以分号结尾，但预处理命令、函数头和花括号“}”之后不能加分号。

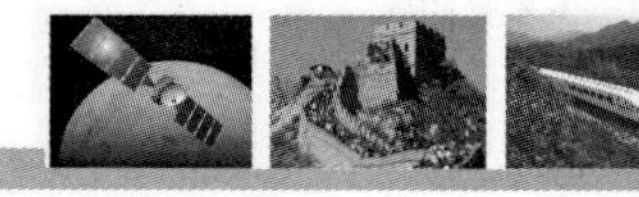

（2）C 语言源程序总是从 main()函数开始执行，与 main()函数位置无关。

（3）一行可以写一条语句或多条语句，一条语句也可以分写为多行。

（4）如果 C 语言源程序使用了标准库函数，则必须在程序开始处加入#include 预处理命令，将定义这个库函数的相关头文件包含进来。

（5）一个好的、有价值的源程序，应当在关键的位置加入恰当的注释，以增加程序可读性。

（6）在 C 语言源程序中，大小写字母意义不同。

1.5.2 上机调试你的第一个程序

（1）启动 VC 后，单击“File”→“New”命令，新建一个工程，工程名为“quc_sum”，并将其存入“D:\quc_sum”文件中。工程建立后，选择项目工作区的“FileView”标签，观察发现工程包含“Source Files”、“Header Files”、“Resource Files”3 种文件，如图 1.11 所示。

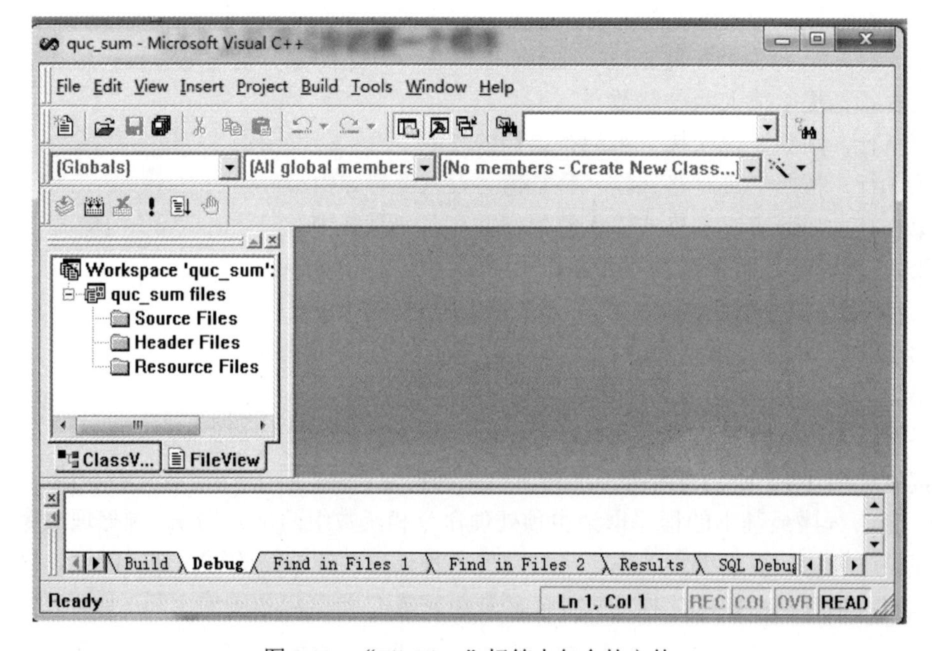

图 1.11 “FileView”标签中包含的文件

（2）单击常用工具栏中的按钮，新建一个文件，然后单击按钮，将其保存为一个 C 语言文件，文件名“quc_sum.c”。

（3）把鼠标指向项目工作区的“Source Files”并右击，在弹出的快捷菜单中选择“Add Files to Folder”命令，将“quc_sum.c”文件加入到工程的“Source Files”文件中，如图 1.12 所示。

（4）输入程序并保存，如图 1.13 所示。

（5）单击常用工具栏中的按钮，编译“quc_sum.c”文件，进行语法检查，如果没有错误，则生成“quc_sum.obj”目标文件。单击按钮，进行程序链接，生成“quc_sum.exe”文件。

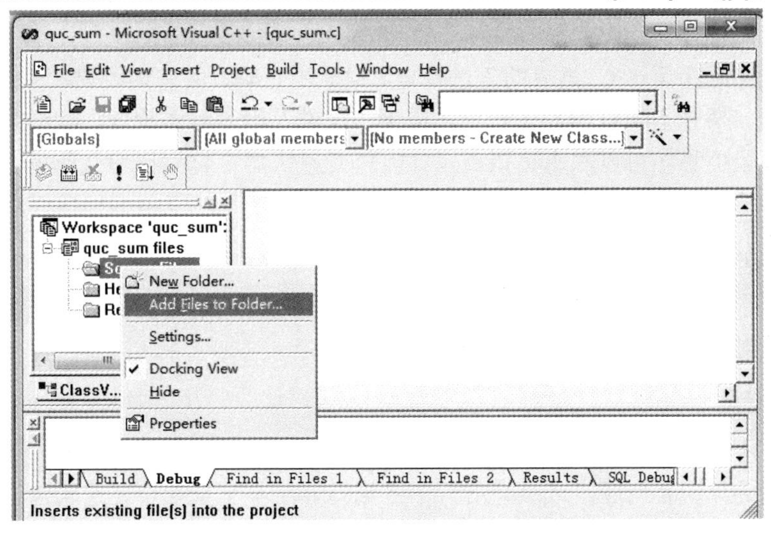

图 1.12　添加文件至工程

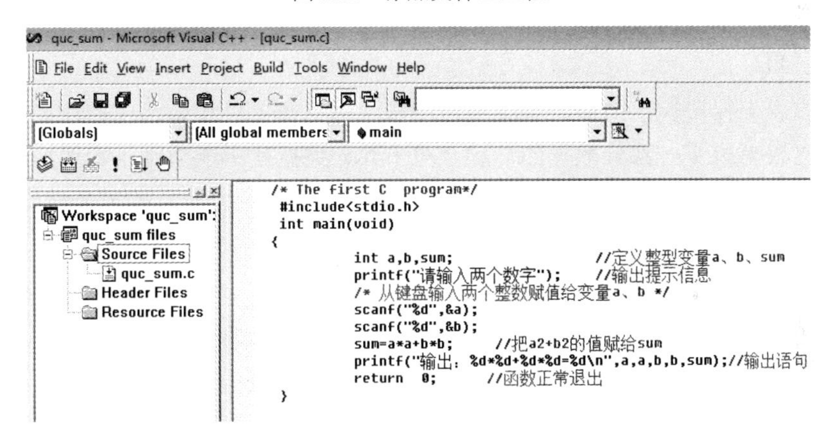

图 1.13　输入程序窗口

（6）单击常用工具栏中的 **!** 按钮，执行“quc_sum.exe”文件，DOS 窗口首先出现提示信息“请输入两个数字”，此时程序停下来，等待用户从键盘输入“3”回车，“4”回车，结果如图 1.14 所示。至此，一个 C 语言源程序就开发成功了。

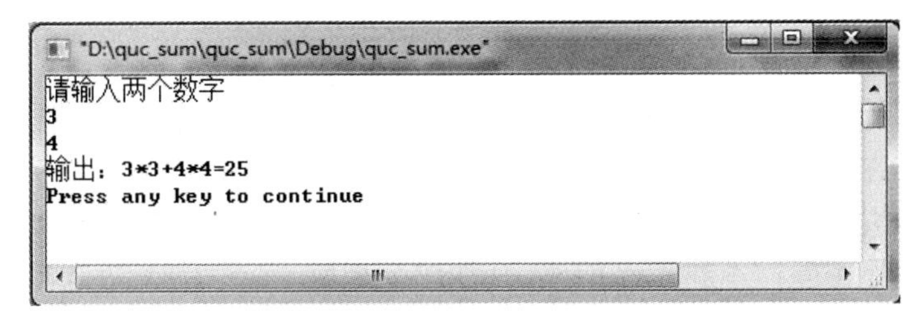

图 1.14　程序运行结果

1.5.3　C 语言编译时常见的错误提示和排除

C 语言程序设计的错误可分为语法错误、链接错误、逻辑错误和运行错误。

1．语法错误

在编写程序时违反了 C 语言的语法规定。语法不正确、关键词拼错、标点漏写、数据运算类型不匹配、括号不配对等都属于语法错误，在进入程序编译阶段，编译系统会给出出错行和相应的出错信息。可以双击错误提示行，将光标快速定位到出错代码所在的出错行上。根据错误提示修改源程序，排除错误。

2．链接错误

如果使用了错误的函数调用，如书写了错误的函数名或不存在的函数名，则编译系统在对其进行链接时便会发现这一错误，纠正方法同 1。

3．逻辑错误

虽然程序不存在上述两种错误，但程序运行结果就是与预期效果不符。逻辑错误往往是因为程序采用的算法有问题，或编写的程序逻辑与算法不完全吻合。逻辑错误比语法错误更难排除，需要程序员对程序逐步调试，检测循环、分支调用是否正确，变量值是否按照预期产生变化。

4．运行错误

程序不存在上述错误，但运行结果时对时错。运行错误往往是由于程序的容错性不高，可能在设计时仅考虑了一部分数据的情况，对于其他数据就不能适用了。例如，打开文件时没有检测打开是否成功就开始对文件进行读写，结果在程序运行时，如果文件能够顺利打开，则程序运行正确；反之则程序运行出错。要避免这种类型的错误，需要对程序反复测试，完备算法，使程序能够适应各种情况的数据。

5．调试方法

在 VC“Build”（组建）菜单下的“Start Debug”（开始调试）中单击“Go（F5）”命令进入调试状态，“Build”菜单自动变成“Debug”菜单，提供以下专用的调试命令。

Go(F5)，从当前语句开始运行程序，直到程序结束或断点处。

Step Into(F11)，单步执行下条语句，并跟踪遇到的函数。

Step Over(F10)，单步执行（跳过所调用的函数）。

Run to Cursor(Ctrl+F10)，运行程序到光标所在的代码行。

Step out(Shift+F11)，执行函数调用外的语句，并终止在函数调用语句处。

Stop Debugging(Shift+F5)，停止调试，返回正常的编辑状态。

必须在运行程序时用“Go”命令（而不是“Execute”）才能启动调试模式。在调试模式下，程序停止在某条语句，该条语句左边就会出现一个黄色的小箭头。人们可以随时中断程序、单步执行、查看变量、检查调用情况。例如，按“F5”功能键进入调试模式，程序运行到断点处暂停；不断按“F10”功能键，程序一行一行地执行，直到程序运行结束。

需要说明的是，如果希望能一句一句地单步调试程序，在编写程序时就必须一行只写一条语句。

知识梳理与总结

本章主要介绍了 C 语言的特点、C 语言的基本组成及 Visual C++ 6.0 编译环境等，需要掌握的知识点总结如下。

（1）计算机是由程序控制的，要使计算机按照人们的意图工作，必须用计算机语言编写程序。

（2）机器语言和汇编语言依赖于具体计算机，属低级语言，难学难用，无通用性。高级语言接近人类自然语言和数学语言，容易学习和推广，不依赖于具体计算机，通用性强。

（3）C 语言是目前世界上使用最广泛的一种计算机语言，语言简洁紧凑，使用方便灵活，功能很强，既有高级语言的优点，又具有低级语言的功能，既可用于编写系统软件，又可用于编写应用软件。

（4）一个 C 语言源程序可以由一个文件组成，也可以由若干个文件组成。每个源文件可由一个或多个函数组成。一个源程序不论由多少个文件组成，都有且只能有一个主函数 main()，程序总是从 main()函数开始执行，并在 main()中结束。

（5）函数由函数的说明部分和函数体两部分组成。函数体包括函数体声明部分和函数体执行部分。在函数体内可以包括若干条语句，语句以分号结束。一行内可以写多条语句，一条语句可以分写为多行。

（6）C 语言源程序的开发必须经过 4 个步骤：编辑，编译，链接，执行。

（7）用 C 语言编写好程序后，可以用不同的 C 编译系统对它进行编译。VC 是集编辑、编译、链接和执行于一体的集成开发环境。

自测题 1

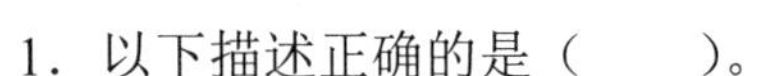

扫一扫看本自测题答案

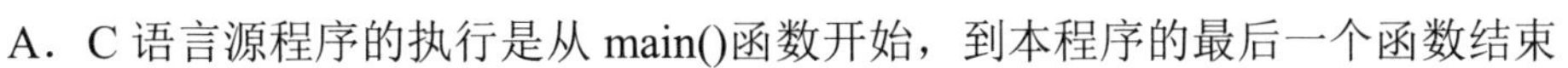

一、选择题

1．以下描述正确的是（　　）。

A．C 语言源程序的执行是从 main()函数开始，到本程序的最后一个函数结束

B．C 语言源程序的执行是从第一个函数开始，到本程序的最后一个函数结束

C．C 语言源程序的执行是从 main()函数开始，到本程序的 main()函数结束

D．C 语言源程序的执行是从第一个函数开始，到本程序的 main()函数结束

2．C 语言源程序的执行顺序是（　　）。

A．从第一条语句开始　　B．从程序开头开始

C．从第一个函数开始　　D．从主函数开始

3．C 语言规定，在一个源程序中，main()函数的位置（　　）。

A．必须在最开始　　B．必须在系统调用的库函数后面

C．可以任意　　D．必须在最后

4．以下叙述中正确的是（　　）。

A．C 语言比其他语言高级

B．C 语言源程序可以不用编译就能被计算机识别执行

C．C 语言以接近英语国家的自然语言和数学语言作为语言的表达形式

D．C 语言出现得最晚，具有其他语言的一切优点

5．C 语言源程序目标文件的扩展名为（　　）。

A．.c　　B．.h　　C．.obj　　D．.exe

6．以下叙述中正确的是（　　）。

A．构成 C 语言源程序的基本单位是函数

B．注释语句在 C 语言源程序中是必不可少的

C．main()函数必须放在其他函数之前

D．printf()是系统提供的输出函数

7．下列语句中，说法正确的是（　　）。

A．C 语言源程序书写格式严格，每行只能写一条语句

B．C 语言源程序书写格式严格，每行必须有行号

C．C 语言源程序书写格式自由，每行可以写多条语句，但之间必须用逗号隔开

D．C 语言源程序书写格式自由，一条语句可以分写在多行上

8．用 C 语言编写的代码程序（　　）。

A．可立即执行　　B．是一个源程序

C．经过编译即可执行　　D．经过编译解释才能执行

二、填空题

1．C 语言是一种__________化程序设计语言。

2．C 语言源程序中语句必须以__________作为结束标记。

3．C 语言规定，必须以__________作为主函数。

4．C 语言源程序文件的后缀是______。经过编译后，所生成文件的后缀是______；经过链接后，所生成的文件后缀是______。

5．函数体以符号______开始，以符号______结束。

三、问答题

1．C 语言有哪些特点？

2．简述 C 语言源程序的结构。

3．C 语言源程序中，main()函数起什么作用？

4．怎么使用注释？注释在程序中有什么作用？

5．简述 C 语言源程序上机的一般步骤。

上机训练题 1

扫一扫看本训练题答案

一、写出下列程序的运行结果

```
1. #include <stdio.h>
main()
{
    int a,b,x;
```

```
    a=10;b=5;x=a-b;
    printf("x=%d\n",x);
}
```

运行结果为：________________

2．修改下面程序，在屏幕上输出你的姓名。试着上机编辑、编译、运行你的程序。

```
#include <stdio.h>
main()
{
    printf("My Name is : Your Name!\n");
}
```

二、编写程序，并上机调试

1．参照本章例题，编写一个简单的 C 语言源程序，输出以下信息：

```
******************************
Welcome to study C program!
******************************
```

2．模仿本章例题，编写程序，求两个整数的积。

第2章

基本数据类型

教学导航

教	知识重点	1. 标识符命名规则；2. 常量、变量的概念和用法
	知识难点	不同类型数据间的转换
	推荐教学方式	一体化教学：边讲理论边进行上机操作练习，及时将所学知识运用到实践中
	建议学时	4 学时
学	推荐学习方法	课前：复习 C 语言程序的基本组成，预习本章将学的知识 课中：接受教师的理论知识讲授，积极完成上机练习 课后：巩固所学知识点，完成作业，加强对 Visual C++ 6.0 集成开发环境的使用
	必须掌握的理论知识	1. C 语言中的关键字、标识符；2. 常量的表示方法； 3. 变量的定义及初始化
	必须掌握的技能	熟练掌握 Visual C++ 6.0 集成开发环境的使用

知识分布网络

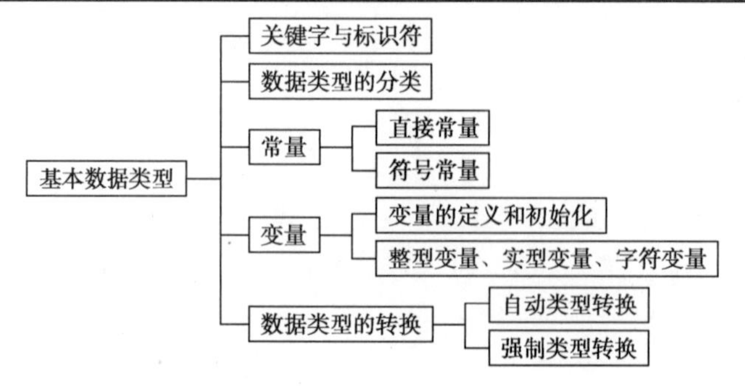

计算机的基本功能是处理数据，所以任何程序设计都要包括两个方面的工作。一方面是对数据进行描述，在程序中需要指定数据的类型及数据的组织形式，即数据结构；另一方面是对操作进行描述，也就是对数据的加工处理步骤与过程，即算法。

数据有类型之分，不同类型的数据具有不同的结构，在内存中的存放形式也不一样，因此编程时必须认真考虑如何选择和设计合适的数据结构。C 语言提供的基本数据类型比一般高级语言丰富。另外，用户还可以用基本数据类型组成一些复杂的数据类型，如数组、指针、结构体、联合体等。

2.1 关键字与标识符

2.1.1 关键字

关键字就是由 C 语言规定的具有特定意义、不能作为其他用途的字符串，通常也称为保留字。

C 语言的关键字分为两类。

（1）类型说明符：用于定义和说明变量、函数或其他数据结构的类型。如第 1 章例题中用到的 int。

（2）语句定义符：用于表示一个语句的功能，如 for 就是循环语句的语句定义符。

C 语言的关键字由 ANSI 标准定义，共 32 个：

auto	break	case	char	const	continue	default	do
double	else	enum	extern	float	for	goto	if
int	long	register	return	short	signed	sizeof	static
struct	switch	typedef	union	unsigned	void	volatile	while

2.1.2 标识符

标识符是指以字母或下画线开头，后面跟字母、数字、下画线的任意字符序列。C 语言中的标识符可以分为系统预定义标识符和用户自定义标识符。

1. 系统预定义标识符

系统预定义标识符是由系统预先定义好的，每一个都有相对固定的含义，一般不做他用，以避免歧义，包括系统标准函数名和编译预处理命令等，如第 1 章例题中用到的 main、printf 和 include 等都是预定义标识符。

2. 用户自定义标识符

用户自定义标识符是用户根据编程需要自行定义的标识符，主要作为变量名、函数名、符号常量名、自定义类型名等。用户自定义标识符不能使用关键字，也尽量不要使用系统预定义标识符。用户自定义标识符必须满足以下规则：

（1）只能由字母（a～z，A～Z）、数字（0～9）和下画线（_）组成。

（2）第一个字符必须为字母或下画线，不能是数字。

（3）自定义标识符不能和 C 语言的关键字相同。

（4）同一字母的大小写被视为两个不同的字符，如 FUN 和 fun 是两个不同的标识符。

例如，smart、_score、sum1、name _1 都是合法的标识符；2age、x y、student-1、key.board、$20.1 都是非法的标识符。

在使用标识符时必须注意以下两点：

（1）标准 C 语言不限制标识符的长度，但它受各种版本的 C 语言编译系统的限制，同时也受到具体机器的限制。例如，有些版本 C 语言中规定标识符前 8 位有效，当两个标识符前 8 位相同时，则被认为是同一个标识符；而有的 C 语言却允许长度达 32 个字符的标识符。

（2）标识符虽然可由程序员随意定义，但标识符是用于标识某个量的符号。因此，命名应尽量有相应的意义，以便阅读理解，做到“见名知意”。

2.2 数据类型的分类

在 C 语言源程序中对用到的所有数据都必须指定其数据类型。数据类型规定了该类型的数据在内存中的编码方式和长度、数据的取值范围、施加在该类型数据上的运算及运算结果的范围。

C 语言的数据类型比较丰富，其分类如图 2.1 所示。

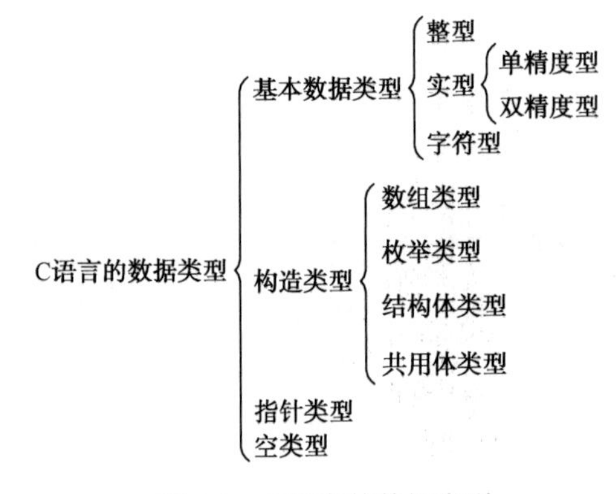

图 2.1 C 语言的数据类型

由以上这些数据类型还可以构成更复杂的数据结构。例如，利用指针和结构体类型可以构成表、树、栈等复杂的数据结构。

本章只介绍 C 语言的基本数据类型，其他数据类型将在后面章节中陆续介绍。

2.3 常量

在程序运行中，其值不能发生改变的量称为常量。常量分为直接常量和符号常量，现分别介绍如下。

2.3.1 直接常量

1. 整型常量

整型常量即整数，包括正整数、负整数和 0。在 C 语言中整型常量有 3 种表示形式。

（1）十进制整数：有效数字为 0～9，如 20、123。

（2）八进制整数：有效数字为 0～7，且以 0 开头，如 020 表示八进制数 20。

（3）十六进制整数：有效数字为 0～9 和 a～f（或 A～F），且以 0x 开头，如 0x20 表示十六进制数 20，等于十进制数 32。

> **注意：** 在程序中，根据前缀来区分各种进制数，因此在书写常数时不要把前缀弄错以免结果不正确。

2．实型常量

实型常量也称为实数或浮点数。在 C 语言中，实数只采用十进制。它有两种表现形式：十进制小数形式和指数形式。

（1）十进制小数形式。由整数部分、小数点和小数部分组成，其格式为：±整数部分．小数部分。

数字前的“+”或“-”表示数的正、负，“+”一般省略。当整数部分或小数部分为 0 时可以省略不写，但不能两者同时省略，而且小数点不能省略。例如，0.0，3.14，.25，0.13，5.0，300.等均为合法的实数。

（2）指数形式。当数值特别大或特别小时，用指数形式表示更方便。指数形式由十进制数加字母“e”或“E”及指数部分组成。其一般形式为：aEn。

其中，a 为十进制数，n 为十进制整数，其值为 $a\times10^n$。

例如，1.2E5（等于 1.2×10^5），-3.8E2（等于 -3.8×10^2），0.5E-7（等于 0.5×10^{-7}），-5.3E -2（等于 -5.3×10^{-2}）。

> **注意：** 指数部分只能是整数，并且指数形式的 3 个组成部分都不能省略。例如，下面的表示方法是错误的，123，6.2E，e3，3e3.5。

3．字符常量

字符常量是用一对单引号括起来的一个字符。其中单引号只起定界作用并不表示字符本身。

在 C 语言中，字符常量占一个字节的存储空间，它存放的不是字符本身，而是字符的 ASCII 码值。例如，'!'的 ASCII 码值为 33，'8'的 ASCII 码值为 56，'A'的 ASCII 码值为 65，'a'的 ASCII 码值为 97。

> **注意：** 字符'8'和数字 8 的区别，前者是字符常量，后者是整型常量，它们的含义和在计算机中的存储方式都截然不同。

除了上面提到的单个普通字符，C 语言中还有一类叫转义字符。转义字符以反斜杠符（\）开头，后跟一个或几个字符。转义字符具有特定的含义，不同于字符原有的意义，故称“转义”字符。例如，在第 1 章例题中 printf 函数的格式串中用到的“\n”就是一个转义字符，其意义是“换行”。常用转义字符如表 2.1 所示。

表 2.1　常用转义字符

转义字符	意　义	ASCII 码值（十进制）	转义字符	意　义	ASCII 码值（十进制）
\a	响铃（BEL）	7	\\	反斜杠	92
\b	退格（BS）	8	\'	单引号字符	39
\f	换页（FF）	12	\"	双引号字符	34
\n	换行（LF）	10	\0	空字符（NULL）	0
\r	回车（CR）	13	\ddd	八进制表示任意字符	
\t	水平制表（HT）	9	\xhh	十六进制表示任意字符	
\v	垂直制表（VT）	11			

任意字符均可用反斜杠符（\）后跟该字符 ASCII 码值的八进制或十六进制（以 x 作为前缀）来表示。例如，'A'可表示为'\101'或'\x41'；'\n'可表示为'\012'或'\x0A'。

使用转义字符时需注意：

（1）转义字符中只能使用小写字母，每个转义字符只能看作一个字符。

（2）'\v'垂直制表符和'\f'换页符对屏幕没有任何影响，但会影响打印机执行相应操作。

（3）使用不可打印字符时，通常用转义字符表示。

（4）具有控制意义的转义字符，在输入/输出时会引起设备完成相应的动作。

4．字符串常量

字符串常量是由一对双引号括起来的零个或多个字符的序列。例如，"a"、"HELLO"、"1234"。

字符串常量在内存中存储时，系统自动在字符串的末尾加一个字符串结束标志，即 ASCII 码值为 0 的字符 NULL，常用'\0'表示。因此，在程序中长度为 *n* 个字符的字符串常量，在内存中占有 *n*+1 个字节的存储空间。

例如，字符串 China 有 5 个字符，作为字符串常量"China"存储于内存中时，共占 6 个字节，系统自动在后面加上 NULL 字符，其存储形式为：

C	h	i	n	a	\0

字符串常量和字符常量是不同的常量，它们之间主要有以下区别：

（1）字符常量由单引号括起来，字符串常量由双引号括起来。

（2）字符常量只能是单个字符，字符串常量则可以含零个、一个或多个字符。

（3）可以把一个字符常量赋予一个字符变量，但不能把一个字符串常量赋予一个字符变量。在 C 语言中没有相应的字符串变量，但是可以用一个字符数组来存放一个字符串常量，在数组一章将予以介绍。

（4）字符常量占一个字节的内存空间。字符串常量占的内存字节数等于字符串中字符个数加 1。增加的一个字节中存放字符'\0'（ASCII 码为 0），这是字符串结束的标志。例如，字符常量'a'和字符串常量"a"虽然都只有一个字符，但在内存中的情况是不同的，如图 2.2 所示。

（a）'a' 的存储表示　　（b）"a"的存储表示

图 2.2　'a'和"a"的存储表示

2.3.2　符号常量

在 C 语言中，允许用一个标识符来代表一个常量，即常量可以用“符号”来代替，代替常量的符号就称为“符号常量”。符号常量一般由大写英文字母表示，以区别于一般用小写字母表示的变量。符号常量在使用前必须先定义，定义的形式是：

```
#define 符号常量名 常量
```

例如：

```
#define PI 3.14
#define PRICE 30
```

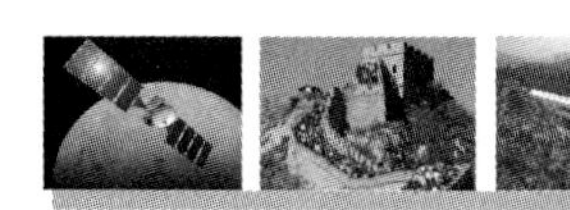


```
#define  YES  1
#define  NO  0
```

这里定义 PI、PRICE、YES、NO 为符号常量，其值分别为 3.14、30、1、0。#define 是 C 语言的预处理命令，它表示在对程序进行编译时，首先将出现符号常量的地方用对应的常量替换。

使用符号常量时，应注意以下几项：

（1）符号常量不同于变量，它的值在其作用域内不能改变，也不能再被赋值。

（2）符号常量定义式不是 C 语句，行尾没分号。

（3）使用符号常量的好处有两个。一是含义清楚，如前面定义的符号常量 PI，代表圆周率；二是在需要改变一个常量值时能做到“一改全改”。

读一读 2.1　字符常量和整型常量的算术运算。

```
#include<stdio.h>
main()
{
   printf("%d\n",65+'B');
}
```

运行结果为：131

因为字符常量'B'在内存中以其 ASCII 码的形式（66）存储，所以 65+'B'实际上是执行 65+66=131，因此运行结果为输出整数 131。

读一读 2.2　转义字符的使用。

```
main()
{
      printf(" ab  c\tdc\rf\n");
      printf("f\t  \b\bk");
}
```

运行结果为：

```
fab_ _c_ _dc
f_ _ _ _ _k
```

分析：此例中，用 printf()函数直接输出双引号中的字符，第 1 个输出语句在第 1 行第 1 列开始输出“_ab_ _c”；然后遇到“\t”，它的作用是跳到下一个制表位，一个制表位为 8 个字符，所以在第 9 列上输出“dc”；当遇到“\r”时，回车（不换行）在第 1 行第 1 列输出 f；当遇到“\n”时，回车换行到第 2 行第 1 列。第 2 个输出语句在第 2 行第 1 列先输出 f，然后跳到第 9 列准备输出，又遇到连续两个控制符“\b”，则向后退 2 格在第 7 列输出 k。

练一练 2.1　分析如下程序的运行结果。

```
#include <stdio.h>
main()
{
```

```
        printf("\101 \x42 C\n");
        printf("I say:\"How are you?\"\n");
        printf("\\C Program\\\n");
        printf("Turbo \'C\'");
    }
```

练习指导：注意单引号、双引号及反斜杠的表示。

2.4 变量

在程序运行过程中，其值可以发生改变的量称为变量。变量具有 3 个基本要素：名字、类型和值。

（1）变量名：每个变量都必须有一个名字。变量的命名应遵循标识符的命名规则。

（2）变量类型：变量类型是变量所能存储数据的类型。

（3）变量值：变量在程序运行过程中，占据一定的内存存储单元，用来存放变量的值。不同类型的变量所占用的内存单元的大小不同，变量值随着变量赋值而改变。在程序运行过程中，通过变量名来引用变量的值。

2.4.1 变量的定义

在 C 语言中，变量必须在使用（对变量进行操作）之前定义。定义时确定了变量的名字和数据类型。其格式如下：

```
    类型说明符 变量名列表;
```

其中，类型说明符是任意有效数据类型的说明符，规定了变量所能存储数据的类型（通常也称为变量类型）。变量名列表包括一个或多个标识符，每个标识符之间用逗号“,”隔开。例如：

```
    int  a,b,c;
    float  data;
```

第 1 行定义了数据类型均为整型，变量名分别为 a、b 和 c 的 3 个整型变量；第 2 行定义了一个浮点型变量 data。

2.4.2 变量的初始化

在定义变量的同时用赋值运算符“=”给变量赋初值，称为变量的初始化，它是在系统编译时完成的。一旦变量被初始化后，它将保留此值直到被改变为止。例如：

```
    int     a=4;          /*指定 a 为整型变量，初值为 4*/
    float   f=4.56;       /*指定 f 为实型变量，初值为 4.56*/
    char    c='a';        /*指定 c 为字符变量，初值为'a'*/
```

也可以对被定义变量的一部分赋初值，如： int a=1, b=-3,c; 表示 a、b、c 为整型变量，只对 a、b 初始化，a 的值为 1，b 的值为-3。

2.4.3 整型变量

整型变量可用来存储整型数据。C 语言中用 int 表示基本整型变量，此外还可以在 int 前加上两类修饰符构成多种类型的整型变量：按数据占内存空间的大小可分为短的（short）和长的（long）；按数据的正、负可分为有符号的（signed）和无符号的（unsigned），通常有符号类型前的 signed 可以省略。

（1）基本整型以 int 表示；短整型以 short int 或 short 表示；长整型以 long int 或 long 表示。

（2）无符号整型以 unsigned int 表示；无符号短整型以 unsigned short int 或 unsigned short 表示；无符号长整型以 unsigned long int 或 unsigned long 表示。

在 VC 编译系统中，整型变量所占的字节数和取值范围见表 2.2。

表 2.2　各种整型变量占用的字节数和取值范围

类 型 名	占用字节数	取 值 范 围
int	4	−2 147 483 648～2 147 483 647
short[int]	2	−32 768～32 767
long[int]	4	−2 147 483 648～2 147 483 647
unsigned[int]	4	0～4 294 967 295
unsigned short[int]	2	0～65 535
unsigned long[int]	4	0～4 294 967 295

注意：在实际应用过程中，应根据数据的特性及取值范围来选择整型变量的类型。

例如，用 age 表示平均年龄变量，取值范围为 0～100；用 x 表示硬盘的字节数，取值范围为 $0\sim2^{16}$，则这两个变量定义为：

```
int  age;                /*将 age 定义为整型变量*/
unsigned long int x;     /*将 x 定义为无符号长整型变量*/
```

2.4.4　实型变量

实型变量分为单精度型和双精度型。单精度型变量定义时使用关键字 float，双精度型变量定义时使用关键字 double。例如：

```
float  x,y;              /* 指定变量 x、y 为单精度型变量 */
double  z;               /* 指定变量 z 为双精度型变量 */
```

两种类型之间的差异仅仅体现在所能表示的数的精度上。在 C 语言中实型变量所占字节数、有效数字位数和取值范围如表 2.3 所示。

表 2.3　实型变量

类　　型	占用字节数	有 效 数 字	取 值 范 围
float	4	6～7	绝对值：$3.4\times10^{-38}\sim3.4\times10^{38}$
double	8	15～16	绝对值：$1.7\times10^{-308}\sim1.7\times10^{308}$

注意：float 型数据的有效位数是 6～7 位，在进行赋值和计算时会产生误差。

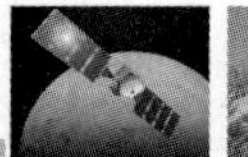

实例 2.1 实型变量赋值示例。

```
#include<stdio.h>
main()
{
   float x=12345678.9;
   double y=12345678.9;
   printf("\nx=%f,y=%f",x,y);
}
```

运行结果为：x=12345679.000000, y=12345678.900000

从运行结果可以看出，由于 float 型变量只能接收 7 位有效数字，因此从第 8 位开始数据不准确。而变量 y 为 double 型，则能全部接收上述 9 位数字并存储在变量 y 中。

2.4.5 字符变量

字符变量用来存放字符常量，每个字符变量被分配一个字节的内存空间，因此只能存放一个字符。

字符变量的定义及赋值举例如下：

```
char c1, c2;     /*定义 c1 和 c2 为字符变量*/
c1='a';          /* 对 c1 赋值*/
c2='b';          /* 对 c2 赋值*/
```

注意： 字符是以 ASCII 码值的形式存放在字符变量的内存单元之中的。

字符 a 的十进制 ASCII 码值是 97，b 的十进制 ASCII 码值是 98，上面的字符变量 c1、c2 分别被赋予了'a'和'b'，实际上是在 c1、c2 两个单元内分别存放 97 和 98 的二进制代码，即

```
c1: 0110 0001
c2: 0110 0010
```

所以，也可以把字符变量看成是整型变量。C 语言允许对整型变量赋予字符变量，也允许对字符变量赋予整型变量。对整型变量赋予字符变量时，实际上是把该字符的 ASCII 码值赋给整型变量；对字符变量赋予整型变量时，实际上是把 ASCII 码值与该整型变量的低字节相等的字符赋给字符变量。同理，如果把字符变量按整型变量输出，则输出的是字符的 ASCII 码值；如果把整型变量按字符变量输出，则输出的是 ASCII 码值与整型变量低字节相等的字符。

读一读 2.3 字符变量示例。

```
#include<stdio.h>
main()
{
   char a, b;
   a=65;                          /*65 是 A 的 ASCII 码值,所以此句等于 a = 'A';*/
   b=66;                          /*66 是 B 的 ASCII 码值,所以此句等于 a = 'B';*/
   printf("%c,%c\n ", a, b);      /*%c 表示将变量 a 和 b 按字符型输出*/
   printf("%d,%d\n", a, b);       /*%d 表示将变量 a 和 b 按整型输出*/
}
```

程序运行后显示的结果为：

```
A,B
65,66
```

因为字符变量可以看成整型变量，所以字符变量可以参与数值运算，即用字符的 ASCII 码值参与运算。

练一练 2.2　分析如下程序的运行结果。

```
#include<stdio.h>
main()
{
    char c1, c2;
    c1='a';
    c2='b';
    c1=c1-32;
    c2=c2-32;
    printf("%c %c", c1, c2);
}
```

练习指导：（1）字符变量参与了数值运算；（2）小写字母的 ASCII 码比其大写字母的 ASCII 码大 32。

2.5　数据类型的转换

在 C 语言中，整型、实型和字符型数据间可以混合运算。在运算过程中，如果一个运算符两侧参与运算的数据类型不同，则系统按“先转换，后运算”的原则，首先将数据自动转换成同一类型，然后在同一类型的数据之间再进行运算。数据的转换方式有两种，即自动转换和强制转换。

2.5.1　自动转换

自动转换的规则有两点：一是低类型数据必须转换成高类型数据；二是赋值符号“=”右边的数据类型转换成左边的数据类型。具体转换规则如图 2.3 所示。

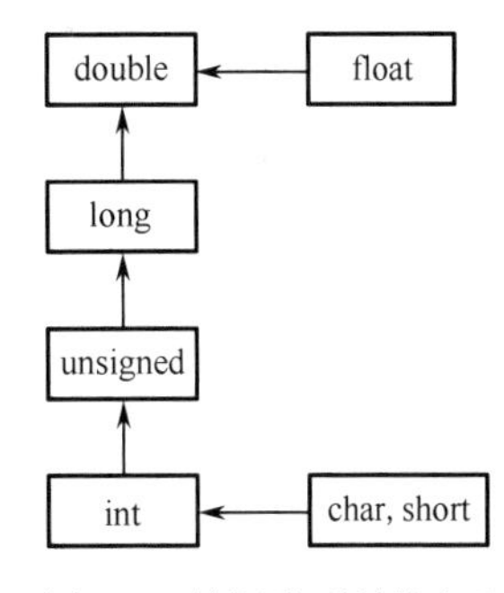

图 2.3　数据类型转换规则

数据类型自动换转时需要注意以下几点：

（1）图 2.3 中横向的箭头表示必定的转换。如字符数据 char 和短整型数据 short 必须先转换成整型数据 int；实型数据 float 必须先转换成双精度型数据 double，然后再进行各种运算。

（2）图 2.3 中纵向箭头表示当运算对象为不同数据类型时的转换方向。例如，某个 int 型数据和某个 long 型数据运算时，应先将 int 型转换成 long 型，然后再进行运算，其结果是 long 型。

（3）当进行赋值运算时，将赋值符号右边的类型转换成赋值符号左边的类型，其结果为赋值符号左边的类型。如果赋值符号右边为实型 float，左边为整型 int，则转换时应去掉小数部分；如果右边是双精度型 double，左边是实型 float，则转换时应做四舍五入处理。

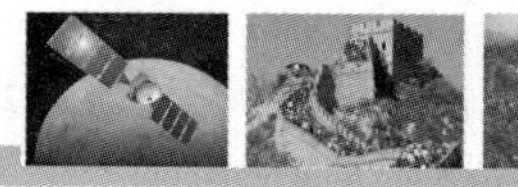

2.5.2 强制转换

上面运算中数据类型的转换都是系统自动进行的，但有时设计者需要自己实现数据类型的转换，这种转换形式称为强制转换。其一般形式如下：

```
(数据类型名) (表达式)
```

其中，数据类型名表示待强制转换的类型；表达式表示强制转换的对象。

例如：

```
(float)a          /*把变量 a 转换为实型*/
(int)(x+y)        /*把 x+y 的结果转换为整型*/
```

注意： 无论是强制转换还是自动转换，都只是为了本次运算的需要而对变量的数据长度进行的临时性转换，并不改变原变量的类型。

读一读 2.4 分析以下程序运行结果。

```
#include<stdio.h>
main()
 {
    float  x;
    int  i;
    x=3.6;
    i=(int)x;   /*强制转换*/
    printf("x=%f,i=%d",x,i);
 }
```

运行结果为：x=3.600000,i=3

注意： 将较高类型强制转换为较低类型时可能发生精度损失。

扫一扫看数据类型转换分析视频

练一练 2.3 分析如下程序的功能。

```
#include<stdio.h>
main()
{
  float pi=3.14159;
  int s,r=5;
   s=r*r*pi;
   printf("s=%d\n",s);
}
```

练习指导：将 r*r*pi 赋值给 s 时，存在类型转换。

2.6 基本数据类型常见错误及解决方法

在数据类型常量、变量的定义和使用过程中，初学者易犯一些错误。下面列出与本章内

容相关的一些程序错误，分析了其原因，并给出了错误现象及解决方法。

示例 1　int a=1;

temp=a;

错误现象：系统报错——'temp':undeclared identifier。

错误原因：变量未定义就使用。

解决方法：增加变量 temp 的定义，再使用该变量。

示例 2　int temp;

tep=1;

错误现象：系统报错——'tep': undeclared identifier。

错误原因：变量名拼写错误。

解决方法：查看对应的变量及其定义，保证前后一致。

示例 3　int temp;

Temp=1;

错误现象：系统报错——'Temp':undeclared identifier。

错误原因：未区分大小写字母。

解决方法：查看对应的变量及其定义，区别大小写字母。

示例 4　printf("Hello");

int x=0;

错误现象：系统报错——missing ';' before 'type'。

错误原因：变量定义位置在其他可执行语句后面。

解决方法：将变量集中在语句块开始处定义，变量定义不能放在可执行语句中间。

示例 5　int a;

printf("%d",a);

错误现象：系统警告——local variable 'a' used without having been initialized。

错误原因：使用了未赋值的变量，其值不可预测。

解决方法：养成对变量初始化的习惯，保证访问前有确定值。

示例 6　int a=b=1;

错误现象：系统报错——'b': undeclared identifier。

错误原因：在定义变量时，对多个变量进行初始化。

解决方法：改为 int a=1,b=1;

示例 7　#define PI 3.14;

double s,r=1.0;

s=PI*r*r;

错误现象：系统报错——illegal indirection, '*': operator has no effect 等语法错误。

错误原因：定义符号常量时后面加分号。

解决方法：#define 是编译预处理命令，不是 C 语言语句，后面不要加分号。

示例 8　int a=10000;

a=a*a*a;

printf(“%d” ,a);

错误现象：系统无报错或警告，但是输出结果不正确。

错误原因：未考虑数值溢出的可能。

解决方法：预先估计运算结果可能的范围，采用取值范围更大的类型，如 double。

示例 9
```
int a,b
a=1;b=2;
```

错误现象：系统报错——missing ';' before identifier 'a'。

错误原因：语句之后丢失分号。

解决方法：找到出错位置，添加分号。

知识梳理与总结

本章首先介绍了C语言数据类型的分类，然后结合实例介绍了常量与变量的定义及用法，最后介绍了整型数据、实型数据和字符数据之间的相互转换。现将本章需要掌握的知识点总结如下。

（1）标识符是指常量、变量、语句标号及用户自定义数据类型、函数的名称。在 C 语言中命名标识符时，务必遵循一定原则，避免不合法标识符的使用。

（2）C 语言的数据类型有：基本类型、构造类型、指针类型和空类型。其中，基本类型包括整型、实型（包括单精度实型和双精度实型）和字符型。

（3）常量是指在程序运行过程中其值不能被改变的量。常量分为直接常量和符号常量，直接常量通常有 4 种类型：整型常量、实型常量、字符型常量、字符串常量。整型常量有十进制、八进制和十六进制表示。

（4）在程序运行时，其值能被改变的量叫变量，变量必须先定义后使用。变量的类型由定义语句中的数据类型标识符指定。系统根据变量类型分配相应的存储空间，存放变量的值。通过变量初始化可以给变量赋初值。不能直接使用未经赋值的变量，因为它的值是一个不确定的数据。

（5）在进行混合运算时，如果一个运算符两侧的运算对象的数据类型不同，则系统按“先转换，后运算”的原则，首先将数据自动转换成同一类型，然后在同一类型的数据间进行运算。

自测题 2

扫一扫看本自测题答案

一、选择题

1．以下不能定义为用户标识符的是（　　）。

A．scanf2　　B．Void　　C．_3com_　　D．int

2．以下选项中合法的用户标识符是（　　）。

A．short　　B．_2Test　　C．3Dmax　　D．A.dat

3．下列数据中，数值或字符常量不正确的是（　　）。

A．0.825e2　　B．5L　　C．0xabcd　　D．o13

4．以下字符中，不正确的 C 语言转义字符是（　　）。

A．'\\'　　B．'\018'　　C．'\xaa'　　D．'\t'

5．已知大写字母 A 的 ASCII 码值是 65，小写字母 a 的 ASCII 码是 97，则用八进制表示的字符常量'\101'是（　　）。

A．字符 A　　B．字符 a　　C．字符 e　　D．非法的常量

6．以下选项中可作为 C 语言合法整数的是（　　）。

A．10110B　　B．0386　　C．0Xffa　　D．x2a2

7．以下符合 C 语言语法的实型常量是（　　）。

A．1.2E0.5　　B．3.14.159E　　C．.5E-3　　D．E15

8．已定义 ch 为字符型变量，以下赋值中错误的是（　　）。

A．ch='\';　　B．ch=62+3;　　C．ch=NULL;　　D．ch='\xaa';

9．已定义 c 为字符型变量，则下列赋值中正确的是（　　）。

A．c='97';　　B．c="97";　　C．c=97;　　D．c="a";

10．C 语言中最基本的数据类型包括（　　）。

A．整型、实型、逻辑型　　B．整型、实型、字符型

C．整型、字符型、逻辑型　　D．整型、实型、逻辑型、字符型

11．在 C 语言中，合法的字符常量是（　　）。

A．'\084'　　B．'\x43'　　C．'ab'　　D．"\0"

12．已知在 ASCII 代码中，字母 A 的序号为 65，以下程序的输出结果是（　　）。

```
#include  <stdio.h>
main()
{char  c1='A ', c2='Y '; printf("%d,%d\n" , c1 , c2) ; }
```

A．输出格式非法，输出错误信息　　B．65, 90

C．A, Y　　D．65, 89

二、填空题

1．C 语言中，直接常量包括________、________、________和________。

2．C 语言中，数据类型包括________、________、________和________。

3．C 语言中的变量实际代表内存中的一个______。

4．在 C 语言中，整数可用______进制数、______进制数与______进制数 3 种来表示。

三、简答题

1．C 语言的基本数据类型有几种，分别是什么？指出各种数据类型的关键字。

2．常量和变量的区别是什么？

3．在程序中如何使用变量？

4. 字符和字符串表示形式有什么区别？'a'和"a"有什么不同？9 和'9'有何不同？空字符'\0'和空格字符' '有何区别？

5．对 C 语言来说，下列标识符中哪些是合法的，哪些是不合法的？

total　_debug　Large&Tall　Counter1　begin_　SUM　5S　max　￥123

NO!　do　for_c l　anguage　printf　(xyz)　a　com　PI

上机训练题 2

写出下列程序的运行结果

```
1. #include <stdio.h>
main()
{
    int x=2,y=3;
    printf("x=%d,y=%d\n",x,y);
}
```

运行结果为：________

```
2. #include <stdio.h>
main()
{
    int x=3,y=2;
    printf("x+y=%d\n",x+y);
}
```

运行结果为：________

```
3. #include <stdio.h>
main()
{
    float a;
    a=3.1415927;
    printf("a=%f",a);
}
```

运行结果为：________

```
4. #include <stdio.h>
main()
{
    float f=5.75;
   printf("(int)f=%d,f=%f\n",
         (int)f,f);
}
```

运行结果为：________

第3章 运算符与表达式

扫一扫下载本章教学课件

教学导航

教	知识重点	1. 常用运算符的运算规则；2. 常用运算符的优先级和结合方向 3. 运算符与表达式在程序中的正确使用
	知识难点	1. 常用运算符的优先级和结合方向； 2. “前置”与“后置”自增、自减运算符的区别
	推荐教学方式	一体化教学：边讲理论边进行上机操作练习，及时将所学知识运用到实践中
	建议学时	4学时
学	推荐学习方法	课前：复习C语言的基本数据类型，预习本章将学的知识 课中：接受教师的理论知识讲授，积极完成上机练习 课后：巩固所学知识点，完成作业，进行简单编程训练
	必须掌握的理论知识	1. 运算符、表达式的基本概念； 2. 常用运算符的运算规则、优先级、结合方向
	必须掌握的技能	运用常用运算符进行C语言的简单编程

知识分布网络

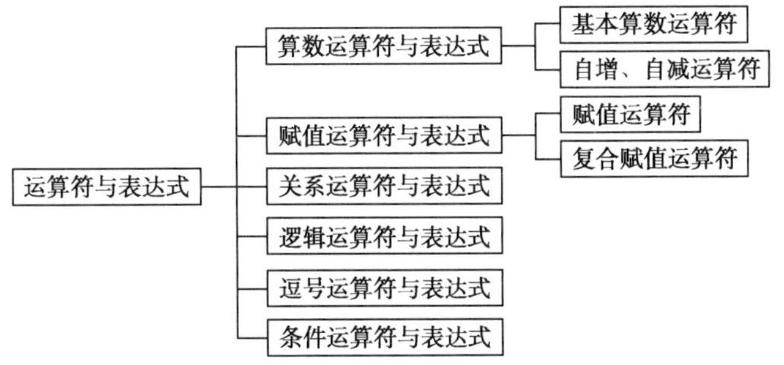

运算是对数据加工的过程，记述各种不同运算的符号称为运算符，参加运算的数据称为运算量或操作数。用运算符把运算量连接起来的式子称为运算表达式，简称表达式，表达式是 C 语言的最基本要素。

C 语言提供了丰富的运算符，它既具有普通的算数运算、关系运算和逻辑运算功能，又可对数据进行移位操作、位处理和某些特殊操作。本章详细介绍了常用的基本运算符，其他运算符将在后面章节中结合相关内容陆续介绍。

3.1 运算符

运算符是表明运算操作的符号。C 语言的运算符范围很宽，除了控制语句和输入/输出以外的几乎所有基本操作都作为运算符处理。

1．运算符的分类

C 语言的运算符非常丰富，按功能可以分类归纳如下。

算数运算符：+ - * / % ++ --
赋值运算符：= += -= *= /= %= &= |= ^= >>= <<=
关系运算符：> < == >= <= !=
逻辑运算符：&& || !
逗号运算符：,
条件运算符：?:
位操作运算符：& | ~ ^ << >>
指针运算符：* &
求字节数运算符：sizeof
特殊运算符：() [] -> .等

运算符还可以按照其连接对象（也称操作数）的个数分为单目运算符（仅对一个运算对象进行操作）、双目运算符（连接两个运算对象）和三目运算符（连接三个运算对象）。

2．运算符优先级及结合性

学习 C 语言的运算符，不仅要掌握各种运算符的功能，以及它们各自可连接的操作数个数，而且还要了解各种运算符彼此间的优先级及结合性。

（1）优先级：指在表达式中存在不同优先级的运算符参与操作时，总是先做优先级高的操作。也就是说优先级是用来标志运算符在表达式中的运算顺序的。

（2）结合性：指在表达式中各种运算符优先级相同时，由运算符的结合性确定表达式的运算顺序。它分为两类，一类运算符的结合性为从左到右（左结合性），如有表达式 a-b+c，因“-”与“+”优先级相同，所以按其左结合性先执行 a-b 运算，然后再将结果与 c 相加；另一类运算符的结合性为从右到左（右结合性），如赋值运算符“=”。

3.2 算术运算符与表达式

C 语言算术运算符包括：基本算术运算符与自增、自减运算符。自增、自减运算符是 C 语言所特有的，且用法灵活，故设一节单独详述。

3.2.1　基本算数运算符

基本算术运算符有 5 个：+、−、*、/、%，其特性见表 3.1。

表 3.1　基本算术运算符

运　算　符	功　　能	操作数个数	结 合 方 向	优　先　级
+	求正	单目	自右至左	高
−	求负	单目	自右至左	↓
*	乘法	双目	自左至右	↓
/	除法	双目	自左至右	↓
%	求余	双目	自左至右	↓
+	加法	双目	自左至右	↓
−	减法	双目	自左至右	低

这 5 种运算符均可以作为双目运算符，即在运算符的两边都有数据。+和−还可以为单目运算符，即运算符的右边有数据，如+3，−5 等。

在使用基本运算符时，需注意以下几点：

（1）乘号“*”不能省略，也不能写成代数式中的乘号“×”或“·”。

（2）除法运算符“/”的用法与一般数学中的除法运算规则不完全相同。不同之处在于 C 语言中的除法运算结果与参与运算的运算量的数据类型有关，具体来说分为两种情形。

① 参与运算的运算量均为整型时，结果也为整型，舍去小数部分。

例如，5/2 的结果为 2，4/5 的结果为 0，−5/3 的结果为−1。

② 如果运算量中有一个是实型，则结果为双精度实型。

例如，3.0/5 的结果为 0.6，5/2.0 的结果为 2.5，−7.0/4 的结果为−1.75。

（3）求余运算符“%”两侧的数据要求必须为整数，即它只适用于 int 型和 char 型数据。求余运算的结果等于两数相除后的余数。例如，100%3 的结果为 1，−6%4 的结果为−2。

3.2.2　自增、自减运算符

自增运算符记为“++”，自减运算符记为“−−”。它们均为单目运算符，结合性都为从右到左。它们能实现两种功能：一是取出运算对象的值（用于参加其他运算）；二是实现运算对象自身加 1 或减 1 运算。

自增和自减运算符作用于运算对象的方式有两种：一是前缀方式，如++a 或−−a；二是后缀方式，如 a++或 a−−。所以，自增和自减运算符可以构成以下 4 种形式：

++i，表示先使 i 增 1，再取出 i 的值（取出的值已经加了 1）。

−−i，表示先使 i 减 1，再取出 i 的值（取出的值已经减了 1）。

i++，表示先取出 i 的值，再使 i 增 1。

i−−，表示先取出 i 的值，再使 i 减 1。

3.2.3　算数表达式

算术表达式就是用算术运算符和括号将运算对象连接起来、符合 C 语法规则的式子。以

下都是算术表达式：

```
sin(x)+sin(y)
(++i)-(j++)+(k--)
a+b
(a*2)/c
(x+r)*8-(a+b)/7
++i
```

读一读 3.1 算数运算符的使用。

```
#include <stdio.h>
void main()
{
    int a=5,b=12;
    printf("a+b=%d,a-b=%d\n",a+b,a-b);
    printf("a*b=%d,a/b=%d\n",a*b,a/b);
    printf("%d,%d\n",a++,--b);
    printf("a=%d,b=%d\n",a,b);
    printf("%d\n",(a+b)/(a-b)*a);
}
```

运行结果为：

```
a+b=17,a-b=-7
a*b=60,a/b=0
5,11
a=6,b=11
-18
```

分析：a、b 均为整型，所以在函数体中 a/b 的结果为整数，即 5/12 结果为 0；a++为后置加，所以先将 a 的值 5 输出，a 才加 1 变为 6；--b 为前置减，先将 b 的值减 1 变为 11 再输出；最终 a 的值变为 6，b 的值为 11，所以输出 a=6,b=11，最后将(6+11)/(6-11)*6 的结果-18 输出。

练一练 3.1 编写程序，从键盘输入一个两位整数，分别输出它的个位数和十位数部分。

编程指导：假设两位整数为 a，则 a%10 为个位数，a/10 为十位数。

扫一扫看个位与十位分离程序视频

3.3 赋值运算符与表达式

3.3.1 赋值运算符

赋值运算符，即“=”，它的作用是将一个数据赋给一个变量。数据可以是常量、变量、表达式等。

例如：

```
a=5                        /*将常量 5 赋给变量 a*/
```

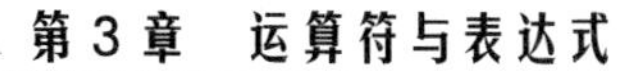


```
x=a                          /*将变量 a 赋给变量 x*/
y=(x+2)*3                    /*将算数表达式(x+2)*3 赋给变量 y*/
```

3.3.2　复合赋值运算符

在赋值运算符的前面加上其他运算符，可以构成复合的赋值运算符。凡是双目运算符都可以与赋值运算符一起构成复合赋值运算符。C 语言中规定有如下 10 种复合赋值运算符：+=，-=，*=，/=，%=，<<=，>>=，&=，^=，|=。

复合赋值运算符级别相同，且与赋值运算符同一优先级，都具有右结合性，即结合方向是“自右至左”。

复合赋值运算符的运算比较特殊，例如：

```
a+=2      等价于  a=a+2
b-=5+3    等价于  b=b-(5+3)
x*=x+3    等价于  x=x*(x+3)
y%=3      等价于  y=y%3
```

C 语言中采用复合赋值运算符的目的，一是为了简化程序，二是为了提高编译效率。

3.3.3　赋值表达式

用赋值运算符或复合赋值运算符将一个变量和一个表达式连接起来的式子称为赋值表达式，它的一般形式为：

变量　赋值运算符　表达式

每一个表达式都有一个值，赋值表达式的值就是前面变量的值。例如，“x=10”是一个赋值表达式，表达式的作用是将 10 赋给变量 x，此表达式的值为 10。“a=b=10”也是一个赋值表达式，因为赋值运算符的结合性是“自右至左”，所以表达式先进行 b=10 的运算，然后再进行 a=b 的运算。

读一读 3.2　赋值运算符的使用。

```
#include <stdio.h>
main()
{
    int a,b ;
    char c1,c2 ;
    a=b=48 ;         /*  将字符 '0' 的 ASCII 码值 48 赋给 a 和 b  */
    c1=a+3 ;         /*  将 a+3 的值赋给 c1，即字符 '3' 的 ASCII 码赋给 c1  */
    c2=b+2 ;         /*  将 b+2 的值赋给 c2，即字符 '2' 的 ASCII 码赋给 c2  */
    printf("%c,%c,%c,%c",a,b,c1,c2) ;
}
```

运行结果为：0,0,3,2

练一练 3.2　分析程序的运行结果。

```
#include <stdio.h>
main()
{
```

```
        int a=10;
        a+=a-=a*a;
        printf("a=%d\n",a);
    }
```

分析指导：注意赋值运算符的右结合性。

3.4 关系运算符与表达式

3.4.1 关系运算符

C 语言中有 6 种关系运算符：>，大于；<，小于；>=，大于等于；<=，小于等于；= =，等于；!=，不等于。

关系运算符都是双目运算符，具有左结合性，优先级低于算术运算符，高于赋值运算符。在 6 个关系运算符中，<、>、<=、>=的优先级相同，要高于==和!=的优先级，==和!=的优先级相同。例如：

```
x==y>z   等价于 x==(y>z)
z>x-y    等价于 z>(x-y)
x=y<z    等价于 x=(y<z)
```

关系运算符使用时需注意：

（1）不要把关系运算符“==”和赋值运算符“=”搞混淆。

（2）浮点数是用近似值表示的。用“==”判断两个浮点数时，由于存储误差的存在，因此可能得出错误的结果，要特别注意。一般是用两个浮点操作数的差的绝对值小于一个给定的足够小的数或利用区间判断方法来实现。例如，1.0/3.0*3.0==1.0 的结果为 0，可改写为：fabs(1.0/3.0*3.0-1.0)<1e-6

3.4.2 关系表达式

用关系运算符将两个表达式连接起来称为关系表达式，例如：

```
('x'>'y')>z-5
a+b>c-d
x>3/2
a!=(c==d)
```

关系表达式的值是一个逻辑值，即“真”或“假”。在 C 语言中，用 1 表示“真”，用 0 表示“假”，1 和 0 都是 int 型的数据，可以参与通常的运算。例如：

```
a=5>0          /*a 的值为 1*/
(a=3)>(b=5)   /*由于 3>5 不成立，故其值为假，即为 0*/
```

读一读 3.3　关系运算符的使用。

```
#include <stdio.h>
main()
{
    char c='k';
```

```
    int i=1,j=2,k=3;
    float x=3e+5,y=0.85;
    printf("%d,%d\n",'x'+5<c,-i-2*j>=k+1);
    printf("%d,%d\n",1<j<5,x-5.25<=x+y);
    printf("%d,%d\n",i+j+k==-2*j,k==j==i+5);
}
```

运行结果为：

```
0,0
1,1
0,0
```

分析：程序中包含了多种关系运算符，字符变量是以它对应的 ASCII 码参与运算的。对于含多个关系运算符的表达式，如 k==j==i+5，根据运算符的左结合性，先计算 k==j，该式不成立，其值为 0；再计算 0==i+5，也不成立，所以表达式值为 0。

练一练 3.3　分析程序的运行结果。

```
#include<stdio.h>
main()
{
    int num1,num2;
    num1=5>6==0;
    num2=5<=4!=0;
    printf("\'5>6==0\'=%d\n",num1);
    printf("\'5<=4!=0\'=%d\n",num2);
}
```

分析指导：注意关系运算符中>、<=和==、!=的优先级。

3.5 逻辑运算符与表达式

3.5.1 逻辑运算符

C 语言中提供了 3 种逻辑运算符：&&，与运算；||，或运算；!，非运算。

逻辑与运算符“&&”和逻辑或运算符“||”为双目运算符，具有左结合性。逻辑非运算符“!”为单目运算符，具有右结合性。

x 和 y 参与逻辑运算的真值表如表 3.2 所示。

表 3.2　逻辑运算真值表

x	y	x&&y	x||y	!x	!y
真	真	真	真	假	假
真	假	假	真	假	真
假	真	假	真	真	假
假	假	假	假	真	真

逻辑运算符的优先级关系是：!（非）> &&（与）> ||（或）。!为三者中最高的。

逻辑运算符和其他运算符的优先级比较如下（依次从高到低）：

! >算数运算符>关系运算符>&& > ||>赋值运算符

例如：

```
!a*b+!c*d          /*等价于((!a)*b)+((!c)*d)*/
a>b||c<d&&!e<f     /*等价于(a>b)||((c<d)&&((!e)<f))*/
```

3.5.2 逻辑表达式

逻辑表达式是用逻辑运算符将运算量连接起来的式子，其中运算量可以是常量、变量或表达式。例如：

```
!a
(a>b) && (b>c)
a||(b+c)&&(b-c)
```

逻辑表达式的值也是逻辑量，即“真”或者“假”，C 语言中用数值 1 代表“真”，用数值 0 代表“假”。

注意： 逻辑运算符在使用时注意短路特性，即在逻辑表达式求解时，并非所有的逻辑运算符都被执行，只是在必须执行下一个逻辑运算符才能求出表达式的值时，才执行该运算符。

例如：

（1）计算表达式 a&&b&&c 的值时，只有 a 的值为真时才判断 b 的值，只有 a&&b 的值为真时才判断 c 的值。若 a 的值为假，则整个表达式的值肯定为假，不再往下判断 b 和 c；若 a 的值为真，b 的值为假，则整个表达式的值肯定为假，不再往下判断 c。

（2）计算表达式 a||b||c 的值时，只有 a 的值为假时才判断 b 的值，只有 a||b 的值为假时才判断 c 的值。若 a 的值为真，则整个表达式的值肯定为真，不再往下判断 b 和 c；若 a 的值为假，b 的值为真，则整个表达式的值肯定为真，不再往下判断 c。

注意： 在表达式中连续使用关系运算符时，要注意正确表达含义，同时注意运算优先级和结合性。

当变量 x 的取值范围为 $0\leqslant x\leqslant 9$ 时，不能写成 0<=x<=9。因为关系表达式 0<=x<=9 的运算过程是：按照优先级，先求出 0<=x 的结果，再将结果 1 或 0 做<=9 的判断，这样无论 x 取何值，最后表达式一定成立，结果一定为 1。这显然违背了原来的含义。此时，要运用上面介绍的逻辑运算符进行连接，即写成 0<=x&&x<=9。

读一读 3.4 逻辑运算符的使用。

```
#include <stdio.h>
main()
{
    int a=3,b=1, x=2, y=0;
    printf("%d, %d \n",(a>b)&&(x>y) , a>b&&x>y);
    printf("%d, %d \n", (y||b)&&(y||a), y||b&&y||a);
    printf("%d\n",!a||a>b);
```

```
    }
```

运行结果为：

```
1,1
1,1
1
```

分析：第1个printf()函数中的两个逻辑表达式(a>b)&&(x>y)和a>b&& x>y是等价的，因为&&运算优先级低于关系运算，故括号可以省略。

第2个printf()函数中的两个逻辑表达式(y||b)&&(y||a) 和 y||b&&y||a 的含义不同。(y||b)&& (y||a)中由于括号的优先级高于&&，因此先计算y||b和y||a后，再将两个结果进行&&运算。而y||b&&y||a由于&&的优先级高于||，故先计算b&&y，其结果为0，再计算y||0，其值也为0，最后计算0||a，结果为1。由此可见，运算符的优先级制约着表达式的计算次序。

第3个printf()函数中的逻辑表达式!a||a>b，其中!的优先级高于>，而>的优先级高于||，故先计算!a，其值为0，再计算a>b，其值为1，最后计算0||1，值为1。

练一练 3.4　分析程序的运行结果。

```
#include <stdio.h>
main()
{
    int a=1,b=2,c=3,d=4,m=1,n=1;
    (m=a>b)&&(n=c>d);
    printf("m=%d n=%d\n",m,n);
}
```

分析指导：注意&&运算的短路特性。

3.6　逗号运算符与表达式

3.6.1　逗号运算符

C语言提供一种特殊的运算符——逗号运算符，即“,”。逗号运算符是一个双目运算符，优先级是所有运算符中最低的，结合性是自左至右，其作用是把两个表达式连接起来。例如：

```
2+n,100/5
a=4,a+=5,a*a
```

3.6.2　逗号表达式

用逗号运算符连接的表达式称为逗号表达式。

逗号表达式的格式为：

表达式1，表达式2，表达式3，…,表达式*n*

功能：先计算表达式1，再计算表达式2，最后计算表达式*n*。最后一个表达式的值即为此逗号表达式的值。

例如：

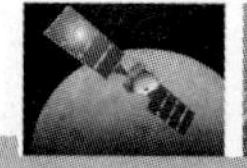

```
a=3*5,a*4         /*表示 a=15，表达式值为 60*/
a=3*5,a*4,a+5     /*表示 a=15，表达式值为 20*/
x=(a=3,6*3)       /*是一个赋值表达式，右边逗号表达式值为 18，x=18*/
x=a=3,6*a         /*逗号表达式值为 18，a=3，x=3*/
```

逗号表达式使用时需注意以下几点：

（1）逗号表达式可以与另一个表达式组成一个新的逗号表达式。例如：(a=5*8,a+5),a/5表达式，先计算 a=40，再计算 a+5 为 45，再计算 a/5 等于 8，整个表达式的值为 8。

（2）并不是任何地方出现的逗号都作为逗号运算符，函数参数是用逗号来间隔的。例如：printf("%d,%d,%d",a,b,c);其中“a,b,c”并不是一个逗号表达式，它是 printf 函数的 3 个参数，参数间用逗号间隔。

（3）利用逗号表达式可实现在一条 C 语言中对多个变量赋予不同值的功能。因此，在有些情况下，并不关心逗号表达式的值，而是关心逗号表达式中各个表达式的功能。例如，表达式“a=3,b=4,c=5”的功能是将 3、4、5 分别赋给变量 a、b、c；而表达式“a=7+b+c, a++”的功能是将 7+b+c 的值赋给变量 a 后，变量 a 自增加 1。

读一读 3.5 逗号运算符的使用。

```
#include <stdio.h>
main()
{
    int a=3,b=4,c=5,x,y;
    y=(x=a+b),(b+c);
    printf("y=%d,x=%d",y,x);
}
```

运行结果为：

```
y=7,x=7
```

分析：y=(x=a+b)为一个赋值表达式，计算并赋值，y=x=7，所以输出 x 和 y 的值都为 7；(b+c)为逗号表达式中的表达式 2，整个逗号表达式的值就是 b+c 的值。

练一练 3.5 分析程序的运行结果。

```
#include <stdio.h>
main()
{
    int a=1,b=2,c=3;
    printf("%d,%d,%d\n",a,b,c);
    printf("%d,%d,%d\n",(a,b,c),b,c);
}
```

分析指导：注意逗号表达式的值是最后一个表达式的值。

3.7 条件运算符与表达式

条件运算符是 C 语言中唯一一个三目运算符，它是由运算符“?”和“:”组合而成的。其一般格式如下：

表达式 1 ? 表达式 2 : 表达式 3

条件表达式的求值规则为：如果表达式 1 的值为真，则以表达式 2 的值作为条件表达式的值，否则以表达式 3 的值作为整个条件表达式的值。

条件运算符比前面讲过的算术运算符、关系运算符和逻辑运算符的优先级都要低，但比赋值运算符高。例如：x=a>0?a*9:a*(−12) 等价于 x=(a>0)?(a*9):(a*(−12))，所以括号可以省略不写。如果 a=3，则 x=27。

条件运算符的结合方向为是“从右至左”。例如：x>y?x:y>z?y:z 等价于 x>y?x:(y>z?y:z)，如果 x=1，y=2，z=3，则表达式的值为 3。

实例 3.1　任意输入两个整数 a、b，编写程序求 a+|b|的值。

分析：当 b>0 时，输出 a+b 的值，否则输出 a−b 的值。采用条件运算符 b>0?a+b:a−b 可以实现该算法。

程序如下：

```
#include<stdio.h>
main()
{
    int a,b,s;
    scanf("%d%d",&a,&b);
    s=b>0?a+b:a-b;
    printf("a+|b|=%d\n",s);
}
```

3.8　运算符与表达式常见错误及解决方法

在运算符与表达式的使用过程中，初学者易犯一些错误。下面列出与本章相关的一些程序错误，分析原因并给出了错误现象及解决方法。

示例 1　int a=1,b=0,c;

　　　　c=a/b;

错误现象：系统无报错或警告，但运行时将出现意外终止对话框。

错误原因：不预先判断除数是否为 0。

解决方法：在函数定义时增加对除数为 0 的考虑并做处理，防止运行时出错。

示例 2　int n=2;

　　　　printf("%f\n",1/n);

错误现象：系统无报错或警告，但输出值为 0，不是期望值 0.5。

错误原因：忽视了整除问题。

解决方法：修改程序为 printf("%f\n",1.0/n);

示例 3　int a=2, b=3,c;

　　　　c=ab;

错误现象：系统报错——'ab':undeclared identifier。

错误原因：省略了数学公式中的乘号。

解决方法：修改程序为 c=a*b;

示例 4 int a=2;

a+ =1;

错误现象：系统报错——syntax error:'='。

错误原因：复合赋值运算符+=、-=、*=、/=、%=的两个字符之间加入空格。

解决方法：删除空格，修改程序为 a+=1;

示例 5 int a=0;

(a++)++;

错误现象：系统报错——'++' needs l-value。

错误原因：对算数表达式使用自增、自减运算。

解决方法：(a++)++;改为 a++;a++;

示例 6 int a,x=3,y=4;

printf("%d\n",x=y);

错误现象：系统无报错或警告，但是输出结果不正确，输出结果是 x=y 的赋值结果 4，不是期望的 x==y 相等关系值 0。

错误原因：进行相等关系运算时，将“==”误写为“=”。

解决方法：修改程序为 printf("%d\n",x==y);

示例 7 float a=123.456;

printf("%d\n",a==123.456);

错误现象：系统无报错或警告，但是输出结果是不相等的。

错误原因：用“==”比较两个浮点数。

解决方法：浮点数有精度限制，不能用“==”比较，一般是以绝对值之差在某一范围内为相等。如 printf("%d\n",fabs(a-123.456)<1e-5);

示例 8 char c='D';

printf("%d\n",'a'<=c<='z');

错误现象：系统无报错或警告，但是输出结果不正确，这里输出 1，即大写字母'D'在'a'和'z'范围之间。

错误原因：判断范围（如 a≤x≤b）的逻辑中表达式省略了&&。

解决方法：程序修改为 printf("%d\n",'a'<=c&&c<='z');

示例 9 void main()

{ int a=1； }

错误现象：系统报错——unknown character '0xa3'。

错误原因：在中文输入方式下输入代码或出现全角字符。

解决方法：找到出错位置，改用英文方式输入。中文或全角字符只在注释或串常量中出现。

知识梳理与总结

本章介绍了 C 语言中运算符和表达式的种类，以及常见运算符和表达式的运算规则。重点讲解了算术运算符与算术表达式、赋值运算符与赋值表达式、关系运算符与关系表达式及逻辑运算符与逻辑表达式，此外还介绍了自增/自减运算符、条件运算符与条件表达式、逗号运算符与逗号表达式。

当多个运算符同时出现在同一表达式中时，需要依据运算符的优先级进行运算，常见基本运算符的优先级及结合性总结如下：

优先级顺序	运　算　符	对象个数	结合方向
2	!，++，--	单目运算符	自右至左
3	*，/，%	双目运算符	自左至右
4	+，-	双目运算符	自左至右
6	<，<=，>，>=	双目运算符	自左至右
7	= =，!=	双目运算符	自左至右
11	&&	双目运算符	自左至右
12	||	双目运算符	自左至右
13	？：	三目运算符	自右至左
14	=，+=，-=	双目运算符	自右至左
15	，	双目运算符	自左至右

自测题 3

扫一扫看本自测题答案

一、选择题

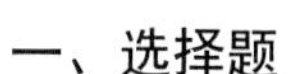

1．在下列运算符中，优先级最高的运算符是（　　）。

A．<=　　B．%　　C．=　　D．&&

2．若有代数式 ae/ (bc)，则错误的 C 语言表达式是（　　）。

A．a/b/c*e　　B．a*e/b*c　　C．a*e/b/c　　D．a*e/c/b

3．已知有以下变量定义：

```
int i=8,k,a,b;
unsigned long w=5;
double x=1.42,y=5.2;
```

则不符合 C 语言语法的表达式是（　　）。

A．k=i++　　B．(int)x+0.4　　C．w+=-2　　D．a=2*a=3

4．运行以下程序段后，x 的值为（　　）。

```
int m=3, n=4, x;
x = -m++;
x = x+8/++n;
```

A．3　　B．5　　C．-1　　D．–2

5．设有以下定义

```
int a = 0;
double b = 1.25;
char c = 'A ';
```

```
#define d 2
```

则下面语句中错误的是（　　）。

A．a++;　　B．b++;　　C．c++;　　D．d++;

6．设有如下程序段：

```
int x=2002, y=2003;
printf ("%d\n",(x,y));
```

则以下叙述中正确的是（　　）。

A．输出语句中格式说明符的个数少于输出项的个数，不能正确输出

B．运行时产生出错信息　　C．输出值为 2002　　D．输出值为 2003

7．以下赋值语句中非法的是（　　）。

A．n =(i=2, ++i);　　B．j++;　　C．++(i+1);　　D．x = j>0;

8．设 a 和 b 均为 double 型变量，且 a=5.5、b=2.5，则表达式(int)a+b/b 的值是（　　）。

A．6.500000　　B．6　　C．5.500000　　D．6.000000

9．若有以下程序：

```
main()
{
    int k=2,i=2,m ;
    m=(k+=i*=k);
    printf("%d,%d\n",m,i);
}
```

执行后的输出结果是（　　）。

A．8,6　　B．8,3　　C．6,4　　D．7,4

10．若有定义：

```
int a=8, b=5, c;
```

执行语句“c=a/b+0.4;”后 c 的值为（　　）。

A．1.4　　B．1　　C．2.0　　D．2

二、填空题

1. C 语言中的表达式包括__________、__________、__________、__________、__________和__________。

2．C 语言中的结合方向有__________和__________。

3. 若有定义“int a=0;”, 则执行赋值语句“a+=a*=a% =a−=15;”后变量 a 中的值是__________。

4．printf("%d\n",(int)(2.5+3.0)/3);的输出结果是__________。

5．假设变量 a 为整型，则执行“a=3+5,a*4;printf("%d\n",a);”后的输出结果是__________。

6．设 x 和 y 均为 int 型变量，且 x=1，y=2，则表达式 1.0+x/y 的值为______。

三、计算下列各表达式的值。

1．5/2+5.0/2+7%6

2．a=3,b=4,c=5,a+b>c&&b==c

3．a=3*5,a*4,a+5

4．5>2>1

5．3>5?3:5<8?25:40

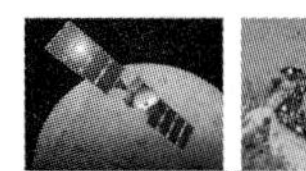

四、编程题

1．输入一个整数，取出它的个位数部分。

2．输入一个浮点数，分别输出它的整数部分和小数部分。

上机训练题 3

扫一扫看本训练题答案

写出下列程序的运行结果

1.
```
#include<stdio.h>
main()
{
   printf("%d,%d\n",
 20/7, -20/7);
   printf("%f,%f\n",20.
 0/7,-20.0/7);
}
```

运行结果为：________________

2.
```
#include<stdio.h>
main()
{
   int i,j,m ,n;
   i=8;
   j=10;
   m =++i;
   n=j++;
   printf("i=%d,j=%d\nm =%d,n=
%d\n",i,j,m ,n);
}
```

运行结果为：________________

3.
```
#include <stdio.h>
main()
{
   int a=5,b=4,c=6,d;
   printf("%d\n",d=a>b?
a>c?a:c :b);
}
```

运行结果为：________________

4.
```
#include<stdio.h>
main()
{
   int a=2,b=4,c=6,x,y;
    y=(x=a+b),(b+c);
   printf("y=%d,x=%d",y,x);
}
```

运行结果为：________________

顺序结构程序设计

教学导航

教	知识重点	1. 三种基本的程序结构；2. printf( )和 scanf( )的用法； 3. putchar( )和 getchar( )的用法
	知识难点	printf( )和 scanf( )的格式控制方法
	推荐教学方式	一体化教学：边讲理论边进行上机操作练习，及时将所学知识运用到实践中
	建议学时	4 学时
学	推荐学习方法	课前：复习 C 语言的运算符与表达式，预习本章将学的知识 课中：接受教师的理论知识讲授，积极完成上机练习 课后：巩固所学知识点，完成作业，进行简单的编程训练
	必须掌握的理论知识	1. C 语言程序的三种基本结构；2. 顺序结构中用到的语句； 3. 常见输入/输出函数的用法
	必须掌握的技能	掌握顺序结构程序的设计方法

知识分布网络

- 顺序结构程序设计
  - 结构化程序设计
    - 算法
    - 程序的三种基本结构
  - 数据的输入/输出
    - printf()函数、scanf()函数
    - putchar()函数、getchar()函数
  - 顺序结构
    - 常用语句
    - 组成要素

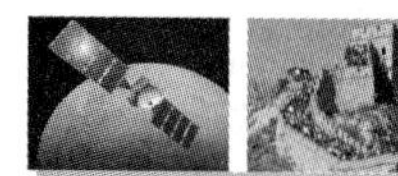  

前面章节介绍了 C 语言程序设计的一些基础知识，如标识符、常量、变量、基本数据类型、运算符及其表达式等，从本章开始至第 6 章，将介绍 C 语言程序的三种基本结构，即顺序结构、选择结构和循环结构。

一个 C 语言程序一般由若干个源程序文件组成，一个源程序文件由若干个函数和编译预处理及变量声明组成，一个函数由数据定义部分（也称声明语句）和执行语句组成。

4.1　结构化程序设计

4.1.1　算法

计算机语言只是一种编程工具，学习程序设计，最重要的是学会针对各种类型的问题设计出有效的解决方法和步骤，而不应只限于会用某一种计算机语言。当要编写一个程序时，首先要想好这个程序的目的是什么，怎样去实现它，即先进行什么处理，后进行什么处理，这种为解决一个问题而采取的方法和步骤称为“算法”。

对同一问题，可以有不同的解决方法和步骤（即算法）。例如，求 1+2+3+…+100，可以先计算 1+2，再加 3，然后加 4，一直加到 100；也可以转换成 100+(1+99)+(2+98)+ …+(49+51)+50 来计算，当然还有其他方法。一般来说，总是希望能采用简单且运算步骤少的方法，也就是说为了有效地解决问题，不仅需要保证算法正确，还要考虑算法的质量。

通常设计一个“好”的算法应考虑达到以下要求。

1．正确性

算法应当满足具体问题的要求。正确性大体可分为以下 4 个层次：

（1）程序不含语法错误。

（2）程序对于几组输入数据能够得出满足要求的结果。

（3）程序对于精心选择的典型、苛刻且具刁难性的几组数据能够得出满足要求的结果。

（4）程序对于一切合法的输入数据都能产生满足要求的结果。

对于大型软件需要进行专业测试，通常以第（3）层意义的正确性作为衡量一个程序是否合格的标准。

2．可读性

算法主要是为了满足人们阅读与交流的需要，其次才是机器执行。可读性好有助于人们对算法的理解，方便调试和后期维护。在程序中增加准确的注释可以提高可读性。

3．健壮性

当输入数据非法时，算法也能适当地做出反应或进行处理，而不会造成异常中止、死机或产生莫名其妙的输出结果。在算法设计中，对各种正常和异常的情况都要进行综合考虑，否则算法将难以执行。

4．高效率与低存储量需求

效率是指算法的执行时间，存储量需求是指算法执行过程中所需的最大存储空间。算法优化的目的一般是针对这两个方面的。

4.1.2 程序的三种基本结构

结构化程序设计方法是近年来被广泛采用的一种程序设计方法。这种方法使程序层次分明、结构清晰，有效地改善了程序的可靠性，提高了程序设计的质量和效率。

结构化程序设计的基本思想：任何程序都可以由三种基本结构表示，这三种基本结构是顺序结构、选择结构和循环结构。由三种基本结构反复组合、嵌套构成的程序称为结构化程序。

下面简单介绍这三种基本的程序结构，假设有顺序语句组 A 和 B 及条件 P。

1. 顺序结构

顺序结构程序是所有程序结构中最简单的一种，该程序结构中，语句按其在程序中的先后位置顺序被执行。其程序结构如图 4.1 所示。

2. 选择结构

程序需要根据某些条件，进行逻辑判断，而其结果决定程序走向的程序结构称为选择结构程序，如图 4.2 所示。

3. 循环结构

程序按照一定的条件，重复执行指定的语句组，称为循环结构程序，如图 4.3 所示。

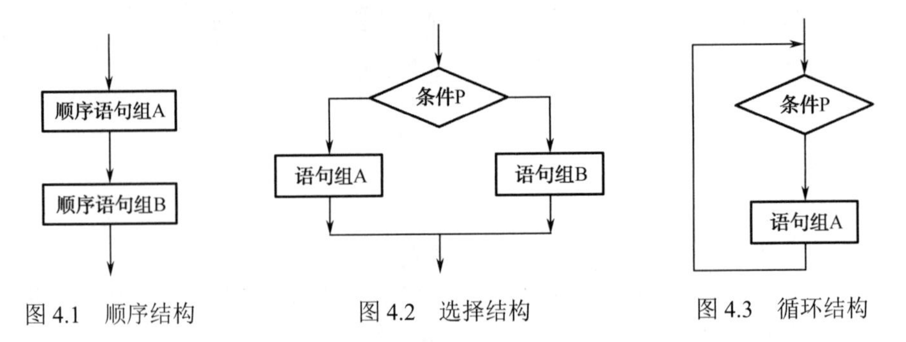

图 4.1 顺序结构　　图 4.2 选择结构　　图 4.3 循环结构

4.2 数据的输入/输出

为了让计算机处理各种数据，首先应该把源数据输入计算机中，等计算机处理结束后，再将目标数据信息以人能够识别的方式输出。在 C 语言中，所有的数据输入和输出都是由库函数完成的，因此都是函数语句。使用库函数时，必须用预处理命令#include 将有关的头文件包括进来。使用 C 语言的标准输入/输出库函数时要用到“stdio.h”头文件，因此在程序开头应有如下预处理命令：

```
#include <stdio.h> 或#include"stdio.h"
```

在 C 语言中最常用的输入/输出库函数有 scanf()、printf()、getchar()和 putchar()，现分别介绍如下。

4.2.1 格式输出函数

在前面介绍的例题中已经用到了格式输出函数，其功能是向终端输出若干个任意类型、

任意格式的数据，其一般格式如下：

```
printf("格式控制",输出表列);
```

以 printf("x=%d,y=%f\n",x,y);为例对 printf()函数的格式进行说明，如图 4.4 所示。

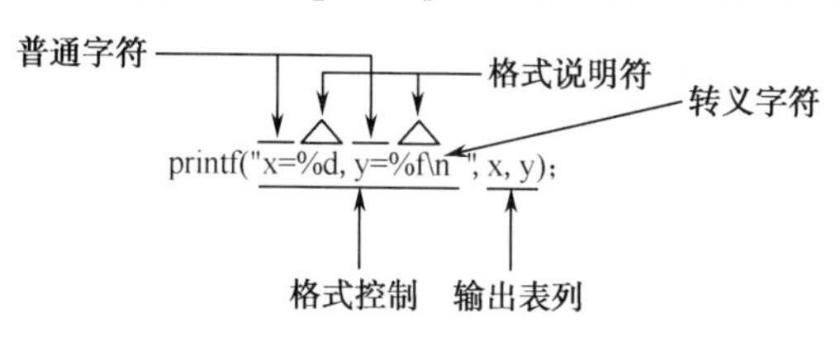

图 4.4 printf()函数的格式说明示意图

1. 格式控制部分

格式控制部分是由双引号括起来的字符串，通常包含三种信息：格式说明符、转义字符和普通字符。

（1）格式说明符，其通用格式为：

```
%[附加格式说明符][类型转换字符]
```

格式说明符必须以“%”开头，其后各项根据输出格式需要进行选择，其作用是将输出的数据转换成指定的格式输出。其中附加格式说明符可由标志字符、宽度指示符、精度指示符和长度修饰符组成，使用时按输出格式需要选用。printf()函数常用的长度修饰符有 f、n、h 和 l 四种，分别表示：远指针、近指针、短整型和长整型。printf()函数常用的其他附加格式说明符见表 4.1，常用的类型转换字符见表 4.2。

表 4.1 printf()函数常用的附加格式说明符

附加格式说明符		作 用
标志字符	-	左对齐，右端补空格。默认为右对齐，左端补空格
	+	输出结果总以“+”或“-”开头
	空格	以空格代替输出结果中的“+”，负数以“-”开头
	#0	将“0”置于非零数值前（用于输出八进制数的前缀）
	#x	将“0x”置于非零数值前（用于输出十六进制数的前缀）
宽度指示符	m	指定输出域的宽度。超长时按实际宽度输出，不足则补空格
	On	指定输出域的宽度。若实际长度不足，则左端补 0
精度指示符	.o	对于实数（f、e、E 类型），只输出整数不输出小数
	.n	对于实数，指定保留的小数位数，超长时四舍五入；对于字符串，截取左起的前 n 个字符
字符	c	输出 1 个字符
	s	输出 1 个字符串

表 4.2 printf()函数常用的类型转换字符

数据类型	类型转换字符	作 用
整数	d 或 i	十进制整数形式带符号输出（正数不带符号）
	o	八进制整数形式无符号输出（不带前缀 0）

续表

数据类型	类型转换字符	作　用
整数	X	无符号输出十六进制整数（不带前缀0x），其中字母小写 无符号输出十六进制整数（不带前缀0x），其中字母大写
	u	十进制整数形式式无符号输出
实数	f	十进制小数形式输出单、双精度数（默认6位小数）
	e E	指数形式输出单、双精度数（默认6位小数）字母e小写 指数形式输出单、双精度数（默认6位小数）字母E大写
	g G	自动选用f或e形式，字母e小写 自动选用f或E形式，字母E大写

（2）转义字符：控制输出。见第2章表2.1常用转义字符表。例如，printf()函数中的“\n”就是转义字符，输出时产生一个“换行”操作。

（3）普通字符：需要原样输出的字符。如：printf("x=%d,y=%f\n",x,y);语句中的“x=,y=”就是普通字符。

2. 输出表列

printf()函数中的“输出表列”是要输出的一些数据，可以是表达式，这些表达式应与格式控制字符串中的格式说明符的类型一一对应，若输出表列中有多个表达式，则每个表达式之间应由逗号隔开。如：printf("x=%d,y=%f\n",x,y);语句中的x,y为输出表列部分，其中x与%d对应，y与%f对应。

实例4.1 向屏幕输出变量、常量和表达式的值，并且控制光标的移动。

```
#include  <stdio.h>
main()
{
    int x,y;
    x=21;
    y=10;
    printf("%d\t",123);                  /* 向屏幕输出常量123的值 */
    printf("\"x=%d,y=%d\"",x,y);         /* 输出变量x和y的值 */
    printf("\n");                        /* 光标到下一行的行首 */
    printf("x%%y=%d",x%y);               /* 输出x%y的值 */
}
```

运行结果为：

```
123    "x=21,y=10"
x%y=1
```

其中，123可以直接输出，双引号中的字符按原样输出（如"x="），\"、\t和\n是转义字符，x和y为变量，x%y为表达式。“%”后面的d为格式控制符。为了在结果中输出“%”，必须使用“%%”。

4.2.2 格式输入函数

在C语言中，可使用scanf()函数，通过键盘输入提供给计算机多个任意数据。也就是说

scanf()函数是用来从外部输入设备向计算机主机输入数据的，数据的类型格式可以在函数中进行设置，其一般格式如下：

```
scanf("格式控制", 地址表列);
```

1. 格式控制部分

格式控制与 printf()相似，但不能显示非格式字符串，也就是不能显示提示字符串。

2. 地址表列

地址表列中给出各变量的地址，地址是由地址运算符“&”后跟变量名组成的。

应用 scanf()函数时应注意以下几点。

（1）&是地址运算符，&a、&b 指 a 和 b 在内存中的地址。scanf()函数是将从输入设备输入的数据存入地址&a 和&b 中作为 a 和 b 的值。因此，调用输入函数 scanf()，地址运算符&不能少。

（2）输入数据时，应与输入函数中的格式控制形式对应。

① 若格式控制为"%d%d"，则输入数据时，数据之间用一个或多个空格间隔，也可用“Enter”键、“Tab”键。例如：1　2↙（1 和 2 之间为空格）。

② 若格式控制为"%d,%d"，输入数据时，数据之间应有逗号。例如：1,2↙。

③ 若格式控制字符中除格式字符外，还有其他字符，则在输入数据时，输入这些字符。例如：

```
scanf ("a=%d, b=%d",&a,&b);
```

输入数据时，应为：

```
a=1,b=2
```

（3） 指定输入数据的位数，例如，格式控制为"%2d%2d"，输入为 1234↙，系统自动将 12 赋给 a，34 赋给 b，但这对字符型变量不起作用。例如：

```
char c;
scanf("%2c",&c);
```

输入数据：

```
12 ↙
```

变量 c 只得到 1。

（4） 输入数据时不能规定精度。例如：scanf ("%3.2f ", &a)是不允许的。

实例 4.2　使用 scanf()函数输入整型、浮点型、字符型数据，分别赋给整型、浮点型、字符型变量。

```
#include  <stdio.h>
main()
{
    int x;
    float y;
    char ch;
    printf("Please input x,y,ch:");
    scanf("%d%f%c",&x,&y,&ch);             /* 从键盘输入数据分别赋给变量 x,y,ch */
    printf("x=%d,y=%f,ch=%c",x,y,ch);    /* 输出变量 x, y, ch */
```

```
}
```

运行结果为：

```
Please input x,y,ch: 2  3a
x=2, y=3.000000, ch=a
```

4.2.3 字符输出函数

字符输出函数的一般形式为：

```
putchar(参数);
```

这个函数的功能是在显示器上输出单个字符。

注意：该函数中的参数可以是字符变量或字符常量或整型变量，也可以是某个字符对应的 ASCII 码值或表达式，还可以是控制字符。

实例 4.3 putchar()函数参数使用示例。

```
#include<stdio.h>
main()
{
    char c='A';
    int a=66;
    putchar(c);                /*输出字符变量 c*/
    putchar('\n');             /*输出回车换行符*/
    putchar(a);                /*输出整型变量 a 所代表的字符*/
    putchar('\n');
    putchar('\103');           /*输出八进制数 103 所代表的字符*/
}
```

运行结果为：

```
A
B
C
```

4.2.4 字符输入函数

字符输入函数的一般形式为：

```
getchar() ;
```

此函数的作用是从终端接收输入的一个字符并返回，其返回值即为输入的字符。getchar()函数一般用在赋值表达式中，将输入的字符赋予某个变量，无论输入多少个字符，getchar()函数只返回第一个字符。

实例 4.4 利用 getchar()函数从键盘输入一个字符。

```
#include  <stdio.h>
main()
{
    char  ch ;
    ch=getchar() ;   /*从键盘读入一字符*/
```

```
    putchar(ch) ;    /*显示输入的第一个字符*/
  }
```

运行结果为：

```
输入：a ↙
输出：a
```

注意：getchar()函数只能接收单个字符，输入数字也按字符处理，当输入多于一个字符时，只接收第一个字符。故此处在输入时，不能输入单引号，否则程序将接收单引号。

读一读 4.1　printf()函数的格式输出。

程序如下：

```
#include<stdio.h>
main()
{
   int a=29;
   float b=1243.2341;
   double c=24212345.24232;
   char d='h';
   printf("a=%d,%5d,%o,%x\n",a,a,a,a);
   printf("b=%f,%lf,%5.4lf,%e\n",b,b,b,b);
   printf("c=%lf,%f,%8.4lf\n",c,c,c);
   printf("d=%c,%8c\n",d,d);
}
```

运行结果为：

```
a=29,   29,35,1d
b=1243.234131,1243.234131,1243.2341,1.243234e+003
c=24212345.242320,24212345.242320,24212345.2423
d=h,       h
```

本例第 8 行中以 4 种格式输出整型变量 a 的值，其中“%5d”要求输出宽度为 5，而 a 的值为 29，只有 2 位故补 3 个空格。第 9 行中以 4 种格式输出实型变量 b 的值，其中“%f”和“%lf”格式的输出相同，说明“l”符对“f”类型无影响；“%5.4lf”指定输出宽度为 5，精度为 4，由于实际长度超过 5 故应该按实际位数输出，小数位数超过 4 位的部分被截去。第 10 行输出双精度实数，“%8.4lf”由于指定精度为 4 位故截去了超过 4 位的部分。第 11 行输出字符量 d，其中“%8c”指定输出宽度为 8 故在输出字符 h 之前补加 7 个空格。

读一读 4.2　输入函数 scanf()的应用示例。

```
#include<stdio.h>
main()
{
   int a,d;
   char b,c;
   printf("input a,b,c,d:");
```

```
        scanf("%3d%3c%2c%2d",&a,&b,&c,&d);
        printf("a=%d,b=%c,c=%c,d=%d\n",a,b,c,d);
    }
```

若从键盘输入：

```
    input a,b,c,d:1234567890123↙
```

则输出结果为：

```
    a=123,b=4,c=7,d=90
```

分析：输入数据与各格式说明符之间的对应关系如下。

123 456 78 90123

3d　3c　2c 2d

所以，最后赋给各变量的值为 a=123,b=4,c=7,d=90。

注意：一个字符型变量只能存放一个字符。C 语言规定，在截取字符时取第一个字符赋给字符型变量。

练一练 4.1　分析如下程序的输出结果。

程序如下：

```
    #include<stdio.h>
    main()
    {
        int a=88,b=89;
        printf("%d  %d\n",a,b);
        printf("%d,%d\n",a,b);
        printf("%c,%c\n",a,b);
        printf("a=%d,b=%d",a,b);
    }
```

分析指导：本练习中 4 次输出了 a，b 的值，但由于格式不同，输出的结果也不相同。

练一练 4.2　用下面的 scanf()函数输入数据，使 a=1,b=2,c=3,d=4。

```
    #include<stdio.h>
    main()
    {
        int a,b,c,d;
        scanf("%d,%d:%d,d=%d",&a,&b,&c,&d);
        printf("a=%d,b=%d,c=%d,d=%d\n",a,b,c,d);
    }
```

练习指导：在 scanf()输入控制中，如果转换控制说明中有转换控制以外的字符，则输入时要在与此相对应的部分输入与此相同的字符。

4.3　顺序结构

顺序结构的程序设计是最简单的程序设计，它由一组顺序执行的程序块组成。最简单的

程序块是由若干顺序执行的语句所构成的。这些语句可以是赋值语句、输入/输出语句等。

本节首先介绍顺序结构中的常用语句，然后通过具体案例介绍顺序结构程序设计的方法。

4.3.1　顺序结构中的常用语句

根据语句的表现形式及功能的不同，顺序结构中的语句可分为表达式语句、空语句、复合语句和函数调用语句四大类。

1. 表达式语句

表达式语句由各种类型的表达式和分号构成，如赋值语句是表达式语句中最常见的一种。

例如：

```
x=15;       /*赋值语句*/
x=15        /*赋值表达式*/
```

注意：有些表达式构成语句后没有什么实际意义，如“a>b;”。

2. 空语句

只有一个分号的语句是空语句。空语句的存在只是出于语法上的需要，在某些必需的场合占据一个语句的位置。在程序中空语句经常被用作循环体。

例如：

```
for(i=0;i<10;i++)
;
```

其中，循环体中使用空语句，表示循环体本身什么也不做，其具体作用是为循环体实现延时功能。

3. 复合语句

复合语句是由一对花括号“{}”把若干语句括起来构成的语句段。当单一语句位置上的功能必须用多个语句才能实现时，就需要复合语句，它常应用于选择或循环语句中。

例如：

```
{
   t=a;
   a=b;
   b=t;
}
```

复合语句的几个特点：

（1）复合语句可以嵌套。

（2）复合语句中可以包含数据说明。

（3）复合语句中的数据说明必须放在所有可执行语句之前。

（4）在复合语句内部，语句按书写的顺序依次执行。

4. 函数调用语句

函数调用语句其实也是一种表达式语句。在一个函数的后面添加一个分号就构成了一个

函数调用语句。如：

```
printf("input(a,f,b):");
scanf("%d,%f,%d",&a,&f,&b);
c=getchar();
putchar(ch);
```

4.3.2 顺序结构程序组成要素

下面先介绍一个实例。

实例 4.5 输入任意两个整数，求它们的和及平均值，然后输出结果。请设计一个顺序结构程序，实现此功能。

分析：算法流程图如图 4.5 所示。

经过分析后可以写出如下程序以完成本实例任务：

```
#include<stdio.h>
main()
{
    int n1,n2,sum;
    float average;
    printf("Please input two numbers: ");
    scanf("%d,%d",&n1,&n2);/*输入两个整数*/
    sum=n1+n2;              /*求和*/
    average=sum/2.0;        /*求平均值*/
    printf("n1=%d,n2=%d\n",n1,n2);
    printf("sum=%d,average=%.2f\n",sum,
          average);         /*输出结果*/
}
```

运行结果为：

```
Please input two numbers:3,6↙
n1=3,n2=6
sum=9,average=4.50
```

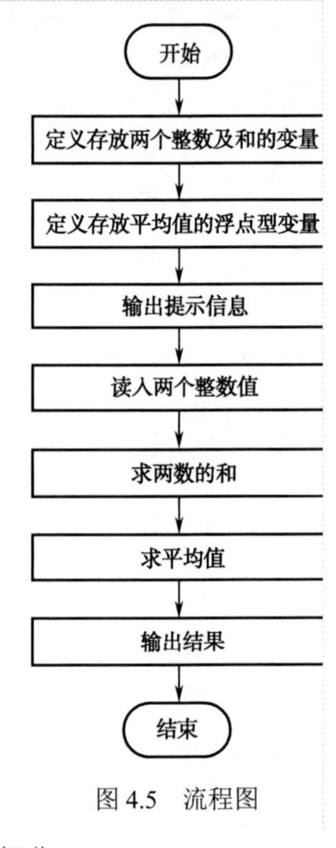

图 4.5 流程图

由上面的实例，可以知道一个顺序结构程序一般包括以下几个部分：

（1）程序开头的编译预处理命令。

在程序中要使用标准函数（又称库函数），使用时必须用编译预处理命令#include 将相关的头文件包括进来。

（2）在顺序结构程序的函数体中，完成具体功能的各个语句和运算，主要包括：变量类型的说明、提供数据语句、运算部分、输出部分。

读一读 4.3 在屏幕上输出提示语句“Please input the radius:”，再从键盘上输入一个整数，然后输出以此整数为半径的圆周长、圆面积，结果保留两位小数。请设计一个顺序结构程序实现此功能。

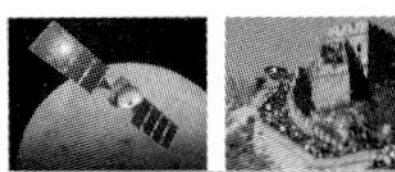

分析：算法分析如图 4.6 所示。

程序如下：

```
#include<stdio.h>
main()
{
    int r;
    float c,a;
    printf("Please input the radius:\n");
    scanf ("%d", &r);
    c=2*3.14*r ;
    a=3.14*r*r;
    printf ("r=%d,c=%.2f,a=%.2f\n",r,c,a);
}
```

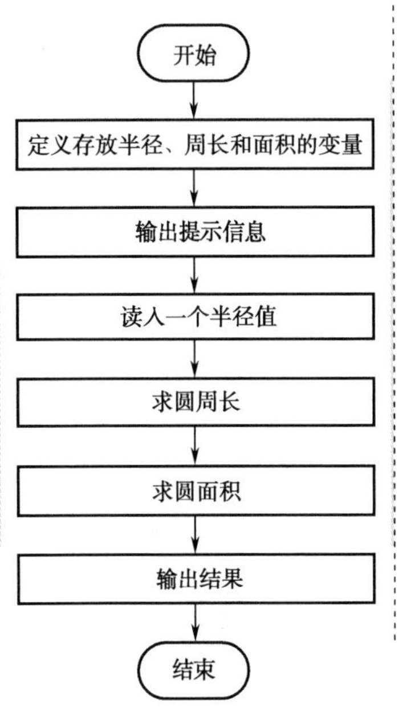

图 4.6　解决问题的流程图

注意：顺序结构程序段中的所有语句（包括说明语句），一律与本顺序结构程序段的首行左对齐。

读一读 4.4　输入三角形的三边长，求三角形的面积。

分析：在数学中，已知三角形的三边 a、b、c，可得三角形的面积

$$\text{area} = \sqrt{s(s-a)(s-b)(s-c)}$$

其中，$s=(a+b+c)/2$。

程序如下：

```
#include<math.h>
#include<stdio.h>
main()
{
    float a,b,c,s,area;
    printf("Please input three sides of trigon:\n");
    scanf("%f,%f,%f",&a,&b,&c);
    s=(a+b+c)/2;
    area=sqrt(s*(s-a)*(s-b)*(s-c));
    printf("area=%.2f\n",area);
}
```

注意：sqrt()是平方根函数。由于要调用数学函数库中的函数，所以必须在程序开头用预处理命令把头文件“math”包含到程序中。

练一练 4.3　编写程序，要求输入两整数，求两数的和，然后交换两数后输出。

编程指导：注意两数交换需要借助一个中间变量。

练一练 4.4　求方程 $ax^2+bx+c=0$ 的根。其中 a、b、c 由键盘输入，设 $b^2-4ac>0$。

编程指导：利用一元二次方程的求根公式来求解。

$$x_{1,2}=\frac{-b\pm\sqrt{b^2-4ac}}{2a}$$

再将此公式分为两项：

$$p=\frac{-b}{2a},\quad q=\frac{\sqrt{b^2-4ac}}{2a}$$

则方程两根可表示为：

$$x_1=p+q,\quad x_2=p-q$$

4.4　顺序结构常见错误及解决方案

在顺序结构程序设计过程中经常出现一些错误，下面根据错误现象分析原因并给出解决方法。

示例 1

```
int x;
scanf("%d",&x);
int y;
scanf("%d",&y);
```

错误现象：系统报错——syntax error : missing '; ' before 'type'等两处错误。

错误原因：变量定义放在语句之后。

解决方法：修改程序如下

```
int x;
int y;
scanf("%d",&x);
scanf("%d",&y);
```

示例 2

```
int x;
scanf("%d",x);
```

错误现象：系统警告——local variable 'x' used without having been initialized。

错误原因：未给 scanf 中的变量加取地址符&。

解决方法：根据编译器所指警告位置，修改程序为“scanf("%d",&x);”。

示例 3

```
int x=1, y=2;
printf("%d,%d,%d",x,y);
```

错误现象：系统无报错或警告，但会输出错误数据。

错误原因：格式控制说明项数多于输出表列个数。

解决方法：先用调试器跟踪观察变量的当前值，如果变量值正确而输出结果不对，则检查 printf 中的各个参数。如果输入的数据与变量所获得的值不一致，则检查 scanf 中的各个参数。此处修改为“printf("%d,%d",x,y);”。

示例 4　int x;

```
scanf("%d",&x);
printf("%d",x,x+3);
```

错误现象：系统无报错或警告，但缺少期望的输出结果。

错误原因：漏写了 printf 中与要输出的表达式对应的格式控制串。

解决方法：参照示例 3 的方法进行检查，此处修改为“printf("%d%d",x,x+3);”。

示例 5　int a=12,b;　float f=12.5;

```
scanf("%c",&a);
printf("a=%f,f=%d",a,f);
```

错误现象：系统无报错或警告，但输出结果不正确。

错误原因：输入/输出格式控制符与数据类型不一致。

解决方法：参照示例 3 的方法进行检查，此处修改为“printf("a=%d,f=%f",a,f);”。

示例 6　int x;

```
scanf("%d\n",&x);
```

错误现象：系统无报错或警告，但输入数据时无法及时结束。

错误原因：scanf 的格式控制串中含有"\n"等转义字符。

解决方法：从格式控制串中去掉"\n"转义字符。

示例 7　float x;

```
scanf("%5.2f",&x);
printf("%f",x);
```

错误现象：系统无报错或警告，但输出结果并不是输入时的数据。

错误原因：读入实型数据时，在 scanf 的格式控制串中规定输入精度。

解决方法：从格式控制串中去掉 5.2 精度控制，输入实型数不能控制精度。

示例 8　printf("%d"a);

错误现象：系统报错——missing ')' before identifier 'a'。

错误原因：在格式控制字符串之后丢失逗号。

解决方法：程序修改为“printf("%d",a);”。

知识梳理与总结

一个完整的程序应该含有数据输入/输出操作，将原始数据输入，经程序处理后，输出有用的信息。本章简单说明了 C 语言源程序设计的三种基本结构，并结合实例详细讨论了 C 语言的输入/输出函数，需要掌握的知识点如下所述。

（1）C 语言源程序设计的三种基本结构是顺序结构、选择结构和循环结构。

（2）顺序结构中用到的语句类型有表达式语句、复合语句、空语句和函数调用语句。

（3）C 语言中常用的数据输出函数有 putchar()函数和 printf()函数，数据输入函数有 getchar()函数和 scanf()函数。其中 scanf()和 printf()函数是最常用的输入、输出函数，需要用心去掌握各常用格式字符的使用。

自测题 4

扫一扫看本自测题答案

一、选择题

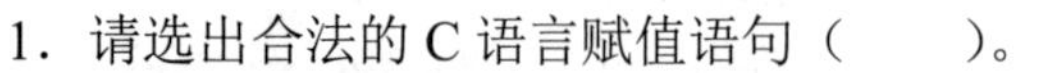

1．请选出合法的 C 语言赋值语句（　　）。

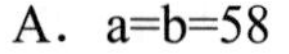

A．a=b=58　　B．(i+1)++ ;　　C．a=58, b=58　　D．k=(int)a+b ;

2．以下选项中，不正确的赋值语句是（　　）。

A．t=t+1;　　B．n1=(n2=(n3=0));

C．k=i=j;　　D．a=b+c=1;

3．有定义“int a,b,c;”，要给变量 a、b、c 输入数据，正确的输入语句是（　　）。

A．scanf("%d%d%d",&a,&b,&c);　　B．scanf("%D%D%D ",&a,&b,&c);

C．read(a,b,c);　　D．scanf("%d%d%d",a,b,c);

4．阅读程序：

```
#include  <stdio.h>
main()
{
    int  a ;  float  b , c;
    scanf("%2d%3f%4f" , &a , &b , &c);
    printf("\na=%d , b=%f , c=%f" ,a,b,c);
}
```

若运行时从键盘上输入 987654321↙，则程序的输出结果是（　　）。

A．a=98 , b=765 , c=4321　　B．a=98 , b=765.000000 , c=4321.000000

C．a=98 , b=765.0 , c=4321.0　　D．a=98.0 , b=765.0 , c=4321.0

5．已知字母 A 的 ASCII 码为十进制的 65，下面程序的输出结果是（　　）。

```
#include  <stdio.h>
main()
{
    char  ch1 , ch2 ;
    ch1='A '+'5'-'3' ;
    ch2='A '+'6'-'3' ;
    printf("%d,%c\n" , ch1 , ch2) ;
}
```

A．67,D　　B．B,C　　C．C,D　　D．不确定的值

6．设有如下定义：

```
int  x=10 , y=3 , z ;
```

则语句：　printf("%d\n" , z=(x%y , x/y)) ; 的输出结果是（　　）。

A．1　　B．0　　C．4　　D．3

7．　若有以下定义和语句：

```
char  c1='b' , c2='e' ;
printf("%d,%c\n" , c2-c1 , c2-'a'+'A ') ;
```

则输出结果是（　　）。

A．2，M　　　B．3，E　　　C．2，E　　　D．输出结果不确定

8．以下叙述中正确的是（　　）。

A．输入项可以是一个实型常量，例如：scanf("%f"，3.5)；

B．只有格式控制，没有输入项，也能正确输入数据到内存，例如：scanf("a=%d，b=%d")

C．输入一个实型数据时，格式控制部分可以规定小数点后的位数，例如：scanf("%4.2f"，&d)；

D．当输入数据时，必须指明变量地址，例如：scanf("%f"，&f)；

二、填空题

1．结构化程序设计所规定的三种基本结构是__________、___________、___________。

2．输出字段宽为 4 的十进制数应使用%4d，字段宽度为 6 的十六进制数应使用________，八进制整数应使用__________；字段宽度为 4 的字符应使用__________；字段宽度为 8，保留 3 位小数的实数应使用__________；字段宽度为 5 的字符串应使用__________。

3．若有定义“int x=0;”，则执行赋值语句“x=(x=3+5,x*5);”后，变量 x 中的值是___________。

4．下面程序的输出结果是______。

```
#include  <stdio.h>
main()
{
    int  k=17 ;
    printf("%d , %o , %x \n" , k , k , k) ;
}
```

5．若有定义“int a=0，b=0，c=0;”，用下面语句输入时

```
scanf("%d",&a);
scanf("%d",&b);
scanf("%d",&c);
```

从键盘输入：

```
10<tab>4<tab>5<回车>
```

则执行输入语句后，变量 a 的值是________，变量 b 的值是_________，变量 c 的值是__________。

三、编程题

1．编写程序，用分钟来表示 h 时 m 分（以 0 点 0 分作为计算的开始，过 24 点即为 0 点）。h 时 m 分通过键盘输入，然后进行输出。

2．编写程序，输入两个整数，求出它们的商数和余数并进行输出。

3．编写程序，读入 3 个双精度数，求它们的平均值，将结果四舍五入并保留两位小数，然后输出该结果。

4．编写程序，读入 3 个整数 a、b、c，然后交换它们的数值，把 a 的数值给 b，把 b 的数值给 c，把 c 的数值给 a。

5．从键盘输入一个字符，输出这字符的 ASCII 码的值。

6．用 x，y，z 表示长方体三条边的边长，编写程序求其表面积 a 和体积 v，然后进行输

出。其中 x，y，z 通过键盘输入。

7．编写程序，从键盘上输入两个电阻的值，求它们并联和串联的电阻值，输出结果保留两位小数。

【提示】并联和串联的电阻值计算公式：并联电阻 RP=R1*R2/(R1+R2)；串联电阻 RS=R1+R2。

扫一扫看本训练题答案

上机训练题 4

一、写出下列程序的运行结果

```
1. #include  <stdio.h>
  main()
  {
      int  a=2 , c=5 ;
      printf("a=%d , c=%d\n",a,c);
  }
```

运行结果为：________________

```
2. #include <stdio.h>
  main()
  {
      int c;
      int d;
      c=65; d='A';
      putchar(c);
      putchar(d);
  }
```

运行结果为：________________

```
3. #include  <stdio.h>
  main()
  {
      int  a=3 , b=2 , c=1 ;
      c-=++b ;
      b*=a+c ;
  {
      int  b=5 , c=12 ;
      c/=b*2 ;
      a-=c ;
      printf("%d,%d,%d,",a,b,c) ;
      a+=--c ;
   }
   printf("%d,%d,%d",a,b,c) ;
  }
```

运行结果为：________________

```
4.  #include  <stdio.h>
  main()
  {
      char  a , b , c ;
      a='C' ; b='A' ; c='T' ;
      putchar(a) ; putchar(b) ;
  putchar(c) ; putchar('\n') ;
      putchar('\101') ; putchar
  ('B') ; putchar('c') ;
  }
```

运行结果为：________________

二、编写程序，并上机调试

1．编写程序，从键盘输入梯形上、下底边的长度和高，计算梯形的面积。

2．编写程序，从键盘输入某学生的 4 科成绩，求出总分和平均分。

3．用 getchar()函数读入一个字符，输出读入字符的前一个字符和后一个字符。

第5章 选择结构程序设计

扫一扫下载本章教学课件

教学导航

教	知识重点	1. if语句的三种形式与使用；2. switch语句的使用方法
	知识难点	1. if语句的嵌套；2. 选择条件的描述
	推荐教学方式	一体化教学：边讲理论边进行上机操作练习，及时将所学知识运用到实践中
	建议学时	4学时
学	推荐学习方法	课前：复习C语言的三种基本结构，预习本章将学的知识 课中：接受教师的理论知识讲授，积极完成上机练习 课后：巩固所学知识点，完成作业，加强编程训练
	必须掌握的理论知识	1. if、switch语句的用法；2. 条件运算符使用的注意事项
	必须掌握的技能	运用选择语句进行C语言程序编程设计

知识分布网络

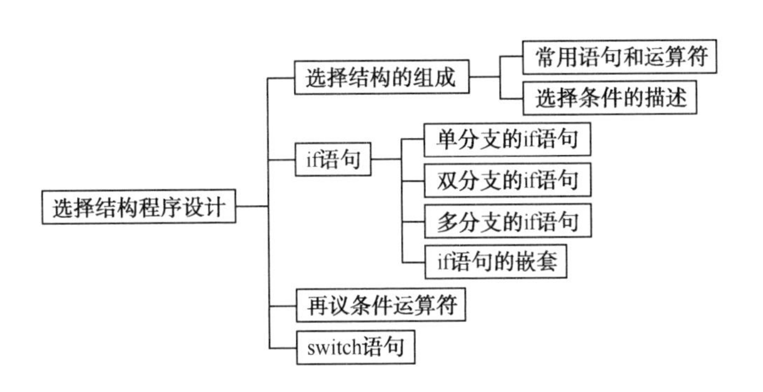

从上一章的学习可知，顺序结构就像是一条流水线，将程序语句逐一执行。但有时需要程序对环境进行判断，当满足一定条件时，去执行相应的命令，这就要用到选择结构。选择结构又称分支结构，是结构化程序设计的三种基本结构之一。其特点是：根据给定条件判断真假，选择执行某一分支的相应操作，在任何情况下均满足“无论分支多少，仅选择其中一条语句执行”。

本章首先介绍选择结构的组成，然后详细介绍 C 语言中用作选择的 if 语句，并进一步介绍条件运算符使用的注意事项，最后介绍 switch 语句的用法。

5.1　选择结构的组成

5.1.1　选择结构中常用语句和运算符

选择结构是一种常用的基本结构，是描述自然界和社会生活中分支现象的一种手段。在 C 语言中，选择结构主要通过 if 和 switch 两类语句来实现。此外，条件运算符（? :）也可以实现选择结构。

由于选择结构程序设计中，大多需要根据选择条件进行判断，执行不同的分支，而在 C 语言中，选择条件是由关系表达式或逻辑表达式表明的，因此选择结构经常用到前面介绍的关系运算符（>、<、>=、<=、= =、!=）和逻辑运算符（& &、||、!）。

5.1.2　选择条件的描述

C 语言的选择结构中包含了条件判断语句，因此，在编写选择结构程序之前，首先确定要判断的是什么条件，然后再进一步确定在不同判断结果的情况下应该执行什么样的操作。

为了进行条件判断，必须能够应用关系运算符和逻辑运算符对选择条件进行准确描述。

实例 5.1　试写出能描述下列条件的 C 语言逻辑表达式。

（1）a 与 b 之一为零，但不能同时为零。

（2）$10<x<100$ 或 $x<0$ 但 $x\neq-2.0$。

C 语言逻辑表达式如下：

（1）`(a==0||b==0)&&! (a==0&&b==0)`

（2）`x>10&&x<100||x<0&&x!=-2.0`

读一读 5.1　已知三角形的三条边 a、b、c，判断它们是否构成三角形。写出能描述此条件的逻辑表达式。

分析：能构成三角形的条件是“任意两边之和大于第三边”，故逻辑表达式为

```
a+b>c&&a+c>b&&b+c>a
```

练一练 5.1　判别某一年份 y 是否为闰年。写出能描述此条件的逻辑表达式。

练习指导：根据天文历法规定每 400 年中有 97 个闰年，其余为平年。一般情况下凡满足以下任意一条都是闰年：

（1）凡能被 4 整除，但不能被 100 整除。

（2）凡能被 400 整除。

注意：整除是通过求余运算“%”的结果是否为 0 来判定的，而不能通过除法运算“/”来判定。

5.2　if 语句

if 语句用来判断所给定的条件是否成立，根据判断的结果（条件的真或假）来决定所要执行的操作。C 语言中的 if 语句有三种形式：单分支的 if 语句、双分支的 if 语句和多分支的 if 语句。

5.2.1　单分支的 if 语句

格式：

```
if(表达式)
{
  语句组;
}
```

功能：首先计算表达式的值，若表达式的值为“真”（为非 0），则执行语句组；若表达式的值为“假”（为 0），则直接转到此 if 语句的下一条去执行。其流程图如图 5.1 所示。

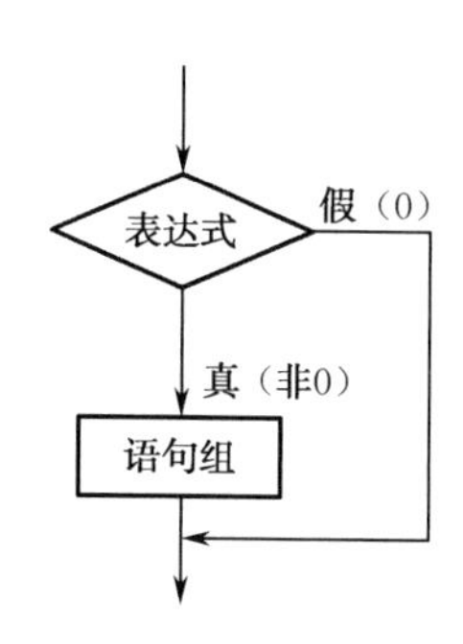

图 5.1　单分支 if 语句流程图

实例 5.2　求给定整数的绝对值。

分析：求 x 绝对值的算法很简单，若 x≥0，则 x 即为所求；若 x<0，则-x 为 x 的绝对值。

程序如下：

```
#include <stdio.h>
main()
{
    int x, y;                       /*y 存放 x 的绝对值*/
    scanf("%d", &x);
    y=x;                            /*先假定 x≥0*/
    if(x<0)  y =-x;                 /*若 x < 0，则 x 的绝对值为-x，将-x 赋给 y*/
    printf("x=%d,|x|=%d\n", x, y);
}
```

运行结果为：

输入：-5↙

输出：x=-5,|x|=5

在使用 if 语句时，应注意以下三点：

（1）if 语句中的表达式必须用“()”括起来。

（2）if 语句中的表达式通常是逻辑表达式或关系表达式，但也可以是其他表达式，如赋值表达式等，甚至还可以是一个变量。例如，下面语句都是正确的

```
if(a=5)  语句;
```

```
if(b)  语句;
```

（3）当 if 语句下面的语句组仅由一条语句构成时，可不使用花括号，但是当语句组由两条以上语句构成时，就必须用花括号括起来构成复合语句。但要注意的是在“}”之后不能再加分号。

5.2.2 双分支的 if 语句

格式：

```
if (表达式)
    {语句组 1; }
else
    {语句组 2;}
```

功能：首先计算表达式的值，若表达式的值为“真”（为非 0），则执行语句组 1；若表达式的值为“假”（为 0），则执行语句组 2。其流程图如图 5.2 所示。

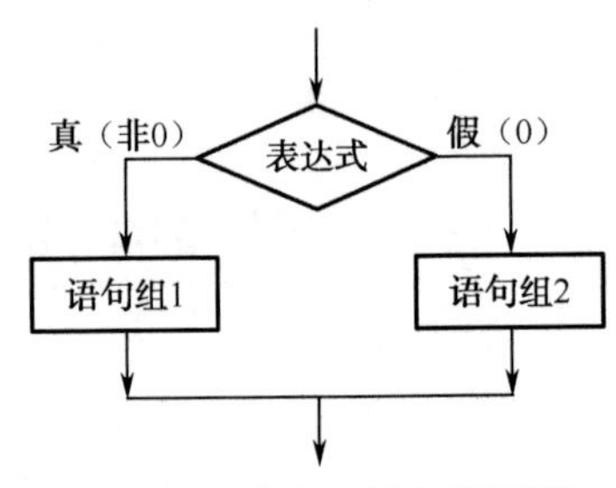

图 5.2 双分支 if 语句流程图

实例 5.3 输入两个整数，输出其中较大的数。

分析：输出两个整数 x 和 y 中的较大者，即如果 x>y，则输出 x；否则输出 y。

程序如下：

```
#include <stdio.h>
main()
{
    int x, y;
    printf("Please input two numbers:");
    scanf("%d%d", &x, &y);
    if(x>y)  printf("max=%d\n", x);
    else  printf("max=%d\n", y);
}
```

在使用 if...else 结构时，应注意以下两点：

（1）if...else 结构中的 if 子句与 else 子句是一个整体。在使用 if 子句时，不一定使用 else 子句；但在使用 else 子句时，必须使用 if 子句。

（2）if...else 结构中，if 与 else 之间可以是单条语句，也可以是多条语句。当一组语句以复合语句的形式使用时，必须使用花括号括起来，以免出现 if 与 else 之间的逻辑分离。

5.2.3 多分支的 if 语句

格式：

```
if (表达式 1)       {语句组 1; }
else  if (表达式 2) {语句组 2; }
else  if (表达式 3) {语句组 3; }
        ⋮
else  if (表达式 n) {语句组 n; }
else  {语句组 n+1;}
```

功能：首先计算表达式 1 的值，若表达式 1 的值为“真”（为非 0），则执行语句组 1；否则判断表达式 2 的值，若表达式 2 的值为“真”（为非 0），则执行语句组 2……若前面 n 个表达式均为“假”（为 0），则执行语句组 n+1。其流程图如图 5.3 所示。

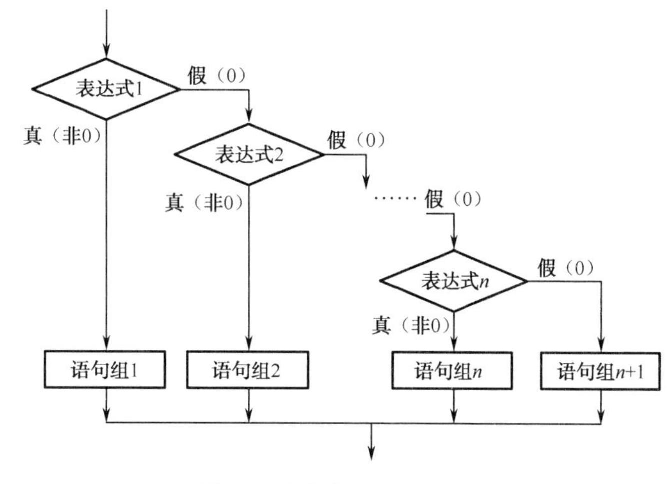

图 5.3　多分支 if 语句流程图

实例 5.4　有如下一个函数：

$$y=\begin{cases}x & (x<1)\\ 2x-1 & (1\leqslant x<10)\\ 3x-5 & (x\geqslant 10)\end{cases}$$

编写一程序，实现输入 x 值，输出 y 值。

分析：算法流程图如图 5.4 所示。

程序如下：

```
#include<stdio.h>
main()
{
    float x,y;
    printf("Please input x:");
    scanf("%f",&x);
    if(x<1)
        y=x;
    else if(x<10)
        y=2*x-1;
    else
        y=3*x-5;
    printf("y=%f",y);
}
```

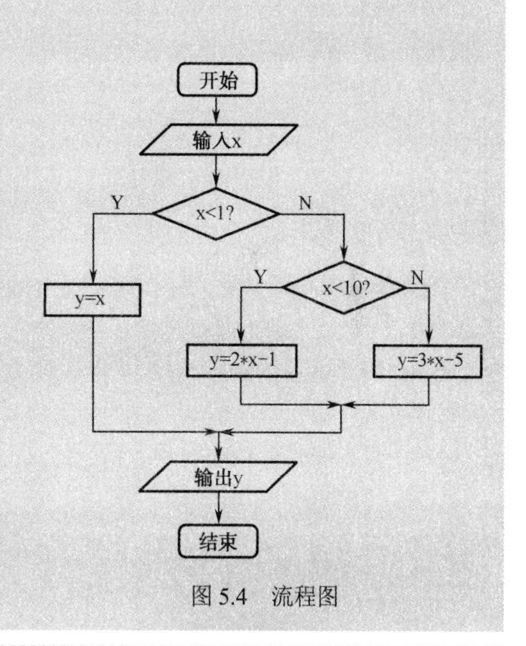

图 5.4　流程图

在使用 if...else if...else 结构时，应注意以下三点：

（1）if...else if...else 语句应用于多路分支程序中，在执行程序时，应按照书写顺序依次判定条件表达式的真假。

（2）程序中仅选择执行条件表达式为真（即非零）的分支。

（3）在程序的整个执行过程中，仅有一条路径上的语句被执行。

5.2.4　if 语句的嵌套

在进行程序设计时，经常要用到条件分支嵌套。所谓条件分支嵌套，就是在一个分支中可以嵌套另一个分支。

C 语言中，单条件选择 if 语句内还可以使用 if 语句，这样就构成了 if 语句的嵌套。内嵌的 if 语句既可以嵌套在 if 子句中，也可以嵌套在 else 子句中，一般形式如下：

```
（1）if( )
          if( )
               语句 1;     ┐
          else             │ 内嵌 if
               语句 2;     ┘
（2）if( )
          { if( )          ┐ 内嵌 if
               语句 1; }   ┘
     else
          语句 2;
（3）if( )
          语句 1;
     else
          if( )            ┐
               语句 2;     │
          else             │ 内嵌 if
               语句 3;     ┘
（4）if( )
          if( )  语句 1;   ┐ 内嵌 if
          else  语句 2;    ┘
     else
          if( )  语句 3;   ┐ 内嵌 if
          else  语句 4;    ┘
```

在使用 if 语句嵌套时，应注意以下三点：

（1）if 与 else 的配对关系，从最内层开始，else 总是与离它最近的未曾配对的 if 配对。

（2）if 与 else 的个数最好相同，从内层到外层一一对应，以免出错。

（3）如果 if 与 else 的个数不相同，则可以用花括号来确定配对关系。如上面一般形式（2）中所示，{ }限定了内嵌 if 语句的范围，因此 else 与第一个 if 配对。

读一读 5.2 输入某个数判断其奇偶性。

分析：本程序通过判断某数是否能被 2 整除来确定其奇偶性。

程序如下：

```
#include<stdio.h>
main()
{
```

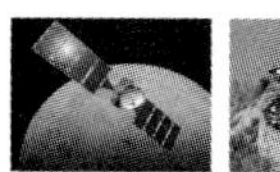

```
        int num ;
        printf("Please input number:");
        scanf("%d",&num );
        if(num%2==0)
           printf("The number %d is even number!\n",num );
        else
           printf("The number %d is odd number!\n",num );
    }
```

输入：Please input number:13

输出：The number 13 is odd number!

读一读 5.3　编写一个程序，要求输入一名学生的考试成绩，输出其分数和对应的等级。共分 5 个等级：90 分以上的为“A”；80～90 分为“B”；70～80 分为“C”；60～70 分为“D”；小于 60 分的为“E”。

分析：此处需要用多分支 if 语句来判断学生成绩的等级，注意各个分支结构的条件一定要按照某种顺序书写。这样做不仅使程序条理清晰，而且能使条件书写简洁，不易出错。以下程序按分数由高到低的顺序进行处理。

程序如下：

```
    #include<stdio.h>
    main()
    {
       float score;
       char grade;
       printf("Please input a student's score:");
       scanf("%f",&score);
       if(score>=90)
          grade ='A';
       else  if(score>=80)
          grade ='B';
       else  if(score>=70)
          grade ='C';
       else  if(score>=60)
          grade ='D';
       else
          grade ='E';
       printf("%.2f—> %c.\n",score, grade);
    }
```

扫一扫看求三个数中最大值程序讲解视频

练一练 5.2　输入任意三个整数 a、b、c，求三个数中的最大值。

编程指导：定义变量 max，首先将 a 与 b 进行比较，较大者赋给变量 max（用 if...else 语句）；再用较大者 max 与 c 进行比较，如果 c>max，则 c 的值赋给 max，否则保持原 max 的值。

练一练 5.3 输入某个 4 位数年份，判断其是否为闰年。

编程指导：闰年的条件是年份能被 4 整除但不能被 100 整除，或年份能被 400 整除。

5.3 条件运算符使用技巧

对于有些选择分支结构，可以使用前面学过的条件运算符来代替。例如：

```
if(a>b)
   max=a;
else
   max=b;
```

可以用下面的语句来处理：

```
max=(a>b)? a:b;
```

其中，“(a>b)?a:b”是一个“条件表达式”，如果 a>b 为真，则表达式取 a 的值，否则取 b 的值。

条件运算符在使用时需注意以下几点：

（1）条件运算符?和 : 是一对运算符，不能分开单独使用。

（2）条件表达式不能取代所有的 if 语句，只有在 if 语句中内嵌的语句为赋值语句时才能代替 if 语句。例如，下面的语句就无法用一个条件表达式代替。

```
if (a>b)    printf("%d",a);
else        printf("%d",b);
```

（3）条件运算符的优先级高于赋值运算符，但低于关系运算符和算术运算符。因此，“max=(a>b)?a:b;”可以去掉括号而写为“max=a>b?a:b;”。

（4）条件运算符的结合方向是自右至左，条件表达式“a>b?a:c>d?c:d”相当于“a>b?a:(c>d?c:d)”。

（5）条件表达式中，表达式 1、表达式 2、表达式 3 类型可不同，此时条件表达式的值取较高的类型。例如：

```
a>b?2:5.5
```

如果 a<b，则条件表达式的值为 5.5；若 a>b，则条件表达式的值为 2.0，而不是 2。原因是 5.5 为浮点型比整型要高，条件表达式的值应取较高的类型。

读一读 5.4 编写程序，判断一个字符是否是大写字母，如果是，则将它转换成相应的小写字母；否则保持输入的字符不变，输出变换后的字符。

分析：判断字符型变量 ch 中存放的是否为大写字母的条件为 ch>='A'&&ch<='Z'。英文小写字母的 ASCII 码值比大写字母的大 32，因此，如果字符型变量 ch 中存放的是大写字母，为了将它转换成对应的小写字母，则需在其 ASCII 码值的基础上加 32。

该转换可以使用 if 语句，也可以使用条件运算符。本例中采用条件运算符。

程序如下：

```
#include  <stdio.h>
main()
{
```

```
        char  ch ;
        scanf("%c" , &ch) ;         /*  输入一个字符，赋给变量 ch  */
        ch=(ch>='A ' && ch<='Z') ? (ch+32) : ch ;
        /* 当字符为大写字母时，将其变为小写字母 */
        printf("%c", ch) ;
    }
```

注意：ch>='A'&&ch<='Z'表示判断大写字母的条件，以此类推判断小写字母的条件可以写成 ch>='a'&&ch<='z'，判断数字的条件可以写成 ch>='0'&&ch<='9'。

练一练 5.4　编写程序，计算 a、b、c、d 中的最大值，要求用条件运算符实现。

编程指导：用条件运算符求出 a、b 两者中较大的赋给中间变量 max，然后用条件运算符求出 max 和 c 中较大的赋给 max，最后再用条件运算符求出 max 和 d 中较大的赋给 max 并输出，另外，此例也可以用条件运算符的嵌套来实现。

5.4　switch 语句

扫一扫看用条件运算符求最大值的程序代码

5.4.1　switch 语句的格式及执行过程

switch 语句是用于从多种可能的情况中选择满足条件的一种情况执行的多分支选择结构。编写程序时，从两种以上情况中选择一种执行，可以用多重嵌套的 if 语句，但不如用 switch 语句逻辑简单、结构清楚。

switch 语句的一般格式为：

```
switch(表达式)
{
  case  常量表达式 1  :  语句组 1;
  case  常量表达式 2  :  语句组 2;
  ⋮
  case  常量表达式 n  :  语句组 n;
  default  :  语句组 n+1;
}
```

执行顺序：先求解表达式，当表达式的值与某个 case 后面的常量表达式的值相等时，就执行该 case 后面的语句，然后流程控制转移到下一个 case 继续执行；如果所有 case 中常量表达式的值都不与表达式的值相匹配，则执行 default 后面的语句；如果没有 default 部分，则不执行 switch 语句中的任何语句，而直接转到 switch 语句后面的语句去执行。其流程图如图 5.5 所示。

一般情况下，switch 语句和 break 语句共同作用于某段程序。使用 break 语句可以结束当前的 switch 结构，从而保证一个 switch 语句中一旦某个常量条件满足，执行相应的语句后退出分支选择结构，不再执行其他语句组。

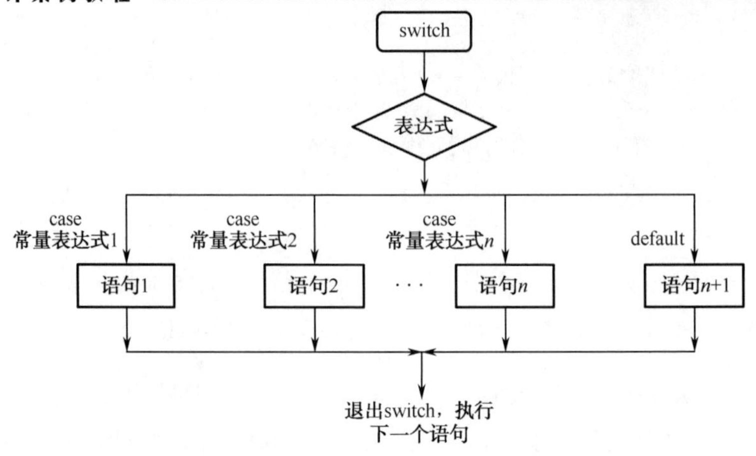

图 5.5　switch 语句流程图

5.4.2　switch 语句使用时的注意事项

switch 语句在使用时需注意以下几点。

（1）switch 是多分支选择语句的标志，case 和 default 只能在 switch 语句中使用。

（2）switch 后面圆括号内表达式的值和 case 后面的常量表达式的值，都必须是整型或字符型，不允许是浮点型。

（3）每一个 case 后面的常量表达式的值必须互不相同，否则就会出现互相矛盾的现象。

（4）若每个 case 和 default 后面的语句都以 break 语句结束，则各个 case 和 default 位置可以互换。

（5）case 后面的常量表达式仅起语句标号作用，并不进行条件判断。所以，在执行完某个 case 后面的语句后，将自动转到该语句后面的语句去执行，直到遇到 switch 语句的右花括号或“break”语句为止，而不再进行条件判断。例如：

```
switch(n)
{
  case 1:  x=1;
  case 2:  x=2;
}
```

当 n=1 时，执行“case 1: x=1;”语句，由于其后面没有 break，将继续执行“case 2: x=2;”语句，直到遇到 switch 语句的右花括号为止，结束 switch 语句。

若要在执行完一个 case 分支后，就跳出 switch 语句，转到 switch 语句的下一语句执行，则应该在该 case 语句后面加上 break 语句。上述 switch 结构可改写如下：

```
switch (n)
{
  case 1:  x=1; break;
  case 2:  x=2; break;
}
```

（6）在 case 后包含一个以上语句时，可以不采用复合语句形式，系统自动顺序执行本 case 后面所有的执行语句。

（7）多个 case 后面可以公用一组执行语句。例如：

```
switch (x)
{
 case 1:
 case 2:
        x=2;
        break;
}
```

它表示当 x=1 或 x=2 时，都执行下列两个语句：

```
x=2;
break;
```

读一读 5.5　从键盘输入两个数和一个操作符，并进行相应的操作。

分析：设输入两个数 x 和 y，根据输入的操作符不同，分为 4 种情况（加、减、乘、除）进行相应的计算并得到结果。

程序如下：

```
#include<stdio.h>
main()
{
  float x,y;
  char op;
  double z;
  scanf("%f,%f,%c",&x,&y,&op);
  switch(op)
  {
    case '+' : z=x+y; break;
    case '-' : z=x-y; break;
    case '*' : z=x*y; break;
    case '/' : z=x/y; break;
    default : printf("operator Error!");
  }
  printf("%f%c%f=%f",x,op,y,z);
}
```

扫一扫看学生成绩划分程序讲解视频

练一练 5.5　使用 switch 语句实现读一读 5.3 中对学生成绩等级的划分。要求输入一个学生的考试成绩，输出其分数和对应的等级。共分 5 个等级：90 分以上的为“A”；80～90 分为“B”；70～80 分为“C”；60～70 分为“D”；小于 60 分的为“E”。

编程指导：首先将学生的成绩存入变量 score 中，然后将 score/10 的值作为 switch 语句中的 case 标号，若该值是 10 或 9，则学生成绩等级为“A”；如果该值为 8，则学生成绩等级为“B”；以此类推，可以得到其他成绩的等级。

5.5 选择结构常见错误及解决方法

在选择结构程序设计过程中，初学者容易犯一些错误，下面对常见错误进行总结，根据错误现象分析原因并给出解决方法。

示例 1
```
if(a>b)&&(a>c)
    printf("a is max");
```
错误现象：系统报错——syntax error : missing ';' before '&&'。

错误原因：if 后面的表达式缺括号。

解决方法：修改程序如下
```
if((a>b)&&(a>c))
    printf("a is max");
```
示例 2
```
if(x>y)
    x=y; y=x;
else
    x++; y++;
```
错误现象：系统报错——error:illegal else without matching if。

错误原因：if...else...的执行语句为复合语句，缺花括号。

解决方法：需仔细分析 if 结构，添加花括号如下
```
if(x>y)
    { x=y; y=x;}
else
    {x++; y++;}
```
示例 3
```
if(a=b)    printf("a is equal to b\n");
```
错误现象：系统无报错或警告，但是得不到预期结果。

错误原因：=为赋值符，不能用来判断 a、b 是否相等。

解决方法：需仔细分析代码修改程序，将 if(a=b)改为 if(a==b)。

示例 4
```
if(i>0)    s=i
else       s=-i;
```
错误现象：系统报错——syntax error : missing ';' before 'else'。

错误原因：if 子句中缺分号。

解决方法：根据错误提示添加分号。

示例 5
```
switch(y)
  { case y>3: y=x+1;break;
  case y<=3:y=-x;break;}
```
错误现象：系统报错——case expression not constant。

错误原因：case 后面接的不是常量。

解决方法：换为常量，如无法使用常量，则改为 if 语句。

知识梳理与总结

根据某种条件的成立与否而采用不同的程序段进行处理的程序结构称为选择结构。选择结构可分为简单分支和多分支两种情况，通常采用 if 语句实现简单分支结构程序，用 switch 和 break 语句实现多分支结构程序。另外，条件运算符也可以实现简单分支结构。本章主要讨论了它们的使用语法及注意事项。

（1）if 语句中的表达式必须用“()”括起来，else 子句是 if 语句的一部分，必须与 if 配对使用，不能单独使用。

（2）if 语句允许嵌套，但嵌套的层数不宜太多。在实际编程时，应适当控制嵌套层数(2～3 层)。if 语句嵌套时，else 子句与 if 的匹配原则：与在它上面、距它最近、且尚未匹配的 if 配对。为明确匹配关系，避免匹配错误，强烈建议将内嵌的 if 语句一律用花括号括起来。

（3）switch 是多分支选择语句的标志，case 和 default 只能在 switch 语句中使用。case 后面的常量表达式仅起语句标号作用，并不进行条件判断。系统一旦找到入口标号，就从此标号开始执行，不再进行标号判断，所以必须加上 break 语句，以便结束 switch 语句。

自测题 5

一、选择题

1．对于条件表达式(m)?(a++):(a--)来说，其中的表达式 m 为真等价于（　　）。

A．m ==0　　B．m ==1　　C．m!=0　　D．m!=1

2．下述程序（　　）。

```
main()
{
    int x=0,y=0,z=0;
    if(x=y+z)
    printf("####");
    else
    printf("****");
}
```

A．有语法错误，不能通过编译　　B．输出****

C．可以编译，但不能通过连接，因而不能运行　　D．输出####

3．下列条件语句中，功能与其他语句不同的是（　　）。

A．if(a)　printf("%d\n", x);　else　printf("%d\n", y);

B．if(a==0)　printf("%d\n", y);　else　printf("%d\n", x);

C．if(a!=0)　printf("%d\n", x);　else　printf("%d\n", y);

D．if(a==0)　printf("%d\n", x);　else　printf("%d\n", y);

4．有以下程序：

```
main()
{
```

```
    int a=5, b=4, c=3, d=2;
    if(a>b>c)
        printf("%d\n", d);
    else if((c-1>=d) == 1)
        printf("%d\n", d+1);
    else
        printf("%d\n", d+2);
}
```

运行后的输出结果是（　　）。

A．2　　B．3　　C．4　　D．编译时有错，无结果

5．有以下程序：

```
main()
{
    int a=3, b=4, c=5, d=2;
    if(a>b)
        if(b>c)
            printf("%d", d++ +1);
        else
            printf("%d", ++d +1);
    printf("%d\n", d);
}
```

运行后的输出结果是（　　）。

A．2　　B．3　　C．43　　D．44

6．有以下程序：

```
int i,a=3,b=2;
i=(--a==b++)?--a:++b;
printf("i=%d a=%d b=%d",i,a,b);
```

运行后的输出结果是（　　）。

A．i=1 a=1 b=3　　B．i=3 a=2 b=3

C．i=4 a=1 b=4　　D．i=4 a=2 b=4

7．以下能够正确判断 char 型变量 c 是否为大写字母的表达式是（　　）。

A．('A '<=c)AND ('Z'>=c)　　B．('A '<=c) & ('Z'>=c)

C．('A '<=c)&& ('Z'>=c)　　D．以上答案都不对

8．有如下程序：

```
main()
{
    int x=1,a=0,b=0;
    switch(x)
    {
        case 0: b++;
        case 1: a++;
```

```
        case 2: a++;b++;
    }
    printf("a=%d,b=%d\n",a,b);
}
```

该程序的输出结果是（　　）。

A．a=2,b=1　　B．a=1,b=1　　C．a=1,b=0　　D．a=2,b=2

二、填空题

1．条件“20<x<30 或 x<-100”的 C 语言表达式是________________。

2．当 a=3，b=2，c=1 时，执行“if(a>c);b=a;a=c;c=b;”语句后 a=________，b=________，c=________。

3．设“a=1, b=2,c=3,d=4;”，则表示式“a>b?a:c>d?c:d”的值是____________。

4．以下程序运行的输出结果是____________。

```
main()
{
    int  p=30;
    printf("%d\n",(p/32>0?p/10:p%3));
}
```

5．下列程序的功能是把从键盘输入的整数取绝对值后输出。

```
main()
{
    int x;
    scanf("%d",________);
    if(x<0)
    ____________;
    printf("%d\n",x);
}
```

三、编程题

1.编程实现，输入一个整数，判断该数的奇偶性（输出相应的标志：even——偶数，odd——奇数）。

2．编程实现，输入一个平面上的点，判断它是否落在单位圆上，并显示相应的信息。

3．编程实现，给定一个整数，判断它是否能同时被 3、5、7 整除。

4．编写程序，从键盘输入 3 个整数，按由小到大的次序输出这 3 个数。

5．编写程序，由键盘输入星期编号，输出相应的英文单词。

6．编写程序，根据用户输入的三角形的边长判断能否构成三角形，若能则指出是等边、等腰、直角还是一般三角形；若不能构成三角形，则输出相应的信息。

7．编写程序，输入一个 x 值，计算分段函数的值。

$$y=\begin{cases}-x & x<0\\ 3x+2 & 0\leqslant x<5\\ x^2-3 & x\geqslant 5\end{cases}$$

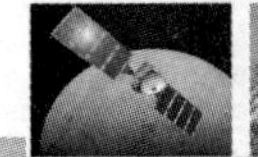

$$y=\begin{cases}-x & x<0\\ 3x+2 & 0\leqslant x<5\\ x^2-3 & x\geqslant 5\end{cases}$$

8．按工资的高低纳税，假定已知不同工资 s 的税率 p 如下：

$$p=\begin{cases}0\%, & s<1\,600;\\ 5\%, & 1\,600\leqslant s<2\,000;\\ 8\%, & 2\,000\leqslant s<3\,000;\\ 10\%, & 3\,000\leqslant s<5\,000;\\ 13\%, & s\geqslant 5\,000\end{cases}$$

编写一程序，输入工资数，求纳税额及实得工资数。

上机训练题 5

一、写出下列程序的运行结果

```
1. #include<stdio.h>
   main()
   {
       int  m=5;
       if (m++>5)
          printf("%d\n",m);
       else
          printf("%d\n",m-- );
   }
```

运行结果为：____________________

```
2. #include<stdio.h>
   main()
   {
       int a=20,b=30,c=40;
       if(a>b) a=b,
       b=c;c=a;
       printf("a=%d,b=%d,c=%d",a,b,c);
   }
```

运行结果为：____________________

```
3. #include<stdio.h>
   main()
   {
       int  p,a=5;
       if(p=a!=0)
          printf("%d\n",p);
       else
```

```
            printf("%d\n",p+2);
        }
```

运行结果为：____________________

```
    4. #include<stdio.h>
       main()
       {
          int x=1, y=0, a=0, b=0;
          switch(x)
          {
             case 1: switch(y)
             {
                case 0:a++; break;
                case 1:b++; break;
             }
             case 2:a++;b++; break;
          }
          printf("%d,%d\n",a,b);
       }
```

运行结果为：____________________

二、编写程序，并上机调试

1．从键盘输入一个数，判断其是否为水仙花数。

2．输入某年某月某日，判断这一天是这一年的第几天？

3．已知银行整存整取存款不同期限的月息利率分别为：

期　限	一年	二年	三年	五年	八年
月 息 利 率	0.315%	0.330%	0.345%	0.375%	0.420%

要求输入存钱的本金和期限，求到期时能从银行得到的利息与本金的合计。

扫一扫下载本章教学课件

循环结构程序设计

教学导航

教	知识重点	1. 一重循环的典型应用，如累加、累乘等； 2. 二重循环的典型应用，如二维文本图形的打印等
	知识难点	1. 循环条件的设置与循环次数的控制； 2. for 语句的执行过程； 3. break 与 continue 的区别及使用
	推荐教学方式	一体化教学：边讲理论边进行上机操作练习，及时将所学知识运用到实践中
	建议学时	6 学时+3 学时（综合训练）
学	推荐学习方法	课前：复习选择结构的程序设计，预习本章将学的知识 课中：接受教师的理论知识讲授，积极完成上机练习 课后：巩固所学知识点，完成作业，加强编程训练
	必须掌握的理论知识	1. while、do while 和 for 语句的基本特点及循环控制的具体过程 2. break 和 continue 程序控制语句的使用 3. 多重循环程序的结构特点及设计方法
	必须掌握的技能	运用循环语句进行 C 语言程序编程设计

知识分布网络

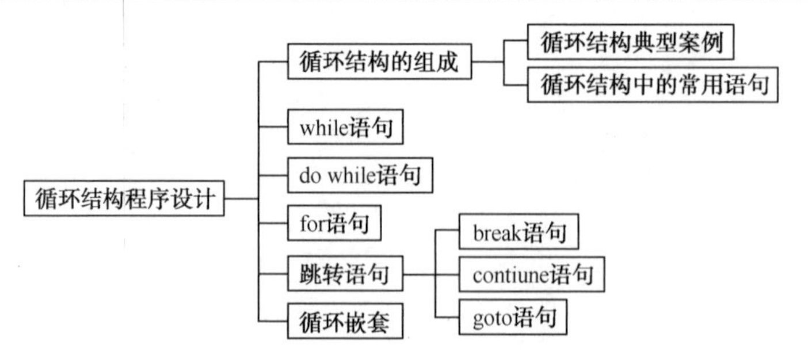

在日常工作和学习中，经常需要有规律地重复某些操作，如计算 1+2+3+…+100 的结果，可以采取以下方法：首先完成 1+2 的求和操作，然后依次加 3、4、5，如此进行下去，直到加到 100，最终得到累加和。在这个过程中，加运算需要重复操作 99 次，在计算机中体现为某些语言的重复运行，这就是循环。循环结构是结构化程序设计中最复杂的一种结构，几乎所有的程序都离不开循环结构，循环结构也是程序设计的基础。

6.1　循环结构的组成与常用语句

下面先看一个循环结构的典型实例。

实例 6.1　计算 1+2+3+…+100。计算过程可以表示成如下算法。

第一步：sum=0。

第二步：t=i。

第三步：sum=sum+t。

第四步：i=i+1。

第五步：i<=100，返回第二步，否则顺序执行。

第六步：输出 sum。

其流程图如图 6.1 所示。

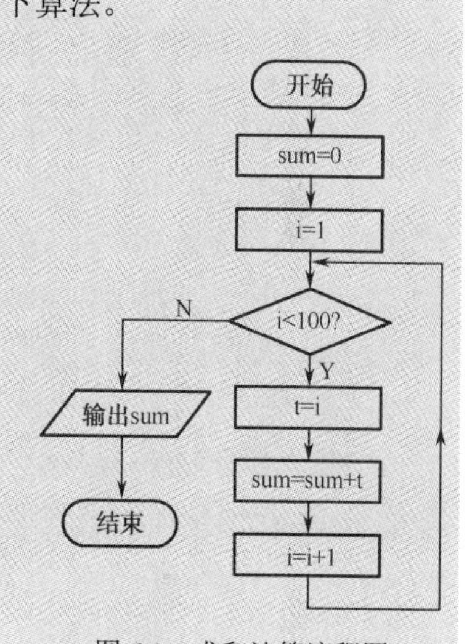

图 6.1　求和计算流程图

其中，“t=i,sum=sum+t,i=i+1”是重复执行的操作，称为循环体。

在这个例子中，加数小于等于 100 时，就执行循环体，“i<=100”是重复执行操作的条件，称为循环条件。

变量 i 控制了循环的开始与结束，称为循环变量。

循环变量、循环体和循环终止条件构成循环结构的三个要素。

循环结构可以减少源程序重复书写的工作量，用来描述重复某些操作的问题。在 C 语言中，表达这种重复操作的语句有 while 循环语句、do while 循环语句和 for 循环语句。if 和 goto 也可以构成循环结构，但很少使用。

while 循环和 for 循环都是先判断表达式，后执行循环体，属于当型循环；而 do while 循环是先执行循环体后判断表达式，属于直到型循环。另外还要注意的是这三种循环都可以用 break 语句跳出循环，用 continue 语句结束本次循环。

6.2　while 语句

6.2.1　while 语句的一般形式

while 语句是一个循环控制语句，用来控制程序段的重复执行。其一般格式为：

```
while(表达式)
    循环体;
```

注意：格式中的循环体，可以是单个语句、空语句，也可以是复合语句。

6.2.2 while 语句的执行过程

首先计算表达式，如果表达式的值为“真”（非 0），则执行其后面的循环体，然后再计算表达式的值，由表达式的值决定是否重复执行语句。直至表达式的值为“假”（0）时，才结束循环。如果进入循环前表达式的值为“假”，则循环体一次也不执行。其执行过程如图 6.2 所示。

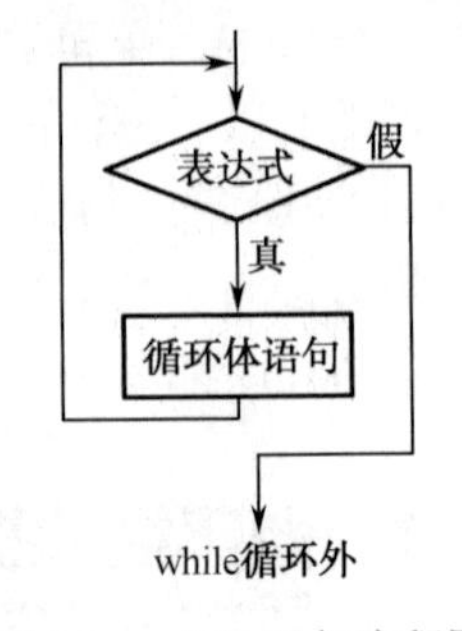

图 6.2 while 语句流程图

注意：while 语句的特点是先判断表达式，后执行循环体语句。

实例 6.2 用 while 语句编写程序，计算 1～100 的和。

分析：算法分析如图 6.3 所示。

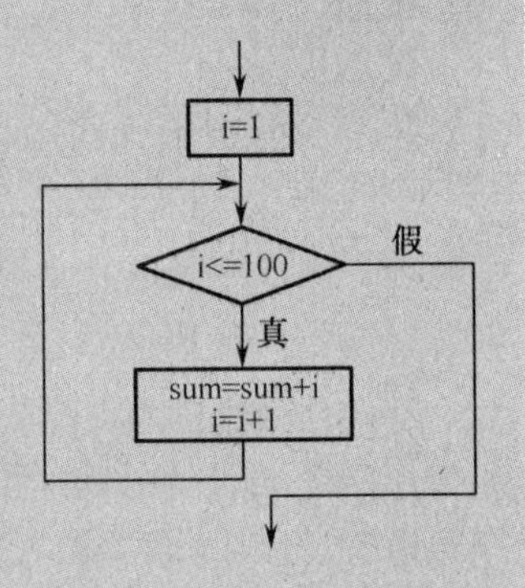

图 6.3 while 语句求和流程图

程序如下：

```
#include <stdio.h>
main()
{
    int i=1,sum=0;
    while(i<=100)
    {
        sum=sum+i;
        i++;      /*使循环趋于结束的语句*/
    }
    printf("sum=%d",sum);
}
```

运行结果为：sum=5050

此程序 while 语句的循环体有两个语句“sum=sum+i;”和“i++;”，所以要用“{}”括起来以复合语句的形式出现。

另外，在循环体中应有使循环趋向于结束的语句。例如，本例中当 i>100 时循环结束，所以在循环体内一定要有“i++;”语句使 i 变量增值，才能最终使 i>100 循环结束。如果无“i++;”语句，i 的值始终不改变，循环永不结束。

6.2.3 while 语句使用时的注意事项

使用 while 语句时，应注意以下几点：

（1）如果循环体中包含一个以上的语句即复合语句时，应该用“{ }”括起来。

（2）在开始执行循环体前，如果不满足判断条件，则不执行循环体语句。

（3）在循环体中，一定要有趋向于循环结束的语句，否则会出现无限循环——“死”循环。

实例 6.3 “死循环”的实例。

```
#include <stdio.h>
main()
{
    int a, n=0;
```

```
    while(a=5)
      printf("%d", n++);
}
```

本例中 while 语句的循环条件为赋值表达式 a=5，因此该表达式的值永远为“真”，而循环体中又没有其他中止循环的手段，该循环将无休止地进行下去，形成“死循环”。

读一读 6.1　从键盘输入 10 个整数，输出偶数的个数及偶数之和。

分析：判断一个数为偶数的方法是 a%2==0 为偶数，否则为奇数。

程序如下：

```
#include <stdio.h>
main()
{
    int i,n=0,sum=0,a;
    i=1;                            /* 循环变量赋初值 */
    while(i<=10)                    /* 循环条件为 i<=10 */
    {
        scanf("%d",&a);
        if(a%2==0)                  /* 判断 a 是否是偶数 */
        {
            n++;
            sum+=a;
        }
        i++;                        /* 循环变量增值，使 i 大于 10 */
    }
    printf("n=%d sum=%d\n",n,sum);
}
```

读一读 6.2　输入一行字符，求其中字母、数字和其他符号的个数。

分析：循环接收键盘输入的字符，如果字符符合字母条件，则对字母计数；如果字符符合数字条件，则对数字计数；否则，一律记为其他字符。为此，需要说明三个整型变量，分别作为统计各自数目的计数器，并将它们的初值置为 0，每当发现一个符合条件的字符时，则使相应的计数器变量的值增加 1。

字母的条件：若 c>='a' && c<='z' || c>='A' && c<='Z'成立，则 c 为一个字符。

数字的条件：若 c>='0' && c<='9 成立，则 c 为一个数字。

程序如下：

```
#include <stdio.h>
main()
{
  char  c;
  int  letters=0, digit=0, others=0;    /* letters 为字母数,digit 为数字数,
                                           others 为其他符号数，这三个变量的初
                                           始值都置为 0 */
  printf("Please  input  a  line  charaters\n");
```

```
    while((c=getchar())!='\n')              /* 当按回车时，结束输入 */
    {
      if(c>='a' && c<='z' || c>='A' && c<='Z' )
         letters++;
      else
         if(c>='0' && c<='9')
            digit++;
         else
            others++;
    }
    printf("letters:%d", letters);
    printf("digit:%d", digit);
    printf("others:%d", others);
}
```

程序说明：

①“(c=getchar()) !='\n'”中的 getchar()函数的功能是从键盘读入一个字符，该语句把读入的字符存入变量 c 中，当 c 存入的字符不是“\n”，即不是回车符时，就执行下面的循环体；当 c 存入的字符是回车符时，就退出循环。

②“c>='a' && c<='z' || c>='A' && c<='Z'”是判断 c 中存储的字符是否是字母的条件，当条件成立时，letters 加 1；当条件不成立时，继续判断条件“c>='0' & & c<='9'”，当条件成立时，digit 加 1；否则就是其他字符，others 加 1。

练一练 6.1 求爱因斯坦数学题。有一阶梯，若每步跨 2 阶，最后余 1 阶；若每步跨 3 阶，最后余 2 阶；若每步跨 5 阶，最后余 4 阶；若每步跨 6 阶，最后余 5 阶；若每步跨 7 阶，刚好到达阶梯顶部。编写程序，求阶梯数。

编程指导：该阶梯数满足被 2 除余 1，被 3 除余 2，被 5 除余 4，被 6 除余 5，用 while 语句来编程实现，不满足此阶梯条件时循环变量不断加 1，满足条件时将阶梯数打印输出。

练一练 6.2 从键盘输入一行字符，将其中的英文字母进行加密输出。加密规律为：将字母变成其后面的第 7 个字母，其他字符保持不变，例如，a—h，D—K。

编程指导：输入字符 ch，如果 ch 是字母，则进行加密处理，ch=ch+7；判断加密后 ch 是否超出字母的范围，如果超过，则 ch=ch-26；循环控制条件 ch!='\n'。

6.3 do while 语句

扫一扫看字母加密程序讲解视频

6.3.1 do while 语句的一般形式

do while 语句也是一个循环控制语句。其特点是先执行循环体，然后判断条件是否成立。其一般格式为：

```
do
  循环体
while(表达式);
```

注意：循环体至少执行一次。当循环体有多个语句时必须加花括号“{}”。

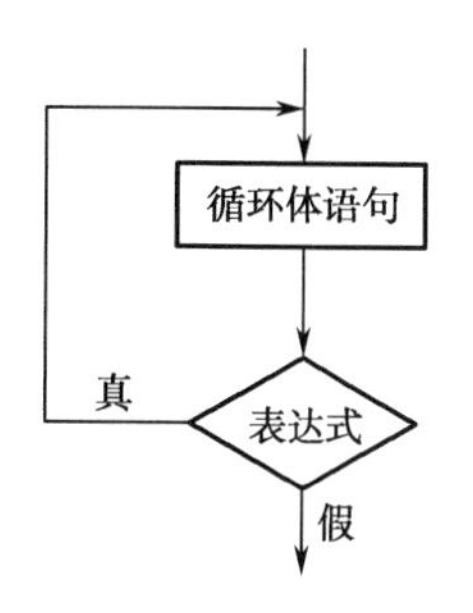

图 6.4　do while 语句流程图

6.3.2　do while 语句的执行过程

首先执行一次指定的循环体语句，然后判断表达式，当表达式的值为非 0 时，返回重新执行循环体，如此反复直到表达式的值为 0，此时循环结束。其执行过程如图 6.4 所示。

注意：do while 语句的特点是不管表达式的值是否为 0，循环体语句至少执行一次。

实例 6.4　用 do while 语句编写程序，计算 1～100 的和。

分析：算法分析如图 6.5 所示。

程序如下：

```
#include <stdio.h>
main()
{
    int i, sum = 0;
    i = 1;
    do
    {
        sum = sum +i;
        i++;
    }while(i<=100);
    printf("%d", sum);
}
```

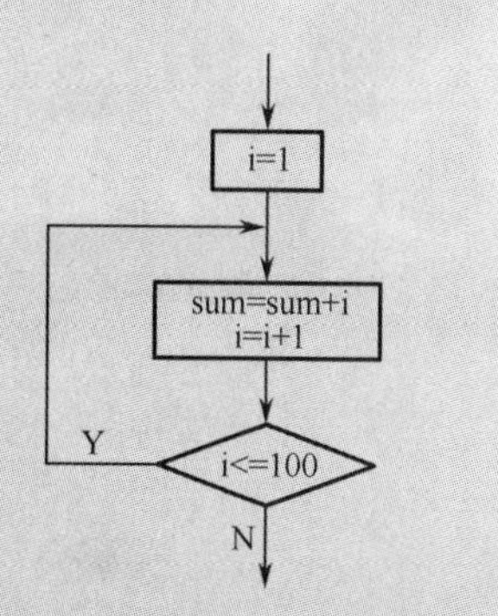

图 6.5　do while 语句求和流程图

6.3.3　do while 语句使用时的注意事项

使用 do while 语句时，应注意以下几点：

（1）在书写该循环语句时，为了使结构明了，关键字“do”应独立成行。

（2）关键字 while 中的表达式书写必须合法且合理，以免出现程序的死循环，而且表达式括号外面一定要加“;”，因为它位于整个语句的最后。

（3）当 do 和 while 之间的循环体由多个语句组成时，也必须用“{}”括起来组成一个复合语句。

（4）在循环体中，一定要有趋向于循环结束的语句。

6.3.4　do while 语句与 while 语句的区别

C 语言中，while 语句和 do while 语句在处理同一循环问题时，它们的结果是相同的，尽管如此，它们之间也存在以下不同点：

（1）while 循环表达式的括号外没有“;”，而 do while 循环表达式括号外有“;”。

（2）如果 while 循环表达式的值一开始就为假，则两种循环体的结果是不同的。这是因

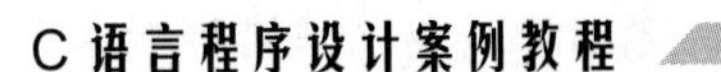
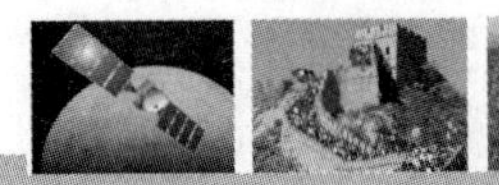

为 while 循环的循环体不被执行，而 do while 循环的循环体被执行一次。

实例 6.5 对比 while 与 do while 的区别。

程序如下：

```
#include <stdio.h>
main( )
{
   int i=65;
   while(i<'A')
   {
      putchar(i);
      i++;
   }
}
```

程序运行结果：无输出

```
#include <stdio.h>
main( )
{
   int i=65;
   do
   {
      putchar(i);
      i++;
   } while(i<'A');
}
```

程序运行结果：输出 A

读一读 6.3 编写程序计算 n!（用 do while 语句实现）。

分析：n!就是求 1～n 的积。

程序如下：

```
#include <stdio.h>
main()
{
    int i=1,jc=1,n;
    scanf("%d",&n);
    do
    {
        jc=jc*i;
        i=i+1;                    /*使循环趋于结束的语句*/
    } while(i<=n);
    printf("jc=%d",jc);
}
```

程序说明：

① 变量 i 用来计数，变量 jc 用来存放累积。

② 程序先执行一次“jc=jc*i;i=i+1;”，再去判断条件 i<=n。当条件成立时，继续执行循环语句；如果判断 i>n，就退出循环。

读一读 6.4 计算正整数 n 各位上的数字之积。

分析：对于一个正整数 n，n%10 可以求出 n 的个位数字，n/10%10 可以得到 n 的十位数字，n/100%10 可以得到 n 的百位数字，以此类推，可以使用一个循环得到正整数 n 的各位数字。

程序如下：

```
#include <stdio.h>
main()
```

```
    {
        unsigned int n,k=1;
        printf("Please enter a number:");
        scanf("%d",&n);
        do
        {
            k=k*(n%10);      /* n%10 求出 n 的个位数字，k 用来求出数字之积 */
            n=n/10;
        }while(n);
        printf("\n%d\n",k);
    }
```

练一练 6.3 应用公式：e≈1+1/1!+1/2!+1/3!+…+1/n!计算 e 的近似值，直到最后一项的绝对值小于 10^{-6} 为止。

编程指导：采用累加算法，注意控制符号的变化，除号运算符两侧不要都写成整数。

练一练 6.4 从键盘上输入一个整数，然后把这个整数的各位逆序输出。

编程指导：所谓逆序输出，就是先输出整数的个位，再输出十位，以此类推。可以通过除 10 取余的方法获得任意整数的个位数字，例如，当 n=456 时，456%10=6。然后用 n/10 可以将 n 缩小为原来的十分之一，如 456/10=45，可以看到原来的三位数变成了两位数。以此类推就可以将整数的各位数字按逆序依次输出。

6.4 for 语句

6.4.1 for 语句的一般形式

for 语句是 C 语言中最灵活、功能最强的循环语句。其一般格式为：

```
for (表达式 1; 表达式 2; 表达式 3)
    循环体语句;
```

注意：一般表达式 1 用于初始化循环控制变量；表达式 2 用于判断循环重复执行与否，即判断循环结束标志；表达式 3 用于增加循环控制变量。

6.4.2 for 语句的执行过程

（1）求解表达式 1。

（2）求解表达式 2，如果它为真（即非零），则执行 for 循环体中的语句，同时执行第（3）步；否则执行第（5）步。

（3）求解表达式 3。

（4）执行第（2）步。

（5）结束循环，退出 for 循环体，其流程图如图 6.6 所示。

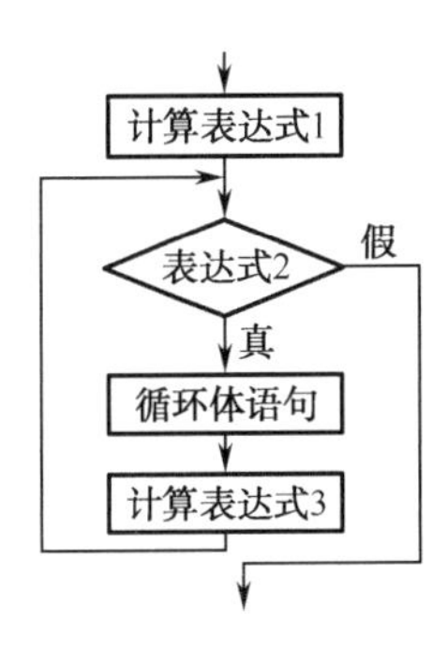

图 6.6 for 语句流程图

实例 6.6 用 for 语句编写程序，计算 1～100 的和。

分析：算法分析如图 6.7 所示。

程序如下：

```
#include <stdio.h>
main()
{
    int i,sum=0;
    for( i=1; i<=100; i++)
        sum=sum+i;
    printf("sum=%d",sum);
}
```

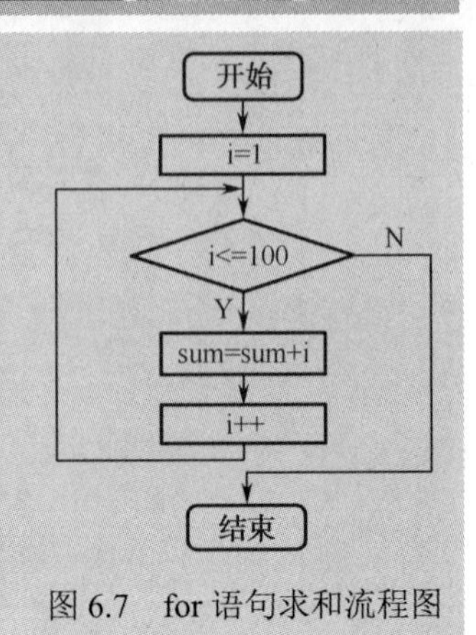

图 6.7 for 语句求和流程图

6.4.3 for 语句的变化形式

for 语句的三个表达式都是可以省略的（但分号“;”绝对不能省略），这样 for 语句就有如下几种表现形式。

（1）for(; ;)

语句;

这是一个死循环，一般用 break 语句（后面将介绍）来跳出循环。

（2）for(; 表达式 2; 表达式 3)

语句;

当循环变量的初始化提前于循环体外时，省略表达式 1。

例如：

```
i=1;
for(;i<=100;i++)
  sum=sum+i;
```

（3）for(表达式 1; 表达式 2;)

语句;

当循环体中有修改循环变量的语句时，省略表达式 3。

例如：

```
for(i=1;i<=100;)
{
    sum=sum+i;
    i++;
}
```

在循环体内改变循环变量的值，这在某些程序的设计中是很有用的。

（4）for(i=1,j=n; i<j; i++, j--)

语句;

在 for 语句中，表达式 1、表达式 3 都可以是逗号表达式，即可以有一项或多项。

（5）for(表达式 1; 表达式 2; 表达式 3) ;

for 语句循环体可以是空语句。

实例 6.7　循环体是空语句的例子。

程序如下：

```
#include <stdio.h>
main()
{
    int n = 0;
    printf("Please input a string:\n");
    for(; getchar()!='\n'; n++);
    printf("%d",n);
}
```

本例中，省去了 for 语句的表达式 1，表达式 3 也不是用来修改循环变量，而是用作输入字符的计数。这样，就把本应在循环体中完成的计数放在表达式 3 中完成了。因此，循环体是空语句。

同 for 语句一样，while 语句和 do while 语句中的循环体也可以是空语句。例如：

```
while(getchar()!='\n');
```

和

```
do;
while(getchar()!='\n');
```

这两个循环都是直到输入回车为止。

注意：空语句后的分号不可少，如缺少此分号，则 for 语句和 while 语句将把其后面的语句当成循环体来执行，而 do while 语句不能编译。反过来说，当循环体不为空语句时，绝不能在表达式的括号后加分号，这样会认为循环体是空语句而不能反复执行。这些都是编程中常见的错误，要十分注意。

6.4.4　for 语句使用时的注意事项

使用 for 语句时，应注意以下几点：

（1）正确理解 for 语句的执行过程。

（2）当循环体为多个语句时，必须用“{}”括起来构成复合语句。

（3）for 语句的三个表达式都是可以省略的，但分号“;”绝对不能省略。

（4）使用 for 语句时注意控制好结束条件，避免陷入死循环。

读一读 6.5　打印所有的“水仙花数”。所谓“水仙花数”，是指一个三位数，其各位数的立方和等于该数本身。

分析：三位数即从 100～999。个位的求法为 n%10，百位的求法为 n/100，十位的求法为 n%100/10。

程序如下：

```
#include <stdio.h>
main()
{
    int n,n1,n2,n3;
    for(n=100;n<=999;n++)
```

```
        {
            n1= n%10;
            n2= n%100/10;
            n3= n/100;
            if(n1*n1*n1+n2*n2*n2+n3*n3*n3==n)
               printf("%6d",n);
        }
    }
```

读一读 6.6　输出斐波那契数列的前 20 项。即前两项为 1，以后每一项为前两项之和。

分析：所谓斐波那契数列是指数列的前两项为 1，以后每一项为前两项的和。即 1，1，2，3，5，8，13，…。在程序中变量 i1 和 i2 表示数列的前两项，用变量 i3 表示前两项的和，然后换位。

程序如下：

```
#include <stdio.h>
main()
{
  int i1=1,i2=1,i3,i;
  printf("\n%d%d",i1,i2);
  for (i=3;i<=20;i++)
  {
      i3=i1+i2;
      printf("%d",i3);
      i1=i2;
      i2=i3;
  }
}
```

扫一扫看能被5和7整除数程序代码

练一练 6.5　编写程序，将 100～200 之间能同时被 5 和 7 整除的数打印出来，并统计个数。

编程指导：利用循环控制变量模拟 100～200 之间的各个数，在循环体内判断当前的数能否被 5 和 7 整除，若能则打印输出并累加个数。

练一练 6.6　编程计算斐波那契分数序列前 n 项之和（n 值由键盘输入）。即求 2/1+3/2+5/3+8/5+13/8+…

编程指导：用 for 循环控制 n 项的累加，找出前后项之间的规律，即前一项的分子作为后一项的分母，而前一项的分子、分母之和作为后一项的分子。

6.5　跳转语句

前面介绍的循环，只能在循环条件不成立的情况下才能结束。然而，有时人们希望从循环中强行终止当前循环或提前结束本次循环。要想实现这样的功能就要用到跳转语句。

跳转语句的主要作用是改变语句执行的次序，常用的跳转语句包括：break 语句、continue 语句和 goto 语句。

6.5.1　break 语句

1. 一般形式

```
break;
```

2. 用途

（1）用于 switch 语句中，从中途退出 switch 语句。

（2）从 break 语句所处的循环体内转到循环体外，即提前结束循环，执行循环语句之后的首条语句。

实例 6.8　计算并输出半径为 1～10、面积小于等于 100 的所有圆的面积。

程序如下：

```
#include <stdio.h>
#define PI 3.14
main()
{
  int r;
  float s;
  for(r=1;r<=10;r++)
  {
    s=PI*r*r;
    if(s>100) break;
    printf("s=%f",s);
  }
}
```

计算并输出 r=1～r=10 的圆面积，当 s>100 时，执行 break 语句，提前终止循环，不再继续执行其他语句。

注意：break 语句不能用于循环语句和 switch 语句之外的任何其他语句中。

6.5.2　continue 语句

continue 语句与 break 语句有相同之处，也有不同之处。

1. 一般形式

```
continue;
```

2. 作用

其作用是结束本次循环，即跳过循环体中下面尚未执行的语句，接着进行下一次是否执行循环的判定。

3. 与 break 语句的区别

continue 语句只能用于 while、do while 和 for 循环语句中，而 break 语句既可用于 while、

do while 和 for 循环语句中，也可以用于多分支选择结构 switch 语句中。

continue 语句只结束本次循环，而不是终止整个循环的执行。而 break 语句则结束整个循环过程，不再判断执行循环的条件是否成立。二者对循环控制的影响如图 6.8 所示。

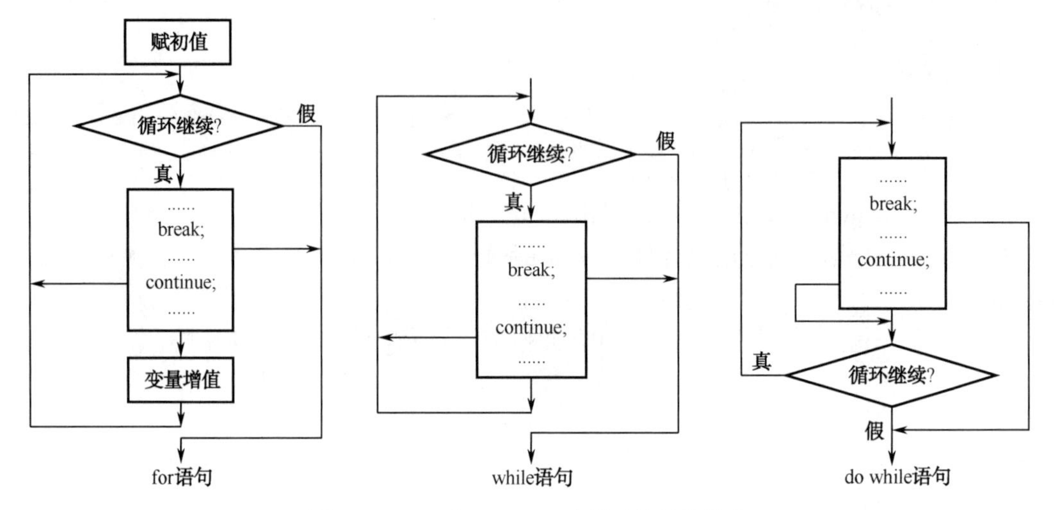

图 6.8　break 和 continue 对循环控制的影响

实例 6.9　将 1～200 之间的所有偶数输出。

程序如下：

```
#include <stdio.h>
main()
{
    int n;
    for(n=1;n<=200;n++)
    {
        if(n%2!=0) continue;
        printf("%4d",n);
    }
}
```

当 n 不能被 2 整除时（为奇数），执行 continue 语句，结束本次循环，即跳过 printf 函数语句，不予输出；只有 n 能被 2 整除时（为偶数），才执行 printf 函数，输出该偶数。

当然，此例中循环体也可以改用一个语句处理：

```
if(n%2==0)  printf("%d",n);
```

在程序中用 continue 语句的目的主要是为了说明 continue 语句的作用。

6.5.3　goto 语句

goto 语句称为无条件转向语句。

1．一般形式

```
goto 语句标号;
```

语句标号用标识符表示，它的命名规则与变量名相同。

例如：

```
goto  label_1;
```

2. 作用

无条件地转去执行同一个函数中的另一条语句。

3. 用途

结构化程序设计主张限制 goto 语句的使用。一般来说，goto 语句用于下面两种情况：

（1）与 if 语句一起构成循环结构。

（2）从循环体中跳出。

实例 6.10　用 if 语句和 goto 语句构成循环，求 1+2+3+…+100 的值。

分析：使用 goto 语句构成循环，类似于其他循环语句，用 goto 语句指向循环体的开始，也就是指向标号所在的行。

程序如下：

```
#include <stdio.h>
main()
{
    int i,sum=0;
    i=1;
loop: if(i<=100)
    { sum=sum+i;
      i++;
      goto loop;              /* 从此处到标号 loop 处构成循环体 */
    }
    printf("sum=%d",sum);
}
```

读一读 6.7　判断 n 是否为素数。

分析：只能被 1 和它本身整除的自然数称为素数。让 n 被 2～$\sqrt{n}$ 之间的数除，如果 n 能被 2～$\sqrt{n}$ 之间的任何一个整数整除，则这个数一定不是素数；如果 n 不能被 2～$\sqrt{n}$ 之间的任何一个整数整除，则这个数是素数。

程序如下：

```
#include <stdio.h>
#include <math.h>
main()
{
  int n,i,j;
  printf("Please input a number:\n");
  scanf("%d",&n);
  j=sqrt(n);                      /* 求出 n 的算术平方根 */
  for(i=2;i<=j;i++)
      if (n%i==0) break;          /* 如果可以整除，则说明不是素数，退出循环 */
```

```
        if (i>j) printf("%d is a prime.\n",n);
        else  printf("%d is not a prime.\n",n);
    }
```

读一读 6.8 把 100～200 之间不能被 3 整除的数输出。

分析：从 100 开始，判断此数是否能被 3 整除，如果能被 3 整除，则继续寻找；如果不能被 3 整除，则输出此数。

程序如下：

```
#include <stdio.h>
main()
{
 int n;
 for(n=100;n<=200;n++)
    { if(n%3==0)
      continue;                        /* 如果 n 能被 3 整除，则结束本次循环 */
      printf("%d",n);
    }
}
```

练一练 6.7 编写一个程序，求能同时满足除以 3 余 1，除以 5 余 3，除以 7 余 5 的最小正整数。

编程指导：由于此题无法确定循环的条件和次数，因此可以采用无限循环配以 break 语句的方法。

练一练 6.8 编程求输入的 10 个整数中正数的个数及其平均值。

编程指导：使用 continue 语句巧妙地将正数相加，负数不参与求和。输入一个整数判断此数是否为负数，如果是，则不参与求和；如果不是，则统计个数并参与求和，进而求出平均值。

扫一扫看统计正数个数程序代码

6.6 循环嵌套

一个循环体内包含另一个完整的循环结构，称为循环嵌套。内嵌的循环之中还可以嵌套循环，称为多层循环。三种循环（while 循环、do while 循环和 for 循环）可以互相嵌套。例如，下面几种形式都是合法的。

```
(1) while()
    { …
      while()
      { … }
    }

(2) do
    { …
      do
      { … }
      while();
    } while();

(3) for(;;)
    {…

(4) while()
    { …
```

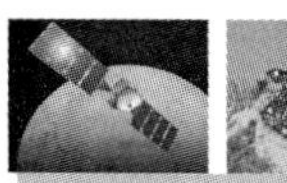
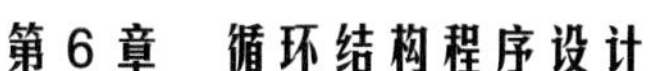


```
        for(;;)
        { … }
    }
```

```
                do
                { … }
                while();
            }
```

```
  (5) for(;;)
      {…
          while()
          { … }
      }
```

```
  (6) do
      { …
          for(;;)
          { … }
      }while();
```

说明：

（1）实际使用时，三种循环语句可以互相嵌套使用，没有搭配限制，所以实际中循环嵌套的具体形式十分多样。

（2）双层循环结构执行时，先判断外层循环的条件，当条件为真时，才会执行内层的循环结构，否则直接退出整个循环。

（3）内、外层循环必须完整，相互之间不允许交叉。

（4）当 break 语句或 continue 语句处于嵌套的循环结构中时，它们的作用范围仅限于它们所处的那一层循环，对该层循环外层的循环没有影响。

实例 6.11　在屏幕上输出九九乘法表。

分析：要输出九九乘法表，需使用二重循环，其中内层循环从 1 到 9，外层循环增加 1；外层循环从 1 变化到 9 时，内层循环执行了 9 轮，程序流程如图 6.9 所示。

程序如下：

```
#include <stdio.h>
main()
{
    int i,j;
    for(i=1;i<=9;i++)
    {
        for(j=1;j<=9;j++)
            printf("%4d",i*j);
        printf("\n");
    }
}
```

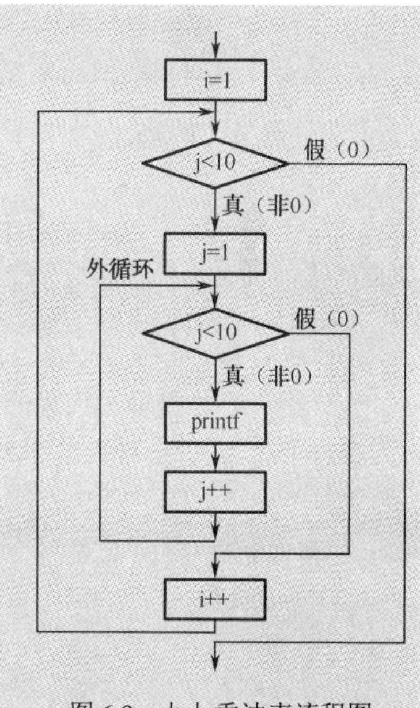

图 6.9　九九乘法表流程图

注意：

（1）编写多重循环结构程序时，一定要弄清楚哪些语句放在哪个循环体的外面或里面；否则，就会出现逻辑错误，不能实现所要求的功能。

（2）嵌套的循环变量不能重名，并列的循环变量可以重名。

读一读 6.9　给定 n 的值，求 1+(1+2)+(1+2+3)+…+(1+2+…+n)的和。

分析：本例是一个数列求和，要认真观察数列中数列项变化的规律，在此例中，数列项是一个不断变化的求和，所以数列项的求取必须使用循环语句，整个数列的求和也需要一个循环，所以此例必须使用循环的嵌套。

程序如下：

```
#include <stdio.h>
main()
{
    int n,i,j;
    long s1=0,s2=0;
    printf("Enter integer n:");
    scanf("%d",&n);
    for(i=1;i<=n;i++)
      {
          s2=0;
          for(j=1;j<=i;j++)
              s2=s2+j;        /* s2 用来求 1+2+…+n */
          s1=s1+s2;           /* s1 用来求总和 */
      }
    printf("Rseult is:%ld",s1);
}
```

读一读 6.10 编程输出下图所示的图形。

```
*
* *
* * *
* * * *
* * * * *
```

分析：这是由星号构成的 5 行 5 列的三角形图形。第 1 行 1 个星号，第 2 行 2 个星号，第 3 行 3 个星号……第 5 行 5 个星号。显然，星号的个数与行号有关，即每行的星号个数等于行号。

程序如下：

```
#include <stdio.h>
void main()
{
    int i,j;
    for(i=1;i<=5;i++)
    {
       for(j=1;j<=i;j++)
          printf("*");
       printf("\n");
    }
}
```

练一练 6.9 输入一个班级 10 名学生期末考试 6 门课程的成绩，输出每门课程的平均成绩。

编程指导：对于此类问题，可以转化成简单问题，首先写出求一门课程平均成绩的程序段，由于是求 6 门课程的平均成绩，循环次数确定，所以再使用 for 循环就可以了。

练一练 6.10 编写程序，打印出以下图案。

```
        &
      & &
    & & &
  & & & &
& & & & &
```

编程指导：显示这个三角形的方法是，每行先输出若干个空格（行号 i 和空格数 j 的关系是 j=5−i），再输出若干个“&”（行号 i 和行中“&”的数量 k 的关系是 k=i），然后换行。

6.7 循环结构常见错误及解决方法

在循环结构程序设计过程中，初学者容易犯一些错误，下面对常见错误进行总结，根据错误现象分析原因并给出解决方法。

示例 1
```
int i=1,s=0;
while(i>0)
   s+=i;
```
错误现象：系统无报错或警告，代码死循环，程序运行无结果。

错误原因：对循环控制变量未进行修改或进行了错误的修改。

解决方法：需仔细分析代码并对程序进行修改，可将程序修改如下
```
int i=1,s=0;
while(i>0)
   { s+=i;i--;}
```

示例 2
```
int i=1,s=0;
do
{ s+=i;
   i++;} while(i>0)
printf("%d",s);
```
错误现象：系统报错——syntax error : missing ';' before identifier 'printf '。

错误原因：do while 结尾缺少分号。

解决方法：需仔细分析代码，在 while(i>0)后添加分号。

示例 3
```
int i, s = 0;
for(i=0;i<10;i++);
   s+=i;
```

错误现象：系统无报错或警告，但是得不到预期结果。
错误原因：for 语句后多分号。
解决方法：需仔细分析代码，将 for 语句后的分号删除。
示例 4
```
int i, s = 0;
for (i=1; i>5; i++)
   { s+=i; }
```
错误现象：系统无报错或警告，程序运行无结果。
错误原因：循环条件不正确，无法进入循环体。
解决方法：需仔细分析代码修改程序，可将 for 循环中的条件改为 i<5。

知识梳理与总结

本章介绍了什么是循环结构及循环结构在 C 语言中的实现方法，包括 while、do while 和 for 三个循环语句。while、do while 和 for 这三个语句都可以实现循环结构，在使用的时候要注意它们之间的不同，现总结如下。

（1）同一个问题，往往既可以用 while 语句解决，也可以用 do while 语句或者 for 语句来解决，但在实际应用中，应根据具体情况来选用不同的循环语句。

（2）for 语句和 while 语句先判断循环条件，后执行循环体；而 do while 语句是先执行循环体，后进行循环条件的判断。for 语句和 while 语句可能一次也不执行循环体；而 do while 语句至少执行一次循环体。for 和 while 循环属于当型循环；而 do while 循环属于直到型循环，更适合第一次循环肯定执行的场合。

（3）while 语句和 do while 语句多用于循环次数不定的情况。对于循环次数确定的情况，使用 for 语句更方便。

（4）while 语句和 do while 语句只有一个表达式，用于控制循环是否进行。for 语句有三个表达式，不仅可以控制循环是否进行，而且能为循环变量赋初值及不断修改循环变量的值。for 语句比 while 和 do while 语句功能更强、更灵活。

（5）使用 while、do while 和 for 这三个语句时，循环体不止一句时一定要放在花括号内，以复合语句的形式使用。

遇到复杂的问题时需要使用嵌套的循环来解决。循环嵌套可以是两层，也可以是多层。三种循环语句之间可以互相嵌套，自由组合。但应注意的是，各层循环必须完整，相互之间不能交叉。

在循环的过程中可以使用 break 语句或 continue 语句。break 语句的作用是立即跳出循环结构，即结束循环，执行循环结构后面的语句。continue 语句只能用于循环结构中，作用是跳过循环体中位于该语句后的所有语句，提前结束本次循环并开始下一次循环。continue 语句和 break 语句的区别是：continue 语句是结束本次循环，并不终止整个循环；而 break 语句是结束整个循环过程。

当 break 语句或 continue 语句处于嵌套的循环结构中时，它们的作用范围仅限于它们所处的那一层循环，对该循环外层的循环没有影响。

自测题 6

扫一扫看本自测题答案

一、选择题

1. 在 C 语言中，为了结束由 while 语句构成的循环，while 后一对圆括号中表达式的值应该为（　　）。

A. 0　　B. 1　　C. true　　D. 非 0

2. 如下程序段执行后输出（　　）。

```
main()
{
    int num=0;
    while(num<=2)
    {
        num ++;
        printf("%d",num);
    }
}
```

A. 1 2 3 4　　B. 1 2　　C. 1　　D. 1 2 3

3. 下面程序段执行时（　　）。

```
x=-1;
do
{
   x=x*x;
}while(!x);
```

A. 循环体将执行一次　　B. 循环体将执行两次

C. 循环体将执行无限次　　D. 提示有语法错误

4. 以下的 for 循环（　　）。

```
for(x=0,y=0;(y!=123)&&(x<4);x++);
```

A. 执行 3 次　　B. 执行 4 次　　C. 循环次数不定　　D. 是无限循环

5. 执行语句："for(i=1;i++<4;)" 后，变量 i 的值是（　　）。

A. 3　　B. 4　　C. 5　　D. 不定

6. 下面的程序段执行后 sum 的值是（　　）。

```
main()
{
    int i,sum;
    for(i=1;i<6;i++)  sum+=i;
    printf("%d\n",sum);
}
```

A. 14　　B. 不确定　　C. 15　　D. 0

7. 以下叙述中正确的是（　　）。

A. do while 语句构成的循环不能用其他语句构成的循环来代替

B．do while 语句构成的循环只能用 break 语句退出

C．用 do while 语句构成的循环，在 while 后的表达式为非零时结束循环

D．用 do while 语句构成的循环，在 while 后的表达式为零时结束循环

8．下面选项中，没有构成死循环的程序段是（　　）。

A．int i=100;

while(1){i=i% 100+1;if(i>100)break;}

B．for(;;);

C．int　k=1000;

do

{++k;}while(k>=10000);

D．int s=36;

while(s);

--s;

9．下面的程序段中 while 循环执行的次数是（　　）。

```
int k=0;
while(k=1)k++;
```

A．无限次　　B．有语法错，不能执行

C．一次也不执行　　D．执行 1 次

10．下列选项中与语句：

```
while()
{
    if(i>=100)  break;
    s+=i;
    i++;
}
```

功能相同的语句是（　　）。

A．for(;i<100;i++)　s=s+i;　　B．for(;i<=100;i++)　s+=i;

C．for(;i<100;i++,s=s+i);　　D．for(;i>=100;i++,s=s+i);

二、填空题

1．这个 while 循环的输出结果是________。

```
i = 0;
while (i < 5)
{
    i++;
    printf("%d", i * i);
}
```

2．有以下程序：

```
#include <stdio.h>
main()
{
```

```
    char c;
    while((c=getchar())!='?')
      putchar(--c);
}
```

程序运行时，如果从键盘输入：B ?C?<回车>，则输出结果为________。

3．假定 a 和 b 为 int 型变量，执行下面程序段后 b 的值为________。

```
a=1;b=10;
do
{
    b-=a;a++;
}while(b--<0);
```

4．若所有变量都已正确定义，则下列程序的输出结果是________。

```
for(i=0;i<2;i++)
    printf("YES");
printf("\n");
```

5．执行下列程序后，输出“*”号的个数是________。

```
#include<stdio.h>
main()
{
    int i,j;
    for(i=1;i<5;i++)
        for(j=2;j<=i;j++)
            putchar('*');
}
```

三、编程题

1．计算 1-3+5-7+…-99+101 的值。

2．用 do while 语句求 1～1000 之间满足“用 3 除余 1、用 5 除余 2、用 7 除余 3”的数，且一行只打印 5 个数。

3．输出平方数大于 500 小于 1000 的自然数。

4．编写程序从输入的 10 个数中找出最大值和最小值。

5．求 10～100 之间的全部素数。

6．一个数如果恰好等于它的因子之和，则这个数称为“完数”。例如，6 的因子为 1、2、3，而 6=1+2+3，因此 6 是完数。编写程序找出 1000 以内的所有完数，并按下面格式输出其因子：6 It’s factors are 1，2，3。

7．编写程序输出如下所示的图形。

```
    *
   ***
  *****
 *******
*********
```

8．假设有36块砖，共36人搬，其中包括成年男子、成年女子和儿童，成年男子一次搬4块，成年女子一次搬3块，儿童两人抬一块，恰好一次搬完，求36人中成年男子、成年女子和儿童各有多少人？

扫一扫看本训练题答案

上机训练题6

一、写出下列程序的运行结果

```
1. #include<stdio.h>
   main()
   {
       int x=23;
       do
       {
           printf("%d",x--);
       } while(!x);
   }
```

运行结果为：________________

```
2. #include<stdio.h>
   main()
   {
       int n=0;
       while(n++<=1)
         printf("%d\t",n);
       printf("%d\n",n);
   }
```

运行结果为：________________

```
3. #include<stdio.h>
   main()
   {
       int i;
       for (i=1;i<=5;i++)
       {
           if(i%2)   printf("*");
           else    continue;
           printf("#");
       }
       printf("$\n");
   }
```

运行结果为：________________

```
4. #include<stdio.h>
   main()
   {
       int a=1, b=0;
       for(;a<3;a++)
       switch(a++)
       {
           case 1:b--;
           case 2:b++;
           case 3:b+=3;break;
       }
       printf("%d",b);
   }
```

运行结果为：________________

```
5. #include <stdio.h>
   main()
   {
       int a,b,c;
       for(a=1;a<=5;a++)
       {
           for(b=1;b<=15-2*a;b++)
             printf(" ");
           for(c=1;c<=a;c++)
             printf("%4c",'A'+a-1);
           printf("\n");
```

```
        }
    }
```

运行结果为：__________________

二、编写程序，并上机调试

1．求出 100 之内自然数中最大的能被 31 整除的数。

2．编程求出从键盘上输入的不多于 10 个整型数的总和。如果不足 10 个数，则以 0 为结束。

3．求∑n!，即 1!+2!+…+20!。

4．求两个正整数 m 和 n 的最大公约数。提示：m 存大数，当 n 不为 0 时，循环操作 r=m%n；m=n；n=r；直到 n 为 0 时，m 的值为所求的解。

5．若用 0～9 之间不同的 3 个数构成一个 3 位数，试编写程序统计出共有多少种方法？

6．百鸡百钱问题。用 100 钱买 100 只鸡，公鸡 1 只 5 钱，母鸡 1 只 3 钱，雏鸡 3 只 1 钱，问共有多少种买法？

7．编写程序，求 1000～9999 之间的回文数。回文数是指正读与反读都一样的数，如 1221。

阶段性综合训练 1　打印 ASCII 码表

1．任务要求

将 1～255 所对应的 ASCII 码以十进制、十六进制、字符型数据输出到终端，格式为 51 行 5 栏，如图综 1.1 所示。

2．任务分析

ASCII 码表示美国信息交换标准码，打印时需从以下几个方面进行分析。

1）ASCII 码分析

（1）每个键盘字符都可以映射到数字 32～127，此类字符直接按格式打印即可。

（2）数字 1～31 用于特殊字符，如制表符、响铃、换行符等，此类字符不可打印，在编程处理时可以用其他控制符代替，此处用“n/a”代替。

（3）扩展 ASCII 范围 128～255，含有 128 个字符，如边框线等，此类字符也可正常按格式打印。

DEC	HEX	ASC	DEC	HEX	ASC	DEC	HEX	ASC	DEC	HEX	ASC	DEC	HEX	ASC
1	1	n/a	52	34	4	103	67	g	154	9a	Ü	205	cd	═
2	2	n/a	53	35	5	104	68	h	155	9b	¢	206	ce	╬
3	3	n/a	54	36	6	105	69	i	156	9c	£	207	cf	╧
4	4	n/a	55	37	7	106	6a	j	157	9d	¥	208	d0	╨
5	5	n/a	56	38	8	107	6b	k	158	9e	₧	209	d1	╤
6	6	n/a	57	39	9	108	6c	l	159	9f	ƒ	210	d2	╥
7	7	n/a	58	3a	:	109	6d	m	160	a0	á	211	d3	╙
8	8	n/a	59	3b	;	110	6e	n	161	a1	í	212	d4	╘
9	9	n/a	60	3c	<	111	6f	o	162	a2	ó	213	d5	╒
10	a	n/a	61	3d	=	112	70	p	163	a3	ú	214	d6	╓
11	b	n/a	62	3e	>	113	71	q	164	a4	ñ	215	d7	╫
12	c	n/a	63	3f	?	114	72	r	165	a5	Ñ	216	d8	╪
13	d	n/a	64	40	@	115	73	s	166	a6	ª	217	d9	┘
14	e	n/a	65	41	A	116	74	t	167	a7	º	218	da	┌
15	f	n/a	66	42	B	117	75	u	168	a8	¿	219	db	█
16	10	n/a	67	43	C	118	76	v	169	a9	⌐	220	dc	▄
17	11	n/a	68	44	D	119	77	w	170	aa	¬	221	dd	▌
18	12	n/a	69	45	E	120	78	x	171	ab	½	222	de	▐
19	13	n/a	70	46	F	121	79	y	172	ac	¼	223	df	▀
20	14	n/a	71	47	G	122	7a	z	173	ad	¡	224	e0	α
21	15	n/a	72	48	H	123	7b	{	174	ae	«	225	e1	β
22	16	n/a	73	49	I	124	7c	¦	175	af	»	226	e2	Γ
23	17	n/a	74	4a	J	125	7d	}	176	b0	░	227	e3	π
24	18	n/a	75	4b	K	126	7e	~	177	b1	▒	228	e4	Σ
25	19	n/a	76	4c	L	127	7f	⌂	178	b2	▓	229	e5	σ
26	1a	n/a	77	4d	M	128	80	Ç	179	b3	│	230	e6	µ
27	1b	n/a	78	4e	N	129	81	ü	180	b4	┤	231	e7	τ
28	1c	n/a	79	4f	O	130	82	é	181	b5	╡	232	e8	Φ
29	1d	n/a	80	50	P	131	83	â	182	b6	╢	233	e9	Θ
30	1e	n/a	81	51	Q	132	84	ä	183	b7	╖	234	ea	Ω
31	1f	n/a	82	52	R	133	85	à	184	b8	╕	235	eb	δ
32	20		83	53	S	134	86	å	185	b9	╣	236	ec	∞
33	21	!	84	54	T	135	87	ç	186	ba	║	237	ed	φ
34	22	"	85	55	U	136	88	ê	187	bb	╗	238	ee	ε
35	23	#	86	56	V	137	89	ë	188	bc	╝	239	ef	∩
36	24	$	87	57	W	138	8a	è	189	bd	╜	240	f0	≡
37	25	%	88	58	X	139	8b	ï	190	be	╛	241	f1	±
38	26	&	89	59	Y	140	8c	î	191	bf	┐	242	f2	≥
39	27	'	90	5a	Z	141	8d	ì	192	c0	└	243	f3	≤
40	28	(	91	5b	[	142	8e	Ä	193	c1	┴	244	f4	⌠
41	29	)	92	5c	\	143	8f	Å	194	c2	┬	245	f5	⌡
42	2a	*	93	5d	]	144	90	É	195	c3	├	246	f6	÷
43	2b	+	94	5e	^	145	91	æ	196	c4	─	247	f7	≈
44	2c	,	95	5f	_	146	92	Æ	197	c5	┼	248	f8	°
45	2d	-	96	60	`	147	93	ô	198	c6	╞	249	f9	∙
46	2e	.	97	61	a	148	94	ö	199	c7	╟	250	fa	·
47	2f	/	98	62	b	149	95	ò	200	c8	╚	251	fb	√
48	30	0	99	63	c	150	96	û	201	c9	╔	252	fc	ⁿ
49	31	1	100	64	d	151	97	ù	202	ca	╩	253	fd	²
50	32	2	101	65	e	152	98	ÿ	203	cb	╦	254	fe	■
51	33	3	102	66	f	153	99	Ö	204	cc	╠	255	ff	ÿ

图综 1.1　ASCII 码表

2）输出格式分析

以 51 行 5 栏输出时，注意标题栏要对齐，首尾数据要连续。

3）边框线的输出

表格的边框线可以用扩展的 ASCII 码中某些特殊字符来实现。

3. 任务实施

（1）打印 1～255 标准和扩展 ASCII 码的值，意味着循环从 1～255，因此程序框架如下。

```
#include <stdio.h>
main()
{
    int i;
    for (i=1; i<=255; i++)
    {
        printf("%d %x %c\n", i, i, i);
    }
}
```

（2）打印标题并将每列对齐，同时用“n/a”的控制符代替 1～31 之间的 ASCII 码字符。

```
#include <stdio.h>
main()
{
    int i;
    printf("DEC HEX ASC\n");
    for (i=1; i<=255; i++)
    {
        if (i < 32)
            printf("%3d %3x %3s\n", i, i, "n/a");
        else
            printf("%3d %3x %3c\n", i, i, i);
    }
}
```

（3）将 255 行分割成 5 栏 51 行，以便阅读。

```
#include <stdio.h>
main()
{
    int i;
    printf("| DEC HEX ASC | DEC HEX ASC | DEC HEX ASC");
    printf("| DEC HEX ASC | DEC HEX ASC |\n");
    for (i=1; i<=51; i++)
    {
        if (i < 32)
            printf("| %3d %3x %3s", i, i, "n/a");
        else
            printf("| %3d %3x %3c", i, i, i);
        printf("| %3d %3x %3c | %3d %3x %3c", i+51, i+51, i+51, i+102, i+102,
              i+102);
```

```
        printf("| %3d %3x %3c | %3d %3x %3c |\n", i+153, i+153, i+153, i+204,
                i+204, i+204);
    }
}
```

（4）用扩展的 ASCII 特殊字符来制作一个边框。

```
#include <stdio.h>
main()
{
    int i,a;
    /*打印上边框*/
    for (a=0; a<71; a++)
        printf("%c", 205);
    printf("\n");
    /*打印标题*/
    printf("| DEC HEX ASC | DEC HEX ASC | DEC HEX ASC ");
    printf("| DEC HEX ASC | DEC HEX ASC |\n");
    /*打印中间边框*/
    for (a=0; a<71; a++)
        printf("%c", 205);
    printf("\n");
    for (i=1; i<=51; i++)
    {
        if (i < 32)
            printf("| %3d %3x %3s ", i, i, "n/a");
        else
            printf("| %3d %3x %3c ", i, i, i);
        printf("| %3d %3x %3c | %3d %3x %3c", i+51, i+51, i+51, i+102,
                i+102, i+102);
        printf("| %3d %3x %3c | %3d %3x %3c |\n", i+153, i+153, i+153,
                i+204, i+204, i+204);
    }
    /*打印下边框 */
    for (a=0; a<71; a++)
        printf("%c", 205);
    printf("\n");
}
```

4．任务拓展思考

将此 ASCII 码表以 43 行 6 栏输出时，程序如何控制？请编写相应的程序。

提示：43*6=258，255 个字符按此格式输出时会多出三个，因此最后三个要处理成输出空格。

第7章 数组

教学导航

教	知识重点	1. 一维数组的灵活使用；2. 字符数组的定义、引用和初始化
	知识难点	1. 二维数组的存储及使用；2. 字符串的输入与输出
	推荐教学方式	一体化教学：边讲理论边进行上机操作练习，及时将所学知识运用到实践中
	建议学时	8学时
学	推荐学习方法	课前：复习C语言的几种基本数据类型，预习本章将学的知识 课中：接受教师的理论知识讲授，积极完成上机练习 课后：巩固所学知识点，完成作业，加强编程训练
	必须掌握的理论知识	1. 一维数组的定义、初始化和使用方法； 2. 二维数组的定义、初始化和使用方法； 3. 字符数组的定义、引用和初始化； 4. 字符串的存储、使用和常见字符串处理函数
	必须掌握的技能	运用数组进行C语言程序编程设计

知识分布网络

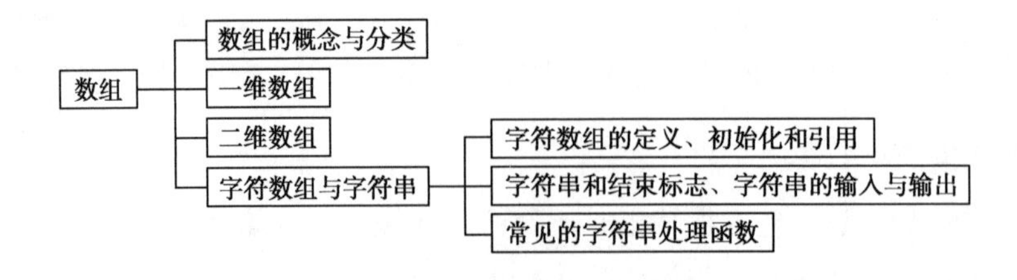

在处理简单问题时，一般可使用学过的基本数据类型（整型、实型和字符型等）。基本数据类型使用起来简单，但对于有些特殊或复杂的问题仅用基本数据类型是远远不够的。为此， C 语言提供了构造类型数据，它们是数组类型和结构体类型等。构造类型数据是由基本类型按一定规律组成的。本章介绍的数组就是一些具有相同类型的数据的集合。

7.1　数组的概念与分类

在科学研究、工程技术及日常生活中，常常需要处理大量同类型的相关数据，如商业部门要记录每个月或季度的销售额、气象部门要记录每天的降雨量、学校行政部门要记录每名学生的成绩……这种类型的数据，如果用简单变量来实现，需要许多的变量保存数据，解决起来十分烦琐，给程序设计带来很大不便；而如果通过数组表示，就能使本来十分烦琐的程序变得非常简单。在程序设计中，数组是一种最简单、实用的数据结构。

1．数组的分类

数组是相同类型元素的集合，用统一的数组名来表示，每一个元素用下标来区分。在 C 语言中，数组属于构造数据类型。一个数组可以分解为多个数组元素，这些数组元素可以是基本数据类型或构造类型。因此，按数组元素类型的不同，数组可分为数值数组、字符数组、指针数组、结构体数组等。此外，根据数组的维数可以分为一维、二维和多维数组。

2．数组的维数

同一数组各个元素的下标个数是相同的，下标个数称为数组的维数。

如果数组中的所有元素能按行、列顺序排成一行，也就是说，用一个下标便可以确定它们各自所处的位置，这样的数组称为一维数组。因此，一个下标的下标变量构成一维数组。

如果数组中的所有元素能按行、列顺序排成一个矩阵，换句话说，必须用两个下标才能确定它们各自所处的位置，这样的数组称为二维数组。因此，两个下标的下标变量构成二维数组。

以此类推，三个下标的下标变量构成三维数组。有多少个下标的下标变量就构成多少维的数组，如四维数组、五维数组等。通常又把二维以上的数组称为多维数组。

一般来讲，数组元素下标的个数就是该数组的维数；反之，一个数组的维数一经确定，那么它的元素下标的个数也就随之确定了。

7.2　一维数组

用一个统一的标识符，即数组名来标识一组变量（也称元素），用下标来表示数组中元素的序号，当数组中每个元素只带有一个下标时，此数组称为一维数组。

例如，用 a[0]、a[1]、a[2]、a[3]、a[4]分别表示 5 名学生的成绩，可以组成一个表示成绩的一维数组。必须强调，同一数组中所有元素必须属于同一数据类型，每个数组元素实际上是带下标的变量。

7.2.1 一维数组的定义

格式：

```
数据类型 数组名[常量表达式];
```

功能：定义一个一维数组，常量表达式的值就是数组元素的个数。

例如：int a[10];表示数组名为 a，此数组有 10 个元素。

说明：

（1）数组的类型实际上是指数组元素的取值类型。对于同一个数组，其所有元素的数据类型都是相同的。

（2）数组名的书写应符合标识符的书写规定。

（3）数组名不能与其他变量名相同，下面的定义是错误的：

```
main()
 {
    int a;
    float a[10];
    …
 }
```

（4）方括号[]为下标运算符，其中的常量表达式表示数组元素的个数，因此它只能是正整数。如 int a[5];表示数组 a 有 5 个元素，数组 a 的长度为 5。数组元素的下标从 0 开始，因此 5 个元素变量分别为 a[0]、a[1]、a[2]、a[3]和 a[4]。

（5）方括号中可以是常量或常量表达式，但不能是变量。如：

```
#define D 5
main()
{
    int a[3+2],b[7+D];
    …
}
```

是合法的。

但是下述说明方式是错误的。

```
main ()
{
    int n=5;
    int a[n];
    …
}
```

（6）允许在同一个类型说明中说明多个数组和多个变量。

例如：

```
int a,b,c[10],d[20];
```

7.2.2 一维数组的存储

C 编译系统为数组在内存中开辟连续的存储单元，按下标从小到大的顺序存放数组的各元素，并且 0 号数组元素的地址最小，可以用数组名表示数组存储区的首地址（即 0 号元素的地址）。例如：

```
int a[5];
```

定义了 int 型数组 a，编译系统将为 a 数组在内存中开辟 5 个连续的存储单元，用来存放 a 数组中的 5 个数组元素，其存储情况如图 7.1 所示，在图中标明了每个存储单元的名字，可以用这些名字直接引用各存储单元。如 a[0]表示这个存储区的第一个存储单元，而数组名 a 表示该数组的首地址，即 a[0]存储单元的地址。

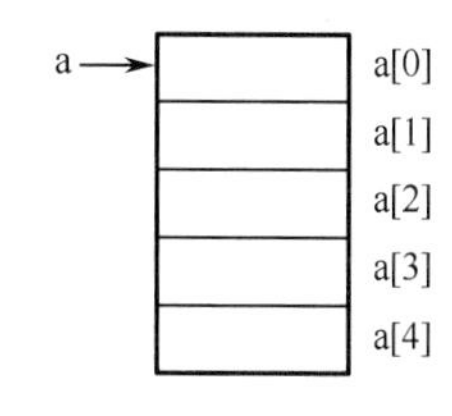

图 7.1 一维数组的存储

注意：C 语言规定，一个数组的名字表示该数组在内存中所分配的一块存储空间的首地址，因此数组名是一个地址常量，定义后不允许对其修改。

7.2.3 一维数组元素的引用

对数组定义以后，就可以在程序中引用它了。C 语言规定，不能引用整个数组，只能逐个引用元素。因为是一维数组，因此引用数组元素时只带一个下标。引用形式如下：

```
数组名[下标]
```

其中，下标为整型常量或整型表达式，由它确定该元素在数组中的序号，下标大于等于 0，小于数组长度。例如，下面对数组元素的引用都是正确的：

```
a[i]=1;                /*把 1 赋给数组 a 的第 i+1 个元素*/
printf("%d",a[2]);  /*输出数组 a 的第 3 个元素的值*/
scanf("%d",&a[2]);  /*将键盘输入的数据存储在 a[2]中*/
```

在引用时应注意以下几点：

（1）由于数组元素本身等价于同一类型的一个变量，因此对变量的任何操作都适用于数组元素。

（2）在引用数组元素时，下标可以是整型常数或表达式，表达式内允许变量存在。在定义数组时，下标不能使用变量。

（3）引用数组元素时下标最大值不能出界。也就是说，若数组长度为 n，则下标的最大值为 n-1；若出界，C 编译时并不给出错误提示信息，程序仍能运行，但破坏了数组以外其他变量的值，可能会造成严重的后果。因此，必须注意数组边界的检查。

7.2.4 一维数组的初始化

当系统为所定义的数组在内存中开辟一串连续的存储单元时，这些存储单元中并没有确定的值。C 语言允许在定义数组的同时对数组各元素指定初值，这个过程称为初始化。初始化是在编译阶段完成的，不占用运行时间。

一维数组初始化的一般格式为：

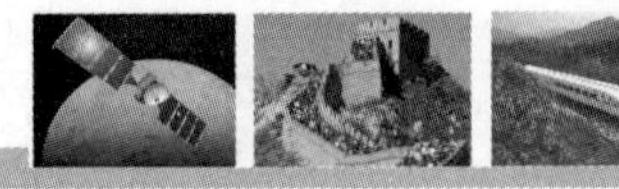

```
数据类型  数组名 [常量表达式] ={初值表};
```

一维数组的初始化有以下两种方式。

（1）对数组的全部元素初始化。

例如：int a[5]={1,2,3,4,5};

用花括号把初值括起来，各值以逗号分隔。此语句等价于下面的语句：

```
int a[5];
a[0]=1;a[1]=2;a[2]=3;a[3]=4;a[4]=5;
```

对数组元素全部赋初值时，可以不指定数组的长度（系统根据初值个数自动确定）。例如：

```
int x[ ]={1,3,5,7,9};等价于 int x[5]={1,3,5,7,9};
```

（2）对数组的部分元素赋初值。当初值个数少于所定义数组元素的个数时，系统将自动给后面的元素补 0，此时必须指定数组长度。

例如：int y[5]={0,1,2}; /*部分赋初值，必须指定长度*/

这样只对前 3 个元素分别赋值 0、1、2，后 2 个元素自动设为 0。

注意：当初值的个数多于数组元素的个数时，编译系统会给出出错信息。

读一读 7.1 输入 20 名学生的成绩，求出学生的平均成绩，并将低于平均分的那些成绩输出。

分析：根据题意，可以定义一个有 20 个元素的一维数组 score，先将成绩输入至数组中，并在输入的同时进行累加，得到的累加和再除以 20 即可得到平均成绩，最后再将每名学生的成绩与平均分进行比较，将低于平均分的值输出。

程序如下：

```
#include<stdio.h>
main()
{
    int i;
    float score[20],sum=0,average;
    for(i=0;i<20;i++)
    {
      scanf("%f",&score[i]);
      sum=sum+score[i];
    }
    average=sum/20;
    printf("average=%.2f\n", average);
    for(i=0;i<20;i++)
      if(score[i]<average)  printf("%f\t",score[i]);
}
```

读一读 7.2 用冒泡法对 10 个数排序（由小到大）。

分析：冒泡法的基本思想是将相邻两个数比较，将小数放在前面。对数组中各元素（a[1]～a[10]）从头到尾依次比较相邻的两个元素是否逆序（前数大于后数），若逆序就交换这两个元素，经过第一轮比较排序后便可把最大的元素放在最后边的 a[10]中，然后对剩

下的元素（a[1]～a[9]）再实施上述方法，将第二大的数放在 a[9]中，以此类推，直至前两个元素比较结束。可以看出如果有 N 个元素，那么一共要进行 N−1 轮比较，第 i 轮要进行 j=N−i 次比较。

程序如下：

```
#include<stdio.h>
main()
{
    int a[11];          /* a[0]空着不用*/
    int i,j,k;
    printf("Input 10 numbers:\n");
    for(i=1;i<11;i++)
        scanf("%d",&a[i]);
    printf("\n");
    for(i=1;i<=9;i++)
        for(j=1;j<=10-i;j++)
            if(a[j]>a[j+1])
            { k=a[j];a[j]=a[j+1];a[j+1]=k; }
    printf("The sorted numbers:\n");
    for(i=1;i<11;i++)
        printf("%d ",a[i]);
}
```

扫一扫看数组求Fibonacci数列程序代码

练一练 7.1　用数组求 Fibonacci 数列前 20 个数。

编程指导：Fibonacci 数列公式是 f[i]=f[i−2]+f[i−1]，初始值 f[0]=0，f[1]=1。通过循环计算出 Fibonacci 数列的每一项。

练一练 7.2　将数组中的 10 个元素按逆序重新存放并输出。

编程指导：将数组中 n 个元素逆置的基本思路是，下标为 0 的元素与下标为 n−1 的元素交换位置，下标为 i 的元素与下标为 n−i−1 的元素交换位置。注意，循环控制变量不能从 0 变化到 n，否则每个元素交换两次后数组又将恢复到原来的顺序。

7.3　二维数组

当数组中的每个元素带有两个下标时，称这样的数组为二维数组，其中存放的是有规律的按行、列排列的同一类型的数据。所以，二维数组中的两个下标，一个是行下标，一个是列下标。

7.3.1　二维数组的定义

格式：

```
数据类型　数组名[常量表达式1][常量表达式2];
```

功能：定义一个二维数组。常量表达式 1 表示二维数组的行数，常量表达式 2 表示二维数组的列数。

例如，“int a[2][3];”定义了整型二维数组 a，它有 2 行 3 列，共 6 个数组元素。

注意：二维数组的行、列下标均从 0 开始，数组元素的个数=常量表达式 1×常量表达式 2。假设有数组 a[2][3]，则数组元素有 6 个，分别为 a[0][0]、a[0][1]、a[0][2]、a[1][0]、a[1][1]、a[1][2]。

7.3.2 二维数组的存储

存储器是连续编址的，也就是存储器单元是按一维线性排列的。所以，存储一维数组时，将全部元素分配在一段连续存储单元中。二维数组在逻辑上是二维的，但其存储结构仍然是一维的，在一维存储器中存放二维数组是按行排列的, 即在内存中先顺序存放第一行的元素，再顺序存放第二行的元素，以此类推。

例如：

```
    int a[2][3];
```

对数组 a，按行序存储，先存储 a[0]行的各个元素 a[0][0]、a[0][1]、a[0][2]，再存储 a[1]行的各个元素 a[1][0]、a[1][1]、a[1][2]。每行中 3 个元素也是依次存储的。由于数组元素为 int 类型，在 VC 编译系统中，该类型的每个数组元素占 4 字节的存储空间，所以数组共占 24 字节的存储空间。

数组 a 中各元素在内存中的顺序如图 7.2 所示。

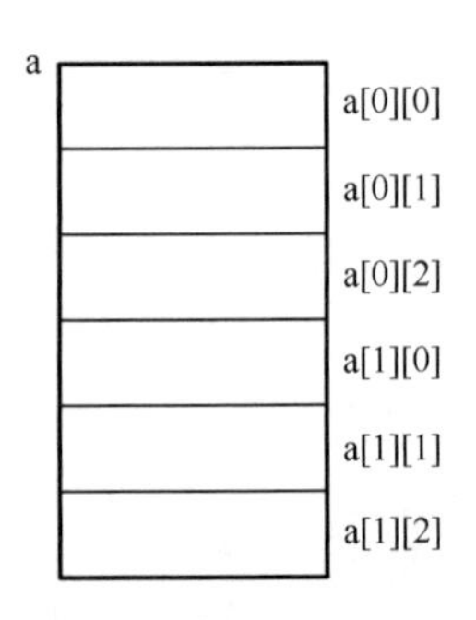

图 7.2　数组 a 的存储

数组是一种构造类型的数据。一个二维数组可以看成由多个一维数组组成的。

```
  ┌ a[0] ------- a[0][0] a[0][1] a[0][2]
a │
  └ a[1] ------- a[1][0] a[1][1] a[1][2]
```

必须强调的是，a[0]和 a[1]不能单独使用，它们也是数组名，不是一个单纯的变量。数组名 a 表示数组第一个单元 a[0][0]的地址，也就是数组的首地址。a[0]也表示地址，表示第 0 行的首地址，即 a[0][0]的地址；a[1]表示第 1 行的首地址，即 a[1][0]的地址。因此，可以得到下面的关系：

```
    a=a[0]=&a[0][0]
    a[1]=&a[1][0]
```

其中，&是取地址运算符，&a[0][0]表示元素 a[0][0]的地址。

7.3.3 二维数组元素的引用

C 语言规定，不能引用整个数组，只能逐个引用元素。

二维数组中各个元素可看作具有相同数据类型的一组变量。因此，对变量的引用及一切操作同样适用于二维数组元素。二维数组元素引用的格式为：

```
    数组名[下标][下标]
```

说明：

（1）下标可以是整型常量或整型表达式。

（2）二维数组的引用和一维数组的引用类似，要注意下标取值不要超过数组的范围。

（3）要区分定义数组时用的 a[3][4]和引用数组时用的 a[3][4]，前者 a[3][4]用来定义数组的维数和各维的大小，后者 a[3][4]中的 3 和 4 是下标值，a[3][4]代表某一个元素。

7.3.4　二维数组的初始化

二维数组的初始化也是在数组定义时赋初值。二维数组可按行分段赋初值，也可按行连续赋初值。

例如，对数组 a[3][4]，按行分段赋初值可写为：

```
int a[3][4]={ {1,2,3,4},{5,6,7,8},{9,10,11,12} };
```

按行连续赋初值可写为：

```
int a[3][4]={ 1,2,3,4,5,6,7,8,9,10,11,12};
```

这两种赋初值的结果是完全相同的。

此外，对于二维数组初始化还有以下说明。

（1）可以只对部分元素赋初值，未赋初值的元素自动取 0 值。

例如： int a[3][3]={{1,2,3},{4,5},{6}};

赋值后各元素的值为：

```
1  2  3
4  5  0
6  0  0
```

（2）如对全部元素赋初值，则第一维的长度可以不给出。

例如：int a[3][3]={1,2,3,4,5,6,7,8,9};

可以写为：int a[][3]={1,2,3,4,5,6,7,8,9};

（3）在定义时也可以只对部分元素赋初值，而省略第一维长度，但应分行赋初值。

例如：int a [][3]={{3},{0,2,0},{0,0,1}};

这样的写法能通知编译系统数组共有 3 行，赋值后的元素值为：

```
3  0  0
0  2  0
0  0  1
```

读一读 7.3　将一个二维数组行和列元素互换，存到另一个二维数组中。例如，数组 a 是原数组，b 是变换之后的数组。

$$a=\begin{bmatrix}1 & 2 & 3\\ 4 & 5 & 6\end{bmatrix}\qquad b=\begin{bmatrix}1 & 4\\ 2 & 5\\ 3 & 6\end{bmatrix}$$

分析：凡在处理二维数组关系到行和列的问题时，都要使用二重循环分别处理二维数组的行和列，假设 i 表示行，j 表示列，对照 a、b 矩阵的元素可以发现它们的对应关系：

```
b[j][i] = a[i][j]  (i=0,1;j=0,1,2)
```

程序如下：

```
#include <stdio.h>
main()
```

```
{
 int a[2][3] = {{1,2,3},{4,5,6}};
 int b[3][2], i,j;
 printf("array a:\n");
 for(i=0;i<=1;i++)                    /* 0～1 行 */
  {
   for(j=0;j<=2;j++)                  /* 0～2 列 */
    {
     printf("%5d",a[i][j]);
     b[j][i] = a[i][j];               /* 行、列交换 */
    }
   printf("\n");                      /* 输出一行后换行 */
  }
 printf("array b:\n");
 for(i=0;i<=2;i++)
  {
  for(j=0;j<=1;j++)
    printf("%5d",b[i][j]);
  printf("\n");                       /* 输出一行后换行 */
  }
}
```

练一练 7.3　编写程序求一个 3×4 的矩阵中最大元素的值，以及其所在的行号和列号。

编程指导：设 3 行 4 列的二维数组存储一个 3×4 的矩阵，同时设变量 max 来存放最大值，先使它取值为 a[0][0]，然后再将它与其他元素依次比较，从而找出最大值并找出其行号和列号。

7.4　字符数组与字符串

扫一扫看二维数组求最大值程序讲解视频

C 语言中没有专门存放字符串的字符串变量，为了存放字符串，常常需要在程序中定义字符数组。用来存放字符型数据的数组称为字符数组，字符数组中的每个元素存放一个字符。

7.4.1　字符数组的定义

定义字符数组的一般格式如下：

```
char 数组名[常量表达式];                    一维字符数组
char 数组名[常量表达式 1] [常量表达式 2];   二维字符数组
```

例如：char c[10];

　　char a[5][10];

由于字符型、整型是互相通用的，因此“char c[10];”等价于“int c[10];”。

7.4.2　字符数组的初始化

对于字符数组的初始化，一般是将字符逐个赋给数组中的各元素。

例如：

```
char c[5]={'B','o','y'};
```

赋初值后，c[0]值为'B'，c[1]值为'o'，c[2]值为'y'，其中 c[3]和 c[4]未赋值，系统自动赋予空字符（'\0'）。

说明：

（1）如果花括号中提供的初值个数（即字符个数）大于数组长度，则做语法错误处理。

（2）如果初值个数小于数组长度，则只将这些字符赋给数组中前面那些元素，其余元素自动为空字符（'\0'）。

（3）当对全体元素赋初值时也可以省去长度说明。例如：

```
char c[5]={'H','e','l','l','o'};  可写成char c[]={'H','e','l','l','o'};
```

这时 c 数组的长度自动为 5。

7.4.3　字符数组的引用

可以像引用其他类型数组一样，引用字符数组中的某个元素，得到一个字符。下面通过实例来说明。

实例 7.1　引用字符数组的一个元素。

程序如下：

```
#include<stdio.h>
main()
{
    char ch[12]={'H','e','l','l','o',' ','w','o','r','l','d','!'};
    int i;
    for(i=0;i<12;i++)
      printf("%c",ch[i]);
}
```

运行结果为：Hello world!

实例 7.2　输出一个菱形。

程序如下：

```
#include<stdio.h>
main()
{
    char diamond[][5]={{'.','.','*'},{'.','*','.','*'},{'*','.','.',
                      '.','*'},{'.','*','.','*'},{'.','.','*'}};
    int i,j;
    for(i=0;i<5;i++)
    {
      for(j=0;j<5;j++)
        printf("%c",diamond[i][j]);
      printf("\n");
    }
```

```
    }
```

运行结果为：

```
  . . *
 . * . *
 * . . . *
 . * . *
  . . *
```

7.4.4 字符串和结束标志

字符串常量是用双引号括起来的一串字符，例如，“hello”、“123”等。在 C 语言中，字符串是借助于字符型数组来存放的，并规定以字符'\0'作为字符串结束标志，它占内存空间，但不计入串的长度。如果有一个字符串，其第 10 个字符为'\0'，则此字符串的长度为 9。

对字符数组的初始化，除了逐个字符给数组中的各元素赋初值以外，还常使用字符串常量给数组赋初值，字符串中的字符会依次赋值给对应的元素。例如：

```
char ch[6]= {"Hello"};
```

或去掉{}写为：

```
char ch[6]="Hello";
```

说明：

（1）在对字符数组赋初值时，如果初始化数据中的字符个数小于数组长度，则在最后一个字符后添加'\0'作为字符串结束标志。如果提供的字符个数大于数组长度，则会发生编译错误。

（2）在定义初始化表时，字符数组的长度可以省略，即不指定数组的长度，系统自动根据初始化表中字符个数作为字符数组的长度。

例如： char ch[ ]="Hello";

7.4.5 字符串的输入与输出

在 C 语言中，对字符串的输入/输出可以采用格式化输入/输出函数 scanf 和 printf，也可以使用 gets()和 puts()。通常有以下三种方法。

（1）在标准输入/输出函数 scanf 和 printf 中，用格式符“%c”输入或输出一个字符。

实例 7.3 用格式符“%c”将字符逐个输入到字符数组，然后输出。

程序如下：

```
#include <stdio.h>
main()
{
    char ch[10];
    int i;
    printf("Please input 10 chars:\n");
    for(i=0; i<10; i++)
        scanf("%c", &ch[i]);
    for(i=0; i<10; i++)
        printf("%c", ch[i]);    /*不能将%c 改成%s，否则会出错*/
```

```
}
```

运行结果为：

```
Please input 10 chars:
abcdefghij<回车>
abcdefghij
```

（2）在标准输入/输出函数 scanf 和 printf 中，用格式符“%s”将整个字符串一次输入或输出。

实例 7.4　用格式符“%s”将整个字符串一次输入/输出。

程序如下：

```
#include <stdio.h>
main()
{
    char c[15];
    printf("Please input a string:\n");
    scanf("%s", c);
    printf("%s", c);
}
```

运行结果为：

```
Please input a string:
abcdefghij<回车>
abcdefghij
```

注意：

① 用“%s”格式符输出字符数组时，遇'\0'结束输出，且输出字符中不包含'\0'。若数组中包含一个以上'\0'，则遇第一个'\0'时结束输出。

② 用“%s”格式输入或输出字符数组时，函数 scanf 的地址项、函数 printf 的输出项都是字符数组名。这时数组名前不能再加“&”符号，因为数组名就是数组的起始地址。

③ 用语句“scanf("%s", c);”为字符数组 c 输入数据时，遇空格键或回车键时结束输入。但所读入的字符串中不包含空格键或回车键，而是在字符串末尾添加'\0'。

例如：

```
char c[15];
scanf("%s", c);
```

若输入数据：

```
How are you?<回车>
```

则只会将“How”输入到 c 中，如图 7.3 所示。

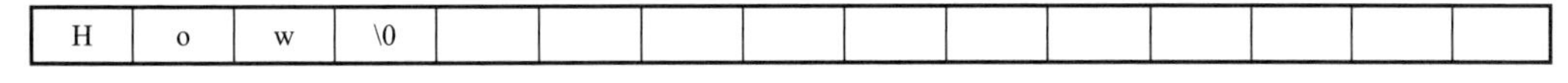

图 7.3　字符串的输入

可以看出，使用 scanf 函数不能将带空格的字符串全部输入到数组 c 中。要实现此功能，可以用后面将介绍的 gets 函数。

用一个 scanf 函数输入多个字符串，输入时应以空格键或回车键将字符串隔开。

例如：

```
char c1[10], c2[10];
scanf("%s%s",c1, c2);
```

若输入数据：

```
C Program <回车>
```

则字符数组 c1 和 c2 的值分别为“C”和“Program”。

（3）使用专门的标准字符串输入/输出函数 gets 或 puts，将整个字符串一次输入或输出。

由于 gets 函数和 puts 函数均在文件 stdio.h 中定义，因此在使用它们前，必须加预处理命令：#include<stdio.h>。

① puts 函数的一般格式如下：

```
puts(字符串或字符数组);
```

该函数的功能是把字符串或字符数组中存放的字符串输出到终端。

实例 7.5 字符串的输出——puts 函数示例。

程序如下：

```
#include <stdio.h>
main()
{
    char str[]="boy\ngirl";
    puts(str);
}
```

运行结果为：

```
boy
girl
```

从程序中可以看出 puts 函数中可以使用转义字符，因此输出结果为两行。puts 函数完全可以由 printf 函数取代。当需要按一定格式输出时，通常使用 printf 函数。

② gets 函数的一般格式如下：

```
gets(字符数组);
```

该函数的功能是从键盘读入一个字符串到字符数组中，并返回该数组的起始地址。

实例 7.6 字符串的输入——gets 函数示例。

程序如下：

```
#include <stdio.h>
main()
{
    char s[15];
    printf("Please input a string:\n");
    gets(s);
    puts(s);
}
```

运行结果为：

```
Please input a string:
```

```
How are you?<回车>
How are you?
```

可以看出，当输入的字符串中含有空格时，输出仍为全部字符串。说明 gets 函数并不以空格作为字符串输入结束的标志，而只以回车键作为输入结束。这与 scanf 函数是不同的。

7.4.6 常见的字符串处理函数

C 语言编译系统中，为了方便用户，提供了大量与字符串处理操作有关的库函数，常见的字符串处理函数及其功能如表 7.1 所示。

表 7.1　常见的字符串处理函数及其功能

函　数　名	函数一般形式	功　　能	返　回　值
strcat	strcat(str1[],str2[]);	把 str2 连接到 str1 后面	返回 str1
strcpy	strcpy(str1[],str2[]);	把 str2 复制到 str1 中	返回 str1
strcmp	strcmp(str1[],str2[]);	比较 str1 和 str2 的大小	str1<str2，返回负值 str1=str2，返回 0 str1>str2，返回正值
strlen	strlen(str[]);	统计 str 中的字符个数 （不包含终止符'\0'）	返回字符个数

需要指出的是，由于这些函数均在文件 string.h 中定义，因此在使用它们前，必须加预处理命令“#include<string.h>”。

1．字符串连接函数 strcat

strcat 是 String Catenate 的缩写，其功能是把字符数组 2 中的字符串连接到字符数组 1 中字符串的后面，并删去字符串 1 后的串结束标志'\0'。该函数返回值是字符数组 1 的首地址。

实例 7.7　strcat 函数示例。

程序如下：

```
#include <string.h>
main()
{
    char s1[20] = "You are ";
    char s2[] = "a student.";
    strcat(s1, s2);
    puts(s1);
}
```

运行结果为：

```
You are a student.
```

注意：字符数组 1 应定义足够的长度，否则不能将所连接的字符串全部装入。

2．字符串复制函数 strcpy

strcpy 是 String Copy 的缩写，其功能是把字符数组 2 中的字符串复制到字符数组 1 中，

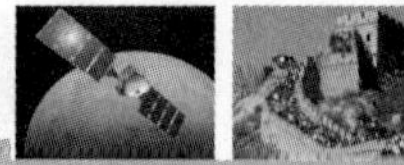

串结束标志'\0'也一同复制。字符数组 2 也可以是一个字符串常量，这时相当于把一个字符串赋给一个字符数组。

实例 7.8 strcpy 函数示例。

程序如下：

```
#include <string.h>
main()
{
    char s1[15], s2[]="C Language";
    strcpy(s1, s2);
    puts(s1);
}
```

运行结果为：

```
C Language
```

注意：字符数组 1 应有足够的长度，否则不能将所复制的字符串全部装入。

3．字符串比较函数 strcmp

strcmp 是 String Compare 的缩写，其功能是按照 ASCII 码顺序比较两个数组中的字符串，并由函数返回值返回比较结果。

字符串 1=字符串 2，返回值=0；

字符串 1>字符串 2，返回值>0；

字符串 1<字符串 2，返回值<0。

该函数也可用于比较两个字符串常量，或比较数组和字符串常量。

实例 7.9 strcmp 函数示例。

程序如下：

```
#include<string.h>
main()
{
  int k;
  static char str1[15],str2[]="C Language";
  printf("input a string:\n");
  gets(str1);
  k=strcmp(str1,str2);
  if(k==0) printf("str1=str2\n");
  if(k>0) printf("str1>str2\n");
  if(k<0) printf("str1<str2\n");
}
```

本程序把输入的字符串和数组 str2 中的串比较，将比较结果返回到 k 中，根据 k 值再输出结果提示串。

运行时，若输入 C Program，由 ASCII 码可知“C Program”大于“C Language”，故 k>0，输出结果为 str1>str2。

4．测字符串长度函数 strlen

strlen 是 String Length 的缩写，其功能是测字符串的实际长度（不含字符串结束标志'\0'），并作为函数返回值。

实例 7.10　strlen 函数示例。

程序如下：

```
#include <string.h>
main()
{
    int n;
    char str[10]={"china"};
    n=strlen(str);
    printf("The lenth of the string is %d\n", n);
}
```

运行结果为：

```
The lenth of the string is 5
```

从程序运行结果可以看出，strlen 函数得到的不是字符数组 str 的长度 10，而是字符串结束标志'\0'前字符的个数。

读一读 7.4　输入一行字符，统计其中有多少个单词（单词以空格分隔）。例如，输入“I am a boy.”，共 4 个单词。

分析：单词的数目由空格出现的次数决定（连续出现的空格记为出现一次，一行开头的空格不算），所以应逐个检测每一个字符是否为空格，并通过相邻两字符的关系来判断是否有新单词出现。具体算法如图 7.4 所示。

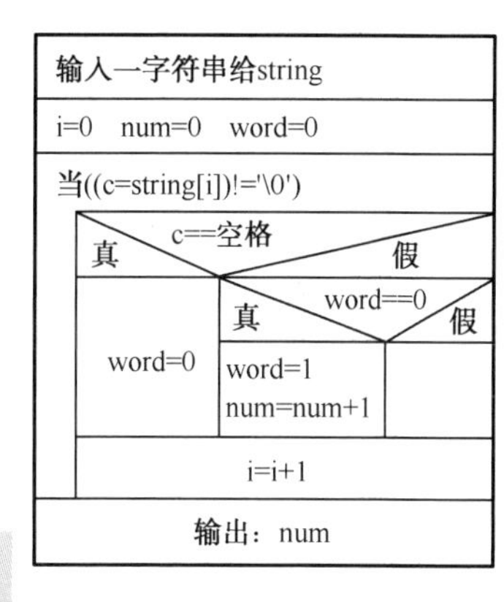

图 7.4　流程图

程序如下：

```
#include <stdio.h>
main()
{   char string[81];
    int i,num=0,word=0;
    char c;
    printf("Please input a line words:\n");
    gets(string);
    for(i=0;(c=string[i])!='\0';i++)
      if(c==' ')  word=0;        /*当前字符为空格*/
      else if(word==0)           /*当前字符不为空格，前一字符为空格*/
      {
        word=1;
        num++;                   /*单词数加 1*/
      }
```

```
    printf("There are %d words in the line.\n",num);
}
```

运行结果为：

```
Please input a line words:
I am a boy. <回车>
There are 4 words in the line.
```

练一练 7.4 有 3 个字符串，找出其中最大者。

编程指导：为减少变量的定义，用一个二维数组来存储 3 个字符串，然后用 strcmp 字符串比较函数对这 3 个字符串进行比较，求出其中最大者。

扫一扫看三个字符串求最大者程序代码

7.5 数组常见错误及解决方法

实际编程中，数组有广泛的应用，但对初学者而言，经常会遇到一些问题，下面给出与数组相关的常见编程错误及解决方法。

示例 1 int n=10;

　int a[n];

错误现象：系统报错——expected constant expression。

错误原因：未使用整型常量表达式定义数组长度。

解决方法：将 n 定义为符号常量，如

```
#define n 10
int a[n];
```

示例 2 int a[3]={1,2,3,4};

错误现象：系统报错——too many initializers。

错误原因：初始化数组时提供的初始值个数大于数组长度。

解决方法：保证初值个数和数组长度一致，可修改为“int a[4]={1,2,3,4};”。

示例 3 int a[10],i;

```
for(i=1;i<=10;i++)
    scanf("%d",&a[i]);
```

错误现象：系统没有警告、没有错误，但运行时出错。

错误原因：数组越界，对不确定的存储空间进行访问。

解决方法：检查数组边界，可将 for 循环修改为“for(i=1;i<10;i++)”。

示例 4 int a[2][3];

```
…
a[i,j]=9;
  …
```

错误现象：系统报错——left operator must be 1-value。

错误原因：访问二维数组的形式不对。

解决方法：二维数组元素的访问形式为“a[i][j]=9;”。

示例 5　int a[10],i,sum=0;

```
for(i=1;i<10;i++)
    sum+=a[i];
printf("%d",sum);
```

错误现象：系统没有警告、没有错误，但输出结果为 1717986916。

错误原因：数组定义后未初始化直接使用，产生随机数问题。

解决方法：定义时给数组赋初值，或者用键盘输入各个元素的值。

示例 6　int a[10]={1,2,3},b[10];

```
b=a;
```

错误现象：系统报错——left operator must be 1-value。

错误原因：数组之间不能赋值。

解决方法：用循环对数组元素进行逐个赋值。

示例 7　char a[]='abcd';

错误现象：系统报错——error:array initialization needs curly braces。

错误原因：用单引号括起来多个字符。

解决方法：字符串常量用双引号表示。

示例 8　char a[20];

```
scanf("%s",a);
puts(a);
```

错误现象：系统没有警告、没有错误，但输入 hello world 后，输出为 hello。

错误原因：用 scanf 读入带空格的字符串。

解决方法：scanf 读入时自动以空白符（空格、Tab、回车）为分隔符，输入 hello world 处理成两个字符串，应使用 gets(a)读入带空格的字符串。

示例 9　char a[]="abcd",b[5];

```
b=a;
```

错误现象：系统报错——error:incompatible types when assigning to type 'char[6]' from type 'char *'。

错误原因：数组不可以整体赋值。

解决方法：字符串处理用相应的处理函数，修改为“strcpy(b,a);”。

示例 10　char a[]="abcd",b[]="1234";

```
if(a>b) ...
```

错误现象：系统没有警告、没有错误，比较的是两个字符首字母的大小，而非字符串。

错误原因：数组不可以整体比较。

解决方法：字符串处理用相应的处理函数，修改为“if(strcmp(a,b)>0) ...”。

示例 11　char a[]="abc",b[4];

```
int i;
for(i=0;a[i]!='\0';i++)
{b[i]=a[i];}
printf("%s",b);
```

错误现象：系统没有警告、没有错误，运行输出可能有乱码。

错误原因：没有字符串结束标志。

解决方法：循环修改为“for(i=0;a[i]!='\0' ||b[i]!='\0';i++)”。

知识梳理与总结

数组是程序设计中最常用的数据结构，是同类型数据的集合。同一个数组的数组元素具有相同的数据类型，可以是整型、实型，以及后面将介绍的指针型、结构体型等。本章首先介绍了数组的基本概念，然后分别介绍了一维数组和二维数组的定义、引用、初始化和应用，最后介绍了字符数组及常见的字符串处理函数，需要掌握的重点有：

（1）一个数组的名字表示该数组在内存中所分配的一块存储空间的首地址，因此，数组名是一个地址常量，定义后不允许对其修改。

（2）数组可以通过下标访问，而下标则是用于标识数组元素位置的整数。当数组中每个元素只带有一个下标时，此数组称为一维数组。

（3）二维数组中的每个元素带有两个下标，一个是行下标，一个是列下标，在内存中按行优先的顺序存放。

（4）字符数组是用来存放字符的数组，C 语言中没有直接提供字符串类型，字符串被定义为一个字符数组。

（5）字符串连接函数（strcat 函数）、字符串复制函数（strcpy 函数）、字符串比较函数（strcmp 函数）和求字符串长度函数（strlen 函数）均在文件 string.h 中定义，因此在使用它们之前，必须加预处理命令#include<string.h>。

自测题 7

扫一扫看本自测题答案

一、选择题

1．在 C 语言中，引用数组元素时，其数组下标的数据类型允许是（　　）。

A．整型常量　　B．整型表达式

C．整型常量或整型表达式　　D．任何类型的表达式

2．对数组的描述正确的是（　　）。

A．数组一旦定义其大小是固定的，但数组元素的类型可以不同

B．数组一旦定义其大小是固定的，但数组元素的类型必须相同

C．数组一旦定义其大小是可变的，但数组元素的类型可以不同

D．数组一旦定义其大小是可变的，但数组元素的类型必须相同

3．以下能正确定义一维数组的选项是（　　）。

A．int num [];

B．#define　N　100
　　int num [N];

C．int num [0…100];

D．int N = 100;
　　int num [N];

4．若有定义：int a[10]，则对数组 a 元素的正确引用是（　　）。

A．a[10]　　B．a[3.5]　　C．a(5)　　D．a[10-10]

5．以下能正确定义数组并正确赋初值的语句是（　　）。

A．int N=5, b[N][N];　　B．int a[1][2] = {{1},{3}};

C．int c[2][ ] = {{1,2},{3,4}};　　D．int a[3][2] = {{1,2},{3,4}};

6．若有定义：int a[3][4]，则对数组 a 元素的正确引用是（　　）。

A．a[2][3]　　B．a[1,3]　　C．a(5)　　D．a[10-10]

7．以下能对二维数组 a 进行正确初始化的语句是（　　）。

A．int a[2][]={{1,0,1},{5,2,3}} ;　　B．int a[][3]={{1,2,3},{4,5,6}} ;

C．int a[2][4]={{1,2,3},{4,5},{6}} ;　　D．int a[][3]={{1,0,1},{},{1,1}} ;

8．若有说明：int a[3][4]={0};，则下面的叙述中正确的是（　　）。

A．只有元素 a[0][0]可得到初值 0　　B．此说明语句不正确

C．数组 a 中各元素都可得到初值，但其值不一定为 0

D．数组 a 中每个元素均可得到初值 0

9．若二维数组 a 有 m 列，则计算任一元素 a[i][j]在数组中位置的公式为（　　）。（设 a[0][0]位于数组的第一个位置上）

A．i*m+j　　B．j*m+i　　C．i*m+j-1　　D．i*m+j+1

10．若有说明：int a[][3]={1,2,3,4,5,6,7};，则数组 a 第一维大小是（　　）。

A．2　　B．3　　C．4　　D．无确定值

11．已知数组 float a[4][3];，该数组行下标的范围是（　　）。

A．0～3　　B．1～3　　C．0～2　　D．1～2

12．下面程序段的输出结果是（　　）。

```
int k,a[3][3]={1,2,3,4,5,6,7,8,9};
for (k=0;k<3;k++)  printf("%d",a[k][2-k]);
```

A．3 5 7　　B．3 6 9　　C．1 5 9　　D．1 4 7

13．下面是对 s 的初始化，其中不正确的是（　　）。

A．char s[5]={"abc"};　　B．char s[5]={'a','b','c'};

C．char s[5]= " ";　　D．char s[5]= "abcdef";

14．下面程序段的输出结果是（　　）。

```
char c[5]={'a','b','\0','c','\0'}
printf("%s",c);
```

A．'a''b'　　B．ab　　C．ab c　　D．abc

15．下列 4 种数组定义中，合法的数组定义是（　　）。

A．char a[ ]="hello" ;　　B．int a[4]={4,3,2,1,0};

C．char a="hello" ;　　D．char a[5]= "hello" ;

16．以下程序段的输出结果是（　　）。

```
char s[] = "\\141\141abc\t";
printf("%d\n", strlen(s));
```

A．9　　B．12　　C．13　　D．14

17．以下程序的输出结果是（　　）。

```
main()
{
    int b[3][3]={0,1,2,0,1,2,0,1,2}, i, j, t=1;
    for(i=0; i<3; i++)
    for(j=i; j<=i; j++)
       t = t+b[i][b[j][j]];
    printf("%d\n",t);
}
```

A. 3　　B. 4　　C. 1　　D. 9

18. 判断字符串 a 和 b 是否相等，应当使用（　　）。

A. if (a==b)　　B. if (a=b)　　C. if (strcpy(a,b))　　D. if (strcmp(a,b))

19. 有以下程序：

```
main()
{
    char a[] = {'a','b','c','d','e','f','g','h','\0'};
    int i, j;
    i = sizeof(a);
    j = strlen(a);
    printf("%d,%d\n", i, j);
}
```

程序运行后的输出结果是（　　）。

A. 9，9　　B. 8，9　　C. 1，8　　D. 9，8

20. 当执行下面的程序时，如果输入 ABC，则输出结果是（　　）。

```
#include <stdio.h>
#include <string.h>
main()
{
    char ss[10] = "12345";
    gets(ss);
    strcat(ss, "6789");
    printf("%s\n", ss);
}
```

A. ABC6789　　B. ABC67　　C. 12345ABC6　　D. ABC456789

二、填空题

1. 构成数组的各个元素必须具有相同的______。
2. C 语言中元素下标的最小值为______。
3. 在 C 语言中，数组名是一个______，不能对其进行加、减及赋值操作。
4. 设有如下定义：

```
double  a[80];
```

则数组 a 的下标下界是______，上界是______。

5. 若有定义：int a[3][5];，则排列在数组中的第 9 个元素是__________。

6. C 语言中字符串结束的标志是________。

7. 写出一个名为 c 的单精度实型一维数组，长度是 6，所有元素初值均为 0，其数组定义语句是______________。

8. 以下语句中的字符串中没有空格，其输出结果是___________。

```
printf("%s\n","A:\\C\\EX01.c");
```

9. 运行下列程序段，其输出结果是___________。

```
char a[3][4]={"abc","efg","hij"};
for(i=1;i<2;i++)
    printf("%c",a[i][1]);
```

10. strcmp(“how” , “HOW”)的值是__________。

11. 下面程序运行后的输出结果是____________。

```
#include  <stdio.h>
main()
{
   int  a[4], i, k=0;
   for(i=0; i<4; i++)  a[i]=i;
   for(i=0; i<4; i++)  k+=a[i]+i*i;
   printf("%d\n",k);
}
```

三、编程题

1. 定义一个有 20 个元素的整型数组，从键盘上输入 20 个数，输出该数组中具有偶数值且具有偶数下标的元素值。

2. 先输入数组 a[n]中的 n 个元素，再输入另一个数 x，查看 a 中是否有值为 x 的元素，若有，则输出其下标；若没有，则输出-1。

3. 求整型数组 a[n]中奇数的个数和平均值，以及偶数个数和平均值。

4. 生成并打印某数列的前 20 项，该数列第 1、2 项分别为 0 和 1，以后每个奇数编号的项是前两项之和，偶数编号的项是前两项差的绝对值。生成的 20 个数存在一维数组 x 中，并按每行 4 项的形式输出。

5. 求一个 3×3 矩阵对角线元素之和。

6. 打印出以下的杨辉三角形（要求打印 10 行）。

```
1
1  1
1  2  1
1  3  3   1
1  4  6   4   1
1  5  10  10  5  1
```

7. 从键盘上输入一串字符，将其逆向显示。

8. 从键盘输上入 100 个字符，分别统计其中英文字母、空格、数字及其他字符的个数。

上机训练题 7

一、写出下列程序的运行结果

```
1. #include <stdio.h>
   main()
   {
      int i,t,a[5]={5,4,3,2,1};
      for(i=0;i<2;i++)
      {
         t=a[i];
         a[i]=a[4-i];
         a[4-i]=t;
      }
      for(i=0;i<5;i++)
      printf("%2d",a[i]);
      printf("\n");
   }
```

运行结果为：________________

```
2. #include <stdio.h>
   main()
   {
     int a[6][6],i,j;
     for(i=1;i<6;i++)
       for(j=1;j<6;j++)
          a[i][j]=(i/j)*(j/i);
     for(i=1;i<6;i++)
     {
       for(j=1;j<6;j++)
          printf("%2d",a[i][j]);
       printf("\n");
     }
   }
```

运行结果为：________________

```
3. #include <stdio.h>
   main()
   {
       int a[6],i;
       for(i=1;i<6;i++)
       {
          a[i]=9*(i-2+4*(i>3))%5;
          printf("%2d",a[i]);
       }
   }
```

运行结果为：________________

```
4. #include <stdio.h>
   main()
   {
       int p[7] = {11,13,14,15,
   16,17,18};
       int i=0, j=0;
       while(i<7 && p[i]%2==1)
   j+=p[i++];
       printf("%d\n", j);
   }
```

运行结果为：________________

```
5. #include <stdio.h>
   main()
   {
     char str[]="SSWLIA",c;
     int k;
     for(k=2;(c=str[k])!='\0';k++)
     {
        switch(c)
        {
           case 'I':++k;break;
           case 'L':continue;
           default :putchar(c);continue;
```

```
        }
        putchar('*');
      }
    }
```

运行结果为：________________

二、编写程序，并上机调试

1．编写程序将一个数组中的所有偶数存放于另一个数组中，并以每行 10 个数的格式输出原数组和存放偶数的数组元素值。

2．通过键盘为一个 3×3 整型数组输入数据，并找出主对角线上元素的最大值及其所在的行号。

3．打印“魔方阵”，所谓魔方阵是指这样的方阵，它的每一行、每一列和对角线之和均相等。例如，三阶魔方阵为：

```
8  1  6
3  5  7
4  9  2
```

要求打印出由 1～n^2 的自然数构成的魔方阵。

4．设计一个程序，统计某学校 3 门课（英语、数学、计算机）的考试成绩。要求能输入考生人数，并按编号从小到大的顺序依次输入考生的成绩，再统计出每门课程的全校总分、平均分及每名考生课程的总分和平均分。

5．有一篇文章，共有 3 行文字，每行有 80 个字符。要求分别统计出其中英文大写字母、小写字母、数字、空格及其他字符的个数。

第8章 函数

扫一扫下载本章教学课件

教学导航

教	知识重点	1. 函数的定义和调用方式； 2. 函数参数的两种传递方式； 3. 函数的嵌套与递归
	知识难点	1. 向函数传递数组； 2. 静态局部变量作用域与生存期的理解
	推荐教学方式	一体化教学：边讲理论边进行上机操作练习，及时将所学知识运用到实践中
	建议学时	10学时+4学时（综合训练）
学	推荐学习方法	课前：复习数组的相关知识，预习本章将学的知识 课中：接受教师的理论知识讲授，积极完成上机练习 课后：巩固所学知识点，完成作业，加强编程训练
	必须掌握的理论知识	1. 函数的定义、调用的基本方法； 2. 函数调用时实参向形参的单向值传递和双向地址传递； 3. 简单的嵌套和递归程序； 4. 不同存储类别变量所具有的不同生存期与作用域； 5. 内部函数与外部函数的区别
	必须掌握的技能	运用函数进行C语言程序编程设计

知识分布网络

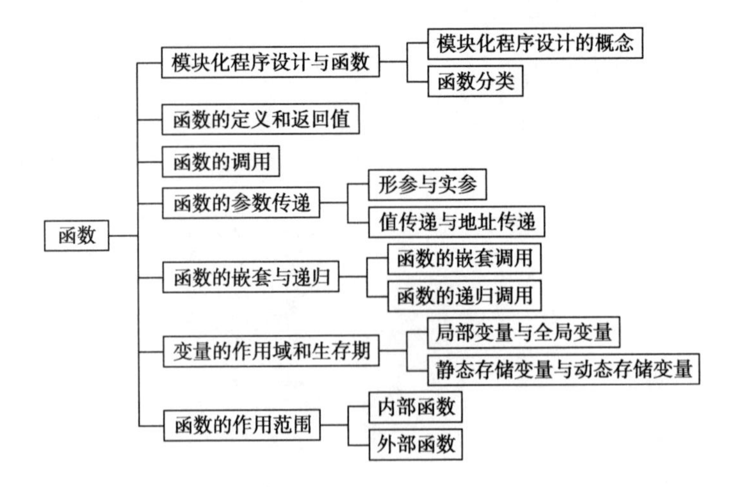

函数是 C 语言的基本特征，是结构化程序设计的实现方法。函数是一个命名了的独立的 C 语言程序段，它完成特定的任务，并可选择是否将一个值返回调用函数。函数的设计和编写是 C 语言程序设计中非常基础的工作。

8.1　模块化程序设计与函数

8.1.1　模块化程序设计的概念

模块化程序设计就是将一个较为复杂的、大型的项目，按其功能与结构划分为若干个功能相对独立的模块，每个模块实现一个功能。各个模块可以分别由不同的人员编写和调试，最后，将不同的模块组装成一个完整的程序。采用模块化设计，程序结构将更清晰，且有利于程序编制的分工。

C 语言是一种模块化程序设计语言，每个模块在 C 语言中用函数来实现。C 语言中的函数相当于其他高级语言的子程序。函数是 C 语言源程序的基本单元，通过对函数的调用可以实现相应的功能。在程序设计中，常将一些常用的功能模块编写成函数，放在函数库中供公共使用。要善于利用函数，以减少重复编写程序段的工作量。

8.1.2　函数分类

一个实用的 C 语言程序一般都是由一个主函数 main()和若干个辅助函数构成的。在 C 语言中可从不同的角度对函数进行分类。

1. 从用户使用的角度

（1）标准函数（库函数）。由 C 编译系统提供，用户无须定义，可以在程序中直接调用。在调用标准函数时要使用 include 命令将相应的头文件包含进来，例如，在前面各章的例题中反复用到的 printf、scanf、getchar、putchar、gets、puts 和 strcat 等函数均属此类函数。

（2）用户自定义函数。是用户自己编写的，用以实现某种功能的函数。用户自定义函数也是 C 语言中体现用户编程能力最重要的一环，正是编程人员必须掌握的基本技能。本章介绍的都是用户自定义的函数。

2. 从有无函数返回值的角度

（1）有返回值函数。此类函数被调用执行完后将向调用者返回一个执行结果，这一结果称为函数返回值。由用户定义的这种要返回函数值的函数，必须在函数定义和函数说明中明确返回值的类型。

（2）无返回值函数。此类函数用于完成某项特定的处理任务，执行完成后不向调用者返回函数值。这类函数类似于其他语言的执行过程。由于函数无须返回值，用户在定义此类函数时可指定它的返回值为“空类型”，其说明符为“void”。

3. 从有无参数的角度

参数是函数与外界交换数据的通道，根据有无参数可以分为有参函数和无参函数两种。

（1）无参函数。函数定义、函数说明及函数调用中均不带参数。主调函数和被调函数之

间不进行参数传送。此类函数通常用来完成一组指定的功能，可以返回或不返回函数值。

（2）有参函数，也称为带参函数。在函数定义及函数说明时都有参数，称为形式参数（简称为形参）。在函数调用时也必须给出参数，称为实际参数（简称为实参）。进行函数调用时，主调函数将把实参值传送给形参，供被调函数使用。

8.2 函数的定义和返回值

函数和变量一样，在使用前需要对其进行定义，用以说明函数的结构和特点。

8.2.1 函数的定义

1. 无参函数的定义

无参函数定义的一般形式为：

```
类型说明符 函数名()
{
    声明部分;
    语句部分;
}
```

说明：

（1）类型说明符指明了函数值的类型，即函数返回值的类型。函数名是由用户定义的标识符，函数名后有一个空括号，且必不可少。系统默认的类型为 int 型。

（2）花括号“{}”中的内容称为函数体，函数体中包括声明部分和语句部分。

实例 8.1 定义一个函数，功能是在显示器上打印“Hello”。

程序如下：

```
void printstar()
{
    printf("Hello\n");
}
```

该函数无须返回任何值，类型为 void。

2. 有参函数的定义

有参函数定义的一般形式为：

```
类型说明符 函数名(类型说明符 形式参数 1, 类型说明符 形式参数 2,…)
{
    声明部分;
    语句部分;
}
```

有参函数比无参函数多了形式参数及其类型说明符。形式参数可以是各种类型的变量，各参数之间用逗号隔开。在进行函数调用时，主调函数将赋予这些形式参数实际的值。形参既然是变量，当然必须给以类型说明。

实例 8.2　定义一个函数，用于求两个数中的较大者。

程序如下：

```
int max(int x,int y)
{
   int z;
   if(x>y) z=x;
   else  z=y;
   return(z);    /*返回变量 z 的值*/
}
```

3. 空函数的定义

空函数的定义形式如下：

```
类型说明符 函数名()
{
}
```

其中，函数体只有{}，没有任何内容，形式参数也没有。调用这种函数没有任何实际作用，但在系统规划的初期用于标示各个部分，使程序结构清楚，增加可读性，为以后扩充新的功能提供方便。

8.2.2　函数的返回值

一个函数有其特定的功能，也有其功能所实现的结果，这一结果可以通过函数的返回值表现出来。函数的返回值通过函数体内的 return 语句实现。

return 语句的格式为：

```
    return(表达式);
或  return  表达式;
```

该语句的功能是计算表达式的值，并返回给主调函数。在函数中允许有多个 return 语句，但每次调用只能有一个 return 语句被执行，因此只能返回一个函数值。

说明：

（1）返回值类型应和函数类型一致，不一致时返回值将自动转换成函数类型。

（2）如函数值为整型，在函数定义时可以省去类型说明。

（3）函数中有多条返回语句时一般与 if 语句联用，执行到哪一条返回语句，哪一条返回语句就起作用。

（4）函数中无返回语句，则执行至函数体结尾时返回。此时将返回一个不确定的值给函数。

（5）如果只需要从函数中返回，而不需要返回值，可以明确定义为“空类型”，类型说明符为“void”。一旦函数被定义为空类型后，就不能在主调函数中使用被调函数的函数值了。例如，若定义函数 s 如下：

```
void s(int n)
{
  …
}
```

在主调函数中写语句 sum=s(n);就是错误的。

为了使程序有良好的可读性并减少出错，凡不要求返回值的函数都应定义为空类型。

读一读 8.1 定义一个函数，其功能是打印出 3 行“Welcome to C program!”。

分析：此处定义一个无参函数即可，函数类型为“void”。

程序如下：

```
void wel()                       /*无参函数，类型为void，函数名为wel*/
{
    int i;
    for(i=1;i<=3;i++)
        printf("Welcome to C program!\n");
}
```

读一读 8.2 定义一个函数，其功能是判断两个整数是否相等，相等返回 1，不相等返回 0。

分析：此处需定义一个含有一个参数的函数，并用 return 语句返回 0 或 1。

程序如下：

```
int  eq(int x,int y)             /*函数值类型为int，可以默认，函数名为eq*/
{                                /*函数参数为x、y，类型均为int*/
    int  t;
    if(x==y) t=1;
    else  t=0;
    return(t);                   /*相等返回1，不等返回0*/
}
```

练一练 8.1 定义一个函数，其功能是打印出如下图形。

```
*****
*****
*****
*****
*****
```

编程指导：此处需定义一个无参函数，循环打印五个星号。

练一练 8.2 定义一个函数，其功能是求出某个数的平方，并返回这个值。

编程指导：此处需定义一个含有一个参数的函数，并用 return 语句将平方值返回。

8.3 函数的调用

在程序中如果使用函数，则称为函数调用，被调用的函数称为被调函数，调用其他函数的函数称为主调函数。

函数调用通过函数名进行。在调用时一般要进行数据传递，要以实际参数（实参）代替形式参数（形参），调用完成返回主调函数继续执行。

除了主函数，其他函数都必须通过函数的调用来执行，主函数由系统调用。

8.3.1　函数调用的一般形式

函数调用的一般形式为：

```
函数名(实际参数表);
```

说明：

（1）如果调用无参函数，则无实际参数表，但此时括号不能省略。

（2）参数表中可以包含多个实参，各参数间用逗号隔开。

（3）实际参数表中的参数可以是常数、变量或其他构造类型的数据及表达式。

（4）调用时，实参与形参的个数与类型保持一致。实参与形参按顺序对应，否则进行编译的过程中会出现错误。

（5）在此函数定义过程中，形参不占用实际存储单元，必须在被调用时由系统分配存储单元，当调用结束后，还要再把形参所占用的存储单元收回。

（6）在 C 语言中，实参与形参的结合顺序，有的系统按自左至右的常规顺序，有的系统则按自右至左的特殊顺序，如 VC 下就采用自右至左的顺序。

例如：

```
int  i=3;
printf ("%d,%d",i,++i);
```

（1）实参与形参自左至右结合，输出 3,4。

（2）实参与形参自右至左结合，输出 4,4。

为了避免出现意外情况，应尽可能将参数表达式的计算移至调用函数前进行。

函数调用的执行过程有以下几步：

（1）根据函数名找到被调函数，若没找到，系统将报告出错信息。

（2）按一定顺序计算各实际参数的值，将实参的值传递给形参。

（3）中断在主调函数中的执行，转到被调函数的函数体中执行。

（4）遇到 return 语句或函数结束的花括号时，返回主调函数从中断处继续执行。

8.3.2　函数调用的方式

在 C 语言中，可以用以下几种方式调用函数。

（1）函数表达式。函数出现在表达式中，以函数返回值参与表达式的运算。例如：

```
z = 2*max(x,y);
```

这种方式要求函数调用结束时有一个返回值，并且赋给变量，参与表达式的运算。

（2）函数语句。就是把函数调用作为一个独立的语句，方法是在函数调用语句后加上一个分号。例如：

```
printstar();
printf("%d", a);
```

这种方式不要求函数有返回值，通过调用完成某一种功能，即完成某一确定操作。

（3）函数参数。函数作为另一个函数调用的实际参数出现。这种情况是把该函数的返回值作为实参进行传送，因此要求该函数必须有返回值。例如：

```
    printf("%d", max(x, y));
```

即把 max 调用的返回值又作为 printf 函数的实参来使用。

实例 8.3 通过函数调用计算任意 3 个整数的和。

分析：主函数主要用于输入 3 个数，然后调用求和函数，把 3 个数通过实参传递给求和函数的形参，实参与形参是一一对应的关系，最后通过 return 语句把 3 个数的和返回调用程序。

程序如下：

```
#include<stdio.h>
int add(int x,int y,int z)
{
    return (x+y+z);
}
main()
{
    int a,b,c;
    printf("input a,b,c: ");
    scanf("%d%d%d",&a,&b,&c);
    printf("add=%d\n",add(a,b,c));
}
```

运行结果为：

```
input a,b,c:2 3 4↙
add=9
```

8.3.3 被调函数的声明

函数声明是指在主调函数中调用某函数之前，应对该被调函数进行说明。

函数声明的一般格式为：

```
    类型说明符 被调函数名(类型, 类型,…);
或  类型说明符 被调函数名(类型 形参 1, 类型 形参 2,…);
```

例如，上例中函数 add 的声明形式可以为：

```
int add(int x,int y,int z);          /*;分号不能省略*/
```

其中形参名字也可以省略，即

```
int add(int,int,int);
```

注意：对函数的“定义”和“声明”不是一回事。“定义”是指对函数功能的确立，包括指定函数名、函数值类型、形参及其类型、函数体等，它是一个完整的、独立的函数单位。而“声明”的作用则是把函数的名字、函数类型及形参的类型、个数和顺序通知编译系统，以便在调用函数时系统按此进行对照检查。

说明：

C 语言中规定在以下几种情况时可以省去主调函数中对被调函数的函数声明。

（1）如果被调函数是整型函数或字符型函数，可以不加说明而直接调用，系统自动按整型函数处理。

（2）如果被调函数的定义出现在主调函数之前，可以不加说明而直接调用。

（3）如果在所有函数定义之前，在函数外预先说明了各个函数的类型，则在以后的各主调函数中，可不再对被调函数做说明。例如：

```
float f(float x);
main()
{
    …
}
float f(float x)
{
    …
}
```

其中，第一行对 f 函数预先做了说明，因此在以后各函数中无须对 f 函数再做说明就可直接调用。

（4）对库函数的调用不需要再做说明，但必须把对函数说明的头文件用“#include”命令包含在源文件前面。

读一读 8.3　编写程序，求 s=s1+s2+s3 的值，其中：

s1=1+1/2+1/3+…+1/50

s2=1+1/2+1/3+…+1/100

s3=1+1/2+1/3+…+1/150

分析：首先编一函数，用于求 1+1/2+1/3+…+1/n 的值，然后通过函数调用来求 s 的值。

程序如下：

```
#include <stdio.h>
float f (int n)
{
    float s=0;
    int i;
    for(i=1; i<=n; i++)
        s+=1.0/i;
    return(s);
}
main()
{
    float  sum;
    sum =f(50)+f(100)+f(150);
    printf("Sum =%f", sum);
}
```

运行结果为：

```
Sum =15.277764
```

练一练 8.3　编写程序，求$\sum_{1}^{n} n!$的值。

编程指导：用 f 函数来实现 n!，程序在 main()函数中通过 for 循环语句在循环体内调用 f 函数，并对 f 函数的返回值求和，存入变量 s 中。

8.4　函数的参数传递

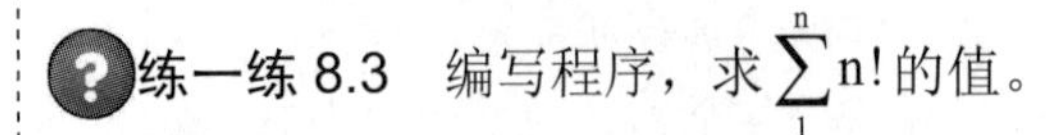

在函数调用时，总存在一个形参与实参的结合方式，即参数是如何传递的问题。

参数的传递有两种方式：按值传递和按地址传递。按值传递是把实参的值复制到形参中，实参与形参虽然有相同的值，但占有不同的内存空间。按地址传递时形参和实参共享一个内存空间。

8.4.1　形式参数与实际参数

函数的参数分为形式参数（简称形参）和实际参数（简称实参）两种。形参出现在函数定义中，在整个函数体内都可以使用，离开该函数则不能使用。实参出现在主调函数中，进入被调函数后，实参变量也不能使用。形参和实参的功能是数据传送。发生函数调用时，主调函数把实参的值传送给被调函数的形参，从而实现主调函数向被调函数的数据传送。

函数的形参和实参具有以下特点：

（1）形参变量只有在被调用时才分配内存单元。在调用结束时，即刻释放所分配的内存单元。因此，形参只在函数内部有效，函数调用结束返回主调函数后则不能再使用该形参变量。

（2）实参可以是常量、变量、表达式、函数等。无论实参是何种类型的量，在进行函数调用时，它们都必须具有确定的值，以便把这些值传送给形参。因此，应预先用赋值、输入等办法使实参获得确定值。

（3）实参和形参在数量上、类型上、顺序上应严格一致，否则会发生类型不匹配的错误。

（4）函数调用中发生的数据传送是单向的。即只能把实参的值传送给形参，而不能把形参的值反向传送给实参。因此，在函数调用过程中，形参的值发生改变，而实参中的值不会变化。

8.4.2　值传递

在函数调用时，使用变量、常量或数组元素作为函数参数时，将实参的值复制到形参相应的存储单元中，即形参和实参分别占用不同存储单元，这种传递方式称为“值传递”。值传递的特点是单向传递，即只能把实参值传递给形参，而形参值的任何变化都不会影响实参。

实例 8.4　阅读下列程序，观察程序的运行结果。

程序如下：

```
#include <stdio.h>
swap(int a,int b)
{
    int temp;
    printf("(2)a=%d,b=%d\n",a,b);
```

```
        temp=a; a=b; b=temp;
        printf("(3)a=%d,b=%d\n",a,b);
    }
    main()
    {
        int x=7,y=11;
        printf("(1)x=%d,y=%d\n",x,y);
        swap(x,y);
        printf("(4)x=%d,y=%d\n",x,y);
    }
```

运行结果为：

```
(1) x=7, y=11
(2) a=7, b=11
(3) a=11, b=7
(4) x=7, y=11
```

由以上输出结果可看出：

（1）是在主函数中未调用 swap 函数前执行 printf 函数的结果。

（2）是 swap 函数中形参值未发生变化时的结果。

（3）是 swap 函数中形参值发生变化后的结果。

（4）是 swap 函数调用结束后返回主函数后的结果。

可见，形参的变化未曾影响主函数中的实参，所以输出结果（1）和（4）是完全相同的。

8.4.3 地址传递

地址传递是指函数调用时，将对应的实参地址传递给相应形参，实参与形参共享存储单元。这时，一方面可完成批量数据的传递，另一方面形参的改变将引起对应实参的改变，实现数据的双向传递，并将多个数据带回。

C 语言中不直接提供地址传递这种方式，而是借用指针和数组从函数中带回多个值，此处介绍数组名作为参数时的传递方式。

前已述及，数组名本身可表示数组中第 1 个元素（a[0]）的地址，因此，数组名作为函数的实参、形参时（注：实参与形参的类型必须一致），作为实参的数组名将数组元素首地址传递给形参所表示的数组名，即实参传给形参的是地址。

实例 8.5　编写程序，由主函数输入字符串，调用一函数使输入的字符串按反序排列，并在主函数中输出字符串。

分析：在主调函数 main()中，定义数组 str，并调用 fun 函数，数组名 str 作为实参。被调函数 fun 中，str1 为形参数组名，它与实参数组名类型必须一致。

程序如下：

```
#include <stdio.h>
#include <string.h>
main()
{
  void fun();
```

```
    char str[50];
    printf("input str please:");
    scanf("%s", str);
    fun(str);
    printf("after:%s\n", str);
  }
  void fun(char str1[ ])
  {
    char c;
    int i, j;
    j=strlen(str1);
    for(i=0;i<=j/2;i++,j--)
    {
       c=str1[i];
       str1[i]=str1[j-1];
       str1[j-1]=c;
    }
  }
```

运行结果为：

```
input str please: abcdef
after: fedcba
```

程序说明：

调用 fun 函数时，只是将实参数组的首地址传递给形参数组，故实参数组与形参数组的长度可以不一致，其大小由实参数组决定。所以，形参数组可以不指定大小，如形参数组的定义为 char str1[ ]。

应该强调，数组名作为函数参数时，不是值的单向传递，而是把实参数组的首地址传给形参数组，这两个数组公用一段存储单元，即实参数组名和形参数组名共同指向数组的第一个元素。在调用 fun 函数后，形参数组中各元素的值的任何变化，都会使实参中各元素的值也产生相同的变化。在返回主函数后，str 数组得到的是经 fun 函数处理过的结果。

读一读 8.4 利用选择排序法，对数组 a 中的 10 个整数按从小到大的顺序排列，并将结果显示出来。

分析：先将 a[0]～a[9]中的最小数与 a[0]对换；再将 a[1]～a[9]中的最小数与 a[1]对换；以此类推直到排序完成为止。

程序如下：

```
#include <stdio.h>
void sort(int array[],int n)
{
    int i,j,k,t;
    for(i=0;i<n-1;i++)
    {
        k=i;
```

```
            for(j=i+1;j<n;j++)
                if(array[j]<array[k])   k=j;
            if(k!=i)
            {
                t=array[i];
                array[i]=array[k];
                array[k]=t;
            }
        }
    }
    main()
    {
        int a[10],i;
        for(i=0;i<10;i++)
            scanf("%d",&a[i]);
        sort(a,10);
        for(i=0;i<10;i++)
            printf("%d ",a[i]);
        printf("\n");
    }
```

练一练 8.4　数组 a 中存放的是一名学生 5 门课的成绩，求其平均成绩。

编程指导：主函数中定义数组 a 用来存放一名学生 5 门课的成绩，调用函数 average 求其平均成绩。如果按以前的做法，可以将数组 a 的 5 个元素分别传递给函数 average。这样做比较麻烦，如果遇到 100 个元素的数组就无法解决了，这里可以传递数组名。这时主函数和函数 average 中的数组实际上是一个数组。

扫一扫看函数求平均成绩程序讲解视频

8.5　函数的嵌套与递归

8.5.1　函数的嵌套调用

在 C 语言中，函数的定义是平行的，不允许进行函数的嵌套定义，即不能在一个函数体中再定义一个新的函数，而函数调用允许嵌套。所谓函数的嵌套调用是指在函数调用时，被调函数又调用了另一个函数。嵌套调用其他函数的个数称为嵌套的深度或层数。无论嵌套调用多少层，每个函数调用结束后都会返回到调用点，再继续程序的执行，直到主函数执行完。

原则上，嵌套的层数没有限定，但是在实际编程时，嵌套的层数不要过多，否则会使程序结构显得乱，且不易理解。图 8.1 是两层嵌套执行的示意图。main()函数在执行过程中调用了 a 函数，执行 a 函数的函数体时又调用了 b 函数，b 函数执行完后回到 a 函数，a 函数执行完后又回到 main()函数。

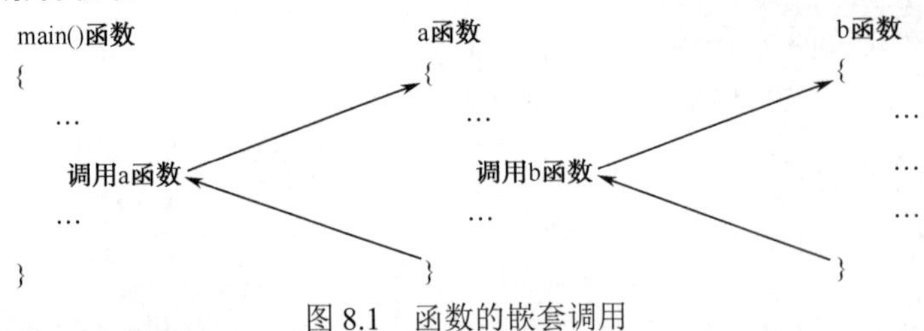

图 8.1　函数的嵌套调用

实例 8.6　输入一个长方体的长、宽、高，通过函数的嵌套调用求出该长方体的体积。

分析：在程序中，主函数中调用了一个函数，用来求长方体的体积，要想求出一个长方体的体积，必须先求出该长方体的底面积，所以在被调函数中，又调用求底面积的函数。

程序如下：

```
#include<stdio.h>
float s(float a,float b)
{
    float area;
    area=a*b;
    return area;
}
float v(float a,float b,float c)
{
    float volume;
    volume=c*s(a,b);
    return volume;
}
main()
{
    float a,b,c,vol;
    printf("Please input a,b,c:");
    scanf("%f%f%f",&a,&b,&c);
    vol=v(a,b,c);
    printf("%f",vol);
}
```

8.5.2　函数的递归调用

函数的递归调用就是在调用一个函数的过程中又直接或间接地调用了该函数本身。根据调用方式，递归调用又分为直接递归调用和间接递归调用两种，如图 8.2 所示。

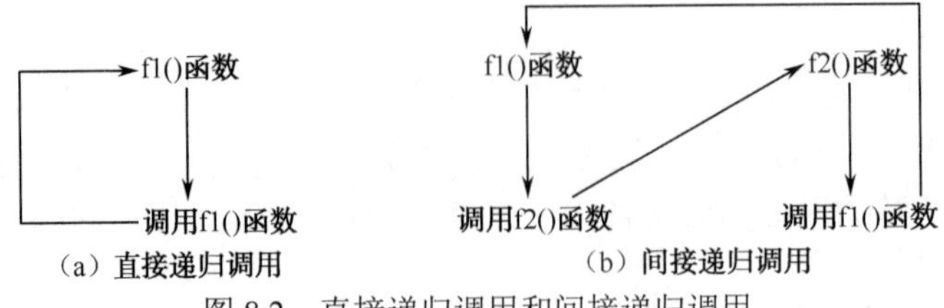

图 8.2　直接递归调用和间接递归调用

注意：递归不允许无限地执行下去，一定要有递归结束条件。常用的办法是加条件判断，满足某种条件后就不再做递归调用，然后逐层返回。

实例 8.7　用递归法计算 n!

分析：求解 n 的阶乘有两种方法，一种是递推法，它基于公式

$$n! = 1*2*3*\cdots*n$$

通常用循环结构来实现。

另一种是递归法，它基于公式

$$n! = \begin{cases} 1 & (n=0,1) \\ n*(n-1)! & (n>1) \end{cases}$$

可以看出，这是一个递归定义。

程序如下：

```
#include <stdio.h>
long fac(int n)
{
    long f;
    if(n<0)  printf("n<0,data error!");
    else if(n==0||n==1)  f=1;
    else f=fac(n-1)*n;
    return(f);
}
main()
{
    int n;
    long y;
    printf("Input a integer number:");
    scanf("%d",&n);
    y=fac(n);
    printf("%d! =%ld",n,y);
}
```

该程序中函数 fac()是一个递归函数。主函数调用 fac()后即进入函数 fac()执行，当 n<0，n=0 或 n=1 时都将结束函数的执行，否则就递归调用 fac()函数自身。由于每次递归调用的实参为 n-1，即把 n-1 的值赋予形参 n，最后当 n-1 的值为 1 时再递归调用，形参 n 的值为 1，将使递归终止。然后可逐层退回。当输入的数为 4 时，程序的执行过程如图 8.3 所示。

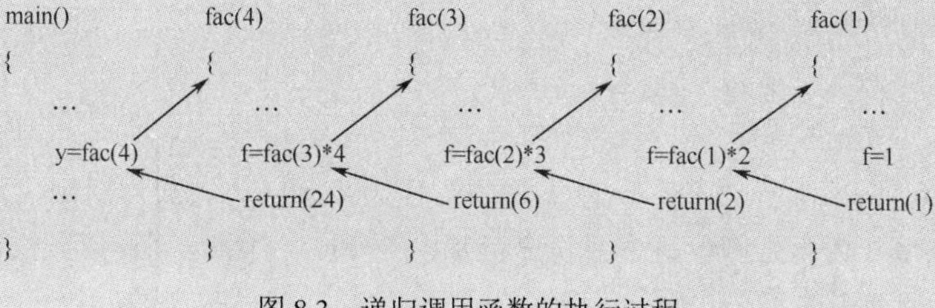

图 8.3　递归调用函数的执行过程

读一读 8.5　求 2～n 之间的完数，利用函数的嵌套调用完成（如果一个数的约数中，小于它本身数值的约数的和等于它本身，则称该数为完数，如 6 的约数有 1、2、3、6，除去它本身 6 外，其余 3 个数相加，1+2+3=6，所以 6 是完数）。

分析：

（1）定义一个函数，判断某数是否为完数。

（2）定义另一个函数，通过调用完数判断函数来求 2～n 之间的完数。

程序如下：

```
#include<stdio.h>
main()
{
    int num;
    void wsh();                /*函数说明*/
    printf("Please input a number:");
    scanf("%d",&num);
    wsh(num);
}
/*调用完数判断函数，求 2～n 之间的完数的函数*/
void wsh(int n)
{
    int i;
    int wf();                  /*函数说明*/
    printf("2～%d Perfect number:\n",n);
    for(i=2;i<=n;i++)
        if(wf(i)==1) printf("%6d",i);
}
/*判断 x 是否为完数的函数*/
int  wf(int x)
{
    int i,s=0;
    int w;
    for(i=1;i<x;i++)
         if (x%i==0)  s+=i;
    if(s==x)  w=1;
    else  w=0;
    return(w);
}
```

函数调用过程：主函数→wsh()→wf()。

读一读 8.6　某工厂生产轿车，1 月份生产 10 000 辆，2 月份产量是 1 月份产量减去 5 000，再翻一番；3 月份产量是 2 月份产量减去 5 000，再翻一番；以此类推。编写一个程序，求出该年一共生产多少辆轿车。

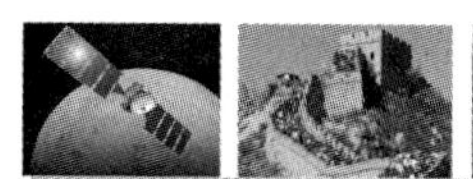

分析：先推出递推公式，设 a1,a2,…,a12 为各月份生产轿车数，则有

$$a1=10\ 000$$
$$a2=2(a1-5\ 000)=2a1-10\ 000$$
$$a3=2(a2-5\ 000)=2a2-10\ 000$$
$$\vdots$$
$$an=2a(n-1)-10\ 000$$

程序如下：

```
#include<stdio.h>
int func(int m)
{
    int z;
    if(m==1) z=10000;
    else  z=2*func(m-1)-10000;
    return z;
}
main()
{
    int m;
    long s=0;
    for(m=1;m<=12;m++)
      s=s+func(m);
    printf("The total number is:%ld\n",s);
}
```

练一练 8.5　求出 1～n 之间的所有素数之和。

编程指导：运用函数的嵌套调用功能，在程序主函数 main()中调用函数 fun1()，进行素数相加；函数 fun1()中又调用函数 fun2()，进行素数的判断。

练一练 8.6　用函数递归调用实现前 n 项的和。

编程指导：推导出如下公式

$$sum(n)=\begin{cases}1, & n=1\\ n+sum(n-1), & n>1\end{cases}$$

8.6　变量的作用域

扫一扫看递归求和程序讲解视频

变量的作用域是指一个变量的有效范围。C 语言中的变量，按其作用域可分为两种：局部变量和全局变量。

8.6.1　局部变量

局部变量也称为内部变量，是指在一个函数或复合语句内定义的变量。局部变量的作用域仅限于定义它的函数或复合语句。本节之前的程序中出现的变量都属于局部变量。

对于局部变量应注意如下 3 点：

（1）形式参数是一种特殊的局部变量。

（2）C 语言允许在不同函数中使用同名变量，它们分别代表不同的含义，互不影响。

（3）在函数内部的复合语句中也可以定义变量，此时变量的作用范围仅在复合语句中有效。

实例 8.8 局部变量的作用域示例。

程序如下：

```
int f1(int a)               /*函数 f1*/
{                           /* a,b,c 在函数 f1 内有效*/
    int b,c;
    …
}
int f2(int x)               /*函数 f2*/
{                           /* x,y,z 在函数 f2 内有效*/
    int y,z;
    …
}
main()                      /*主函数*/
{                           /* m,n 的作用域限于 main()函数内*/
    int m,n;
    …
    f1(m);
    f2(n);
    …
}
```

8.6.2 全局变量

1. 全局变量的定义

全局变量也称为外部变量，是指在任何函数之外定义的变量。其作用域是从变量的定义开始，到整个程序结束。它可被作用域内的所有函数直接引用。定义全局变量的目的就是让多个函数可以共享。

对于全局变量应注意如下两点：

（1）全局变量在其整个范围内均占用内存，增加了内存负担，所以应尽量少使用。

（2）在同一源程序文件中，允许全局变量和局部变量同名。但在局部变量的作用域内，同名的全局变量将被屏蔽而不起作用。

实例 8.9 全局变量的定义和作用域示例。

程序如下：

```
int a, b;          /*定义全局变量 a、b*/
void f1()          /*函数 f1*/
{
```

```
    …
}
float x, y;        /*定义全局变量x、y*/
int f2()           /*函数f2*/
{
    …
}
main()             /*主函数*/
{
    …
}
```

此例中的 a、b、x、y 都是在函数外部定义的变量，所以都是全局变量。但 x 和 y 定义在函数 f1 之后，所以它们在 f1 内无效。a 和 b 定义在源程序最前面，因此在函数 f1、f2 及 main()内都可使用。

2. 全局变量的说明

全局变量的作用域是从定义开始至本程序结束。如果定义之前的函数需要引用这些全局变量，则需要在函数内对被引用的全局变量进行说明。全局变量说明的一般形式为：

```
extern 数据类型 变量表;
```

实例 8.10　全局变量说明示例。

程序如下：

```
#include<stdio.h>
int max(int x, int y)
{
    int z;
    z=x>y?x:y;
    return(z);
}
main()
{  extern int a,b; /*全局变量说明*/
   printf("max=%d",max(a,b));
}
int a=13,b=-8; /*全局变量定义*/
```

a、b 虽是在程序尾部定义，但因在主函数开始的时候已说明，所以能在 main()中使用。程序运行之后 max=13。

注意：全局变量的定义和全局变量的说明是两回事，二者有如下区别：

（1）全局变量的定义必须在所有的函数之外，且只能定义一次。而全局变量的说明出现在要使用该变量的函数内，而且可以出现多次。

（2）由于全局变量在定义时就已分配了内存单元，所以全局变量定义时可以对其赋初始值，如果没有，系统自动置 0 或 NULL。而对全局变量说明时不能赋初始值，只是表明在函数内要使用某全局变量。

读一读 8.7 分析如下程序的运行结果。

程序如下：

```
#include<stdio.h>
int m=10,n=20;
void f(int m,int n)
{
    printf("m=%d,n=%d\n",m,n);
}
main()
{
    int a=30,b=40;
    f(a,b);
    printf("m=%d,n=%d\n",m,n);
}
```

运行结果为：

```
m=30,n=40
m=10,n=20
```

分析：在主函数中调用 f()函数时，将实参 a 和 b 的值 30 和 40 分别传给 f()函数中的形参 m 和 n，此时 m、n 是形参，作用范围为整个 f()函数。虽然 f()函数是全局变量 m 和 n 的作用范围，但是此时局部变量 m、n 优先，即在 f()函数内部所有对变量 m 和 n 的操作只针对局部变量。因而调用 f()函数后输出结果为 m=30,n=40。f()函数调用完毕后，局部变量被释放。程序返回到主函数，输出结果为 m=10,n=20。

练一练 8.7 分析如下程序的运行结果。

程序如下：

```
#include<stdio.h>
int a,b;
int  s()
{
    a=a*a;
    b=b*b;
    return(a+b);
}
main()
{
    int  sum;
    a=2;
    b=3;
    sum=s();
    printf("sum=%d,a=%d,b=%d",sum,a,b);
}
```

分析：注意调用函数 s()后，全局变量 a、b 带回函数中的值的变化。

8.7　变量的生存期

在上一节中，从变量作用域角度将变量分为全局变量和局部变量。也可以从变量值存在的时间（即生存期）角度，将变量分为静态存储变量和动态存储变量。

8.7.1　静态存储变量

在编译时分配存储空间的变量称为静态存储变量。静态存储变量在整个程序运行期间占有固定的存储单元，变量的值始终存在，程序结束后，这部分空间才释放。从上节可以看出，在函数之外定义的变量（即全局变量）都是静态存储变量。而要使函数之内定义的变量（即局部变量）成为静态存储变量，则在变量定义时，前面须加上关键字“static”。例如：

```
static int a=8;
```

局部变量为静态存储变量时，调用函数结束后，变量不消失并且保留原值。

实例 8.11　静态存储变量示例。

程序如下：

```
#include <stdio.h>
int f();
main()
{
   int j;
   for(j=0; j<3; j++)
     printf("%d\n", f());
}
int f()
{
   static int x=0;          /*定义静态存储变量 x*/
   x++;
   return x;
}
```

运行结果为：

```
1
2
3
```

在上述程序中，函数 f()被调用 3 次，由于局部变量 x 是静态存储变量，它在编译时分配存储空间，故每次调用函数 f()时，变量 x 不再重新初始化，保留加 1 后的值，得到上面的输出。

8.7.2　动态存储变量

动态存储变量是在程序执行过程中，使用它时才分配存储单元，使用完毕立即释放。典型的例子是函数的形参，在函数定义时并不给形参分配存储单元，只是在函数被调用时才予以分配，函数调用完毕，立即释放。如果一个函数被多次调用，则反复分配、释放形参变量的存储单元。

动态存储变量有两种：自动（auto）变量和寄存器（register）变量。

1. auto 变量

auto 变量声明的一般格式为：

```
[auto] 类型说明符 变量名[=表达式],…;
```

可以看出关键字“auto”可以省略。C 语言规定，在函数或复合语句内定义的变量，如果定义时未在前面加关键字“static”或“register”，则都是自动变量。例如：

```
{
    int i, j, k;
    char c;
    …
}
```

等价于：

```
{
    auto int i, j, k;
    auto char c;
    …
}
```

说明：

（1）只能将局部变量声明为自动变量，不能将全局变量声明为自动变量。

（2）在函数内的自动变量是函数被调用时才分配存储空间，开始它的生存期。函数调用结束，释放存储空间，结束生存期。因此，函数调用结束之后，自动变量的值不能保留。在复合语句中定义的自动变量，在退出复合语句后也不能再使用，否则将引起错误。

（3）由于自动变量的作用域和生存期都局限于定义它的个体内（函数或复合语句内），因此不同的个体中允许使用同名的变量而不会混淆。即使在函数内定义的自动变量也可与该函数内部的复合语句中定义的自动变量同名。

实例 8.12 自动变量同名示例。

程序如下：

```
#include <stdio.h>
main()
{
    int a, s=20, p=20;
    printf("Please input a number:\n");
    scanf("%d", &a);
    if(a>0)
    {
        int s, p;
        s=a+a;
        p=a*a;
```

```
        printf("s=%d p=%d\n", s, p);
    }
    printf("s=%d p=%d\n", s, p);
}
```

运行结果为：

```
Please input a number:
3
s=6 p=9
s=20 p=20
```

本程序在 main()函数中和复合语句内两次定义了变量 s、p 为自动变量。按照 C 语言的规定，在复合语句内，应由复合语句中定义的 s、p 起作用，故 s 的值应为 a+a，p 的值为 a*a。退出复合语句后的 s、p 应为 main()函数中所定义的 s、p，其值在初始化时给定，均为 20。从输出结果可以分析出两个 s 和两个 p 虽变量名相同，但却是两个不同的变量。

（4）如果自动变量定义时没有初始化，则其值是不确定的。如果初始化，则赋初值操作是在调用时进行的，且每次调用都要重新赋一次初值。

实例 8.13　自动变量与静态存储的局部变量（简称静态局部变量）的比较。

程序如下：

```
#include <stdio.h>
void auto_static(void);
main()
{
    int i;
    for(i=0; i<5; i++)
    auto_static();
}
void auto_static(void)
{
    int var_auto = 1;              /*自动变量*/
    static int var_static = 1;  /*静态局部变量：只初始化 1 次*/
    printf("var_auto=%d, var_static=%d\n", var_auto, var_static);
    ++var_auto;
    ++var_static;
}
```

运行结果为：

```
var_auto=1, var_static=1
var_auto=1, var_static=2
var_auto=1, var_static=3
var_auto=1, var_static=4
var_auto=1, var_static=5
```

从运行结果可以看出，自动变量 var_auto 每次调用都重新初始化为 1，而静态局部变量 var_static 只初始化 1 次。

2. register 变量

前面提到的变量，无论是静态存储变量还是自动变量，都存放在内存中。当对一个变量频繁读写时，必须反复访问内存，从而花费大量的存取时间。为此，C 语言提供了寄存器（register）变量。这种变量存放在 CPU 的寄存器中，使用时不需要访问内存，而直接从寄存器中读写，这样可提高效率。

register 变量声明的一般格式为：

```
register 类型说明符 变量名[=表达式],…;
```

寄存器是与机器硬件密切相关的，不同类型的计算机，寄存器的数目是不一样的，通常为几个。当在一个函数中声明的寄存器变量较多时，C 编译程序会自动地将寄存器变量变为自动变量。由于受硬件寄存器长度的限制，所以寄存器变量只能是 char、int 或指针型。

只能将函数中的变量和形参声明为寄存器变量，不允许将全局变量声明为寄存器变量。常将循环次数较多的循环控制变量及循环体内反复使用的变量声明为寄存器变量。

实例 8.14 寄存器变量实例。

程序如下：

```
#include<stdio.h>
int sum(int n)
{
   register int i,s=0;
   for(i=1;i<=n;i++)
   s=s+i;
   return s;
}
main()
{
   int k;
   scanf("%d",&k);
   printf("%d\n",sum(k));
}
```

本程序循环 k 次，i 和 s 都将频繁使用，因此定义为寄存器变量以提高速度。寄存器变量的作用域局限在相应的函数内部，生存期是相应函数被调用时。

读一读 8.8 分析如下程序的运行结果。

程序如下：

```
#include<stdio.h>
int func(int a)
{
   int b=0;
   static int c=3;
   a=c++,b++;
   return a;
}
```

```
main()
{
    int a=2,i,k;
    for(i=0;i<2;i++)
      k=func(a++);
    printf("%d\n",k);
}
```

运行结果为：

```
4
```

分析：函数 func 中的变量 c 是静态存储变量。第一次调用该函数的时候执行 static int c=3，以后调用时忽略该说明语句，但保留上次 c 的值。

练一练 8.8　分析如下程序的运行结果。

程序如下：

```
#include<stdio.h>
main()
{
    int i,num;
    num=2;
    for(i=0;i<3;i++)
    {
        printf("\nthe num equal %d\n",num);
        num++;
    }
    for(i=0;i<3;i++)
    {
        auto int num=1;
        printf("\nthe internal block num equal %d\n",num);
        num++;
    }
}
```

分析：注意第二个 for 循环中的 num 定义为自动变量类型，每次进入该循环都重新初始化为 1。

8.8　函数的作用范围

在 C 语言中，根据函数能否被其他函数调用，将函数分为内部函数和外部函数，其区别在于作用范围不同。

8.8.1　内部函数

内部函数又称为静态函数，是指只能被本文件函数调用，而不能被其他文件函数调用的函数。为了定义内部函数，需要在函数定义的前面使用关键字 static。其定义的一般格式为：

```
static 数据类型 函数名(形参列表)
{
    声明部分;
    执行部分;
}
```

例如：

```
static int fun1(int a,int b)
{…}
```

此时，函数 fun1 的作用范围仅局限于定义它的文件，在其他文件中不能调用此函数。

8.8.2 外部函数

在定义函数时，如果在函数的最左端加关键字 extern，则表示此函数是外部函数，可供其他函数调用。其定义的一般格式为：

```
extern 数据类型 函数名(形参列表)
{
    声明部分;
    执行部分;
}
```

例如：

```
extern int fun2(int a,int b)
{…}
```

这样函数 fun2 就可以被其他文件调用了。

注意：

（1）外部函数是函数的默认类型，没有关键字 static 声明的函数一般都是外部函数。

（2）通常，当一个源文件函数中调用其他源文件中定义的外部函数时，应对被调用函数用 extern 说明。

实例 8.15 外部函数的应用。

程序如下：

```
/*file1.c 的内容*/
extern float add();
main()
{
    float a,b;
    scanf("%f%f",&a,&b);
    printf("a=%f\nb=%f\ntotal=%f\n",a,b,add(a,b));
}
...
/*file2.c 的内容*/
float add(float x, float y) /*由于函数是外部性质的，因此关键字 extern 可以省略*/
{
```

```
    return(x+y);
}
```

在文件 file1.c 的 main()函数中要调用函数 add ()，而函数 add ()在文件 file2.c 中。因此，在 main()函数的前面用 extern float add (); 来说明，这时，函数 add ()的作用域扩展到 file1.c 文件的末尾。

8.9　函数常见错误及解决方法

在函数的定义和使用过程中，初学者容易犯一些错误，下面总结了一些编程时与函数相关的错误，根据错误现象分析原因并给出解决方法。

示例 1

```
int x,y;
scanf("%d",&x);
y=(int)sqrt(x);
printf("%d %d",x,y);
```

错误现象：系统报错——'sqrt' undefined；assuming extern returning int。

错误原因：使用了库文件但未包含相应的头文件。

解决方法：增加相应的文件包含，即#include<math.h>。

示例 2

```
int f(int a,int b)
void main()
{...}
int f(int a,int b)
{ return a+b; }
```

错误现象：系统报错——'main':not in formal parameter list 等 3 处错误。

错误原因：函数声明末尾未加分号。

解决方法：仔细检查错误提示位置及前后相邻位置，在函数声明最后补加分号。

示例 3

```
int f(int a,int b);
{ return a+b; }
void main()
{...}
```

错误现象：系统报错——found'{'at file scope(missing function header?)2 处错误。

错误原因：函数定义首部末尾加了分号。

解决方法：仔细检查错误提示位置及前后相邻位置，将函数定义首部最后的分号去掉。

示例 4

```
int f(int a,int b)
{ int a;
return a+b; }
```

错误现象：系统报错——redefinition of formal parameter 'a'。

错误原因：将形参又定义为本函数内的局部变量。

解决方法：修改局部变量名，不能与形参同名。

示例 5

```
int f(int a, b)
```

```
{ return a+b; }
```

错误现象：系统报错——' b':name in formal parameter list illegal。

错误原因：类型相同的形参公用了类型说明符。

解决方法：修改形式参数表，每个形参单独给一个类型说明符，不可公用。

示例 6

```
void f(int a)
{ return a*10; }
```

错误现象：系统警告——' f ':'void' function returning a value。

错误原因：从返回值类型为 void 的函数中返回一个值。

解决方法：删除函数体中的 return 语句。

示例 7

```
int f(int a)
{a=a+100; }
```

错误现象：系统警告——'f ':must return a value。

错误原因：有返回值的函数不用 return 指明返回值。

解决方法：增加 return 语句。

示例 8

```
void f(int a[]);
void main()
{ int arr[]={1,2,3};
  f(arr[]);
}
```

错误现象：系统报错——syntax error:']'。

错误原因：与数组形参对应的实参调用形式不对。

解决方法：调用时只需要数组名，形式为 f(arr);。

示例 9

```
int f(int a,int b)
{ void q(void)
    { printf("OK\n"); }
    return a+b;
}
```

错误现象：系统报错——syntax error:missing ';' before'{'。

错误原因：在定义一个函数的函数体内定义了另一个函数。

解决方法：函数不允许嵌套定义，将函数 q 的定义放到 f 函数外面与 f 函数平行定义。

示例 10

```
int a=3;
void f1(void)
{a*=100; }
void f2(void)
{a+=50; }
```

错误现象：系统无报错或警告，但是在不适当的时机改变全局变量会引起混乱，并造成模块之间的强耦合。

错误原因：随意修改全局变量的值。

解决方法：减少全局变量的使用，可以通过参数传递达到多个函数之间的数据传递。

知识梳理与总结

本章在介绍函数定义和调用的基础上，重点介绍了函数间参数的传递方法，同时介绍了变量的作用域、生存期和函数的作用范围。

函数和变量一样，需要先定义后使用；调用函数时要注意被调函数的声明，同时弄清楚如何把函数要加工的数据带入被调函数、如何把被调函数处理后的数据结果带回主调函数。函数参数的传递有两种方式，一种是普通变量作为函数参数，采用的是值传递；另一种是数组名作为函数参数，采用的是地址传递。

在 C 语言中，函数的定义是平行的，不允许进行函数的嵌套定义，即不能在一个函数体中再定义一个新的函数，而函数调用允许嵌套。递归调用是嵌套调用的特例，指一个函数直接或间接地调用该函数本身。

变量的作用域，是指一个变量能够起作用的程序范围，在 C 语言中，根据变量的作用域可以将变量分为局部变量和全局变量。此外，根据函数的作用范围，可以将函数分为内部函数和外部函数。

自测题 8

扫一扫看本自测题答案

一、选择题

1．在一个 C 语言源程序中，main()函数的位置（　　）。

A．必须在所有函数之前　　B．可以在任何地方

C．必须在所有函数之后　　D．必须在固定位置

2．对于 C 语言源程序的函数，下列叙述中正确的是（　　）。

A．函数的定义不能嵌套，但函数调用可以嵌套

B．函数的定义可以嵌套，但函数调用不能嵌套

C．函数的定义和调用均可以嵌套

D．函数的定义和调用均不能嵌套

3．若调用一个函数，且此函数中没有 return 语句，则下列说法中正确的是（　　）。

A．该函数没有返回值　　B．该函数返回若干个系统默认值

C．能返回一个用户所希望的函数值　　D．返回一个不确定的值

4．若已定义的函数有返回值，则以下关于该函数调用的叙述中，错误的是（　　）。

A．函数调用可以作为独立的语句存在　　B．函数调用可以作为一个函数的实参

C．函数调用可以出现在表达式中　　D．函数调用可以作为一个函数的形参

5．普通变量作为实参时，它和对应形参间的数据传递方式是（　　）。

A．地址传递　　B．单向值传递

C．由实参传给形参，再由形参传给实参　　D．由用户指定传递方式

6．若用数组名作为函数调用的实参，传递给形参的是（　　）。

A．数组的首地址　　B．数组中第一个元素的值

C．数组中的全部元素的值　　D．数组元素的个数

7. 关于函数声明，以下不正确的说法是（　　）。

A. 如果函数定义出现在函数调用之前，可以不必加函数原型声明

B. 如果在所有函数定义之前，在函数外部已做了声明，则各个主调函数不必再做函数原型声明

C. 函数在调用之前，一定要声明函数原型，保证编译系统进行全面的调用检查

D. 标准库不需要函数原型声明

8. 函数定义时，形参是整型变量，则函数调用时，实参不可以是（　　）。

A. 整型常量　　B. 字符型常量　　C. 数组名　　D. 整型表达式

9. 以下函数调用语句中，含有的实参个数是（　）。

```
fun(x+y,(e1,e2),fun(xy,d,(a,b)));
```

A. 3　　B. 4　　C. 6　　D. 8

10. 若有函数原型“double f(int,double);”，主函数中有变量定义“int x=1;double m=11.6,n;”，则下列主函数中对f函数的调用错误的是（　　）。

A. n=f(x,m+2);　　B. printf("%lf",f(x+2,23.4));

C. f(x,m);　　D. m=f(x);

11. C语言规定，函数返回值的类型是由（　　）。

A. 调用该函数时系统临时决定的　　B. 在定义该函数时所指定的类型决定的

C. return语句中的表达式类型决定的　　D. 调用该函数时主调函数类型决定的

12. 程序中对fun函数有说明“void fun(void);”，此说明的含义是（　　）。

A. fun函数无返回值

B. fun函数的返回值可以是任意的数据类型

C. fun函数的返回值是无值型的指针类型

D. 指针fun指向一个函数，该函数无返回值

13. 一个源文件中定义的外部变量的作用域为（　　）。

A. 本文件的全部范围

B. 本程序的全部范围

C. 本函数的全部范围

D. 从定义该变量的位置开始到本文件结束

14. C语言中形参的默认存储类别是（　　）。

A. 自动（auto）　B. 静态（static）　C. 寄存器（register）　D. 外部（extern）

15. 在一个C语言源程序文件中，如要定义一个只允许本源程序文件中所有函数使用的全局变量，则该变量需要使用的存储类别是（　　）。

A. extern　　B. register　　C. auto　　D. static

二、填空题

1. C语言函数返回类型的默认定义类型是________。

2. 函数的实参传递到形参有两种方式：________和________。

3. 在一个函数内部调用另一个函数的调用方式称为________。在一个函数内部直接或间接调用该函数本身的调用方式称为________。

4．从变量的作用域来分，变量可以分为________和________。

5．若函数定义为

```
int data( )
{
    float x=3.7;
    return(x);
}
```

则函数返回的值是________。

6．以下程序运行后的输出结果为________。

```
float f(float x,  float y)
{
    x+=1;
    y+=x;
    return  y;
}
main()
{
    float a=1.6, b=1.8;
    printf("%f\n", f(b-a, a));
}
```

7．以下程序运行后的输出结果是________。

```
int a=5;
fun(int b)
{
    static int a=10;
    a+=b++;
    printf ("%d ", a);
}
main()
{
    int c = 20;
    fun(c);
    a+=c++;
    printf("%d\n", a);
}
```

三、编程题

1．用函数实现：从键盘输入一个整数，判断其是否为素数；若是素数，则打印 YES，否则打印 NO。

2．编写程序，求 100 个实数的和及平均值，要求用函数完成。

3．编写一个函数，求 x 的 n 次方的值，其中 n 是整数。

4．编写一个函数，计算 s=1+1/2!+1/3!+⋯+1/n!。

5．编写两个函数，分别求两个整数的最大公约数和最小公倍数，用主函数调用这两个函数，并输出结果。

6．计算 Fibonacci 数列第 n 项的递归函数。

$$F_n=\begin{cases}1, & n=0\\ 1, & n=1\\ F_{n-1}+F_{n-2}, & n>1\end{cases}$$

7．从键盘输入一个字符，如果是整型数据，则进行奇偶数判断；如果是字符，则进行大小写的转换；否则输出其 ASCII 码。

8．编写一个函数，由实参传来一个字符串，统计此字符串中字母、数字、空格的个数，在主函数中输入字符串，并输出上述结果。

9．统计学生成绩，要求输入两名学生 3 门功课的成绩，分别用函数求出：

（1）每名学生的平均分；

（2）每门课程的平均分；

（3）最高的分数所对应的学生和课程。

10．写一个函数，对 3 阶矩阵（以二维数组方式存储）转置。

上机训练题 8

扫一扫看本训练题答案

一、写出下列程序的运行结果

```
1. #include<stdio.h>
   int abc(int u, int v);
   main()
   {
     int a=24,b=16,c;
     c=abc(a,b);
     printf("%d\n",c);
   }
   int abc(int u,int v)
   {
     int w;
     while(v)
     {w=u%v; u=v; v=w; }
     return u;
    }
```

运行结果为：________________

```
2. #include<stdio.h>
   f1(int a, int b)
   {
     a+=a;  b+=b;
     return f2(a,b);
   }
   f2(int a, int b)
   {
    int  c;  c=a*b% 5;
    return  c*c ;
   }
   main()
   {
    int x=3,y=2;
    printf("%d\n", f1(x,y));
   }
```

运行结果为：________________

```
3. #include<stdio.h>
   fun(int x)
   {
     int p ;
     if (x==0||x==1) return(3);
```

```
4. #include<stdio.h>
   long eff(int a)
   {
     switch(a)
     {
```

```
    p=x-fun(x-2);
    return p;
  }
  main()
  {
    printf("%d\n",fun(9));
  }
```

运行结果为：________________

```
      case 0:return(0);
      case 1:
      case 2:return(2);
    }
    printf("g=%d,",a);
    return(eff(a-1)+eff(a-2));
  }
  main()
  {
    long b;
    b=eff(4);
    printf("d=%ld\n",b);
  }
```

运行结果为：________________

```
5. #include<stdio.h>
   void  f(int n)
   {
     int x=5;
     static int y=10;
     if(n>0)
     {
       ++x;
       ++y;
       printf("x=%d,y=%d",x,y);
     }
   }
   main()
   {
     int  m=1;
     f(m);
   }
```

运行结果为：________________

二、编写程序，并上机调试

1．编写程序，将十进制整数 n 转换为二进制数。

2．编写一个函数，计算并输出 k 以内最大的 10 个能被 13 或 17 整除的自然数之和。其中，k 的值由主函数传入。

3．给出年、月、日，编程计算该日是该年的第几天。

4．编写四则运算（加、减、乘、除）的训练程序，要求用函数完成。

5．编写一个递归函数，查找已知数组中是否存在某一数据，若存在则返回其下标值，否则返回 0，在主函数中由键盘输入待查找的数据。

阶段性综合训练 2　打印日历

1．任务要求

由用户输入某一年份，然后可以分月输出当年的年历。例如，输入 2016，则输出 2016 年的年历，如图综 2.1 显示的即为 2016 年的日历。

```
Input year: 2016
==========    year    2016     ==========
***  JAN  ***                                   ***  FEB  ***
 SUN  MON  TUE  WED  THU  FRI  SAT               SUN  MON  TUE  WED  THU  FRI  SAT

                                1    2                  1    2    3    4    5    6
   3    4    5    6    7    8    9                7    8    9   10   11   12   13
  10   11   12   13   14   15   16               14   15   16   17   18   19   20
  17   18   19   20   21   22   23               21   22   23   24   25   26   27
  24   25   26   27   28   29   30               28   29
  31
***  MAR  ***                                   ***  APR  ***
 SUN  MON  TUE  WED  THU  FRI  SAT               SUN  MON  TUE  WED  THU  FRI  SAT

             1    2    3    4    5                                       1    2
   6    7    8    9   10   11   12                3    4    5    6    7    8    9
  13   14   15   16   17   18   19               10   11   12   13   14   15   16
  20   21   22   23   24   25   26               17   18   19   20   21   22   23
  27   28   29   30   31                          24   25   26   27   28   29   30

***  MAY  ***                                   ***  JUNE  ***
 SUN  MON  TUE  WED  THU  FRI  SAT               SUN  MON  TUE  WED  THU  FRI  SAT

   1    2    3    4    5    6    7                               1    2    3    4
   8    9   10   11   12   13   14                5    6    7    8    9   10   11
  15   16   17   18   19   20   21               12   13   14   15   16   17   18
  22   23   24   25   26   27   28               19   20   21   22   23   24   25
  29   30   31                                   26   27   28   29   30
***  JULY  ***                                  ***  AUG  ***
 SUN  MON  TUE  WED  THU  FRI  SAT               SUN  MON  TUE  WED  THU  FRI  SAT

                                1    2                  1    2    3    4    5    6
   3    4    5    6    7    8    9                7    8    9   10   11   12   13
  10   11   12   13   14   15   16               14   15   16   17   18   19   20
  17   18   19   20   21   22   23               21   22   23   24   25   26   27
  24   25   26   27   28   29   30               28   29   30   31
  31
***  SEP  ***                                   ***  OCT  ***
 SUN  MON  TUE  WED  THU  FRI  SAT               SUN  MON  TUE  WED  THU  FRI  SAT

                           1    2    3                                            1
   4    5    6    7    8    9   10                2    3    4    5    6    7    8
  11   12   13   14   15   16   17                9   10   11   12   13   14   15
  18   19   20   21   22   23   24               16   17   18   19   20   21   22
  25   26   27   28   29   30                    23   24   25   26   27   28   29
                                                 30   31
***  NOV  ***                                   ***  DEC  ***
 SUN  MON  TUE  WED  THU  FRI  SAT               SUN  MON  TUE  WED  THU  FRI  SAT

             1    2    3    4    5                                  1    2    3
   6    7    8    9   10   11   12                4    5    6    7    8    9   10
  13   14   15   16   17   18   19               11   12   13   14   15   16   17
  20   21   22   23   24   25   26               18   19   20   21   22   23   24
  27   28   29   30                               25   26   27   28   29   30   31
```

图综 2.1　2016 年日历

2．任务分析

按格式打印日历时，需从以下几个方面进行分析。

1）程序算法分析

整个程序大致可以分为两个主要部分：输入年份和打印该年的日历。所需解决的具体任务如图综 2.2 所示。

（1）打印日历时，为了清楚地知道打印的是哪一年的日历，先打印年份，接着从 1 月至 12 月，分别打印各月份的名称（英文缩写），然后打印星期的名称（英文缩写），最后再打印

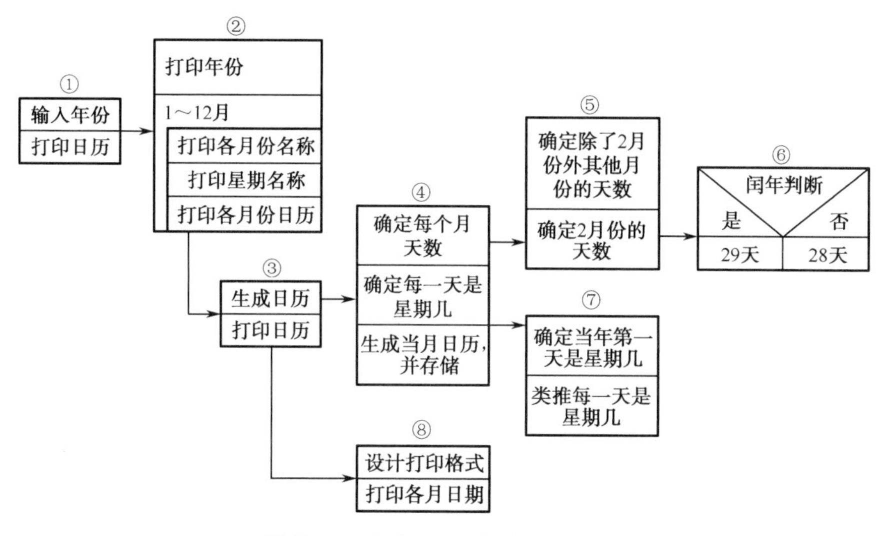

图综 2.2　打印日历所需解决的问题

当月的日历。

（2）要打印某月的日历，首先必须生成当月日历，然后再打印。

（3）生成每个月的日历，需要知道当月有多少天，当月每一天是星期几，然后生成当月日历并保存。

（4）要知道每月有多少天是比较容易的，除了 2 月份外，其他月份的天数都是确定的，关键就是确定 2 月份有几天。

（5）如果当年是闰年，则 2 月份有 29 天，否则为 28 天。

（6）要想确定当月每一天是星期几，需要知道当年第一天是星期几，然后类推，每 7 天一个周期。

（7）设计好输出格式，打印已生成的日历即可。

将图综 2.2 加以综合和细化，最终可以得到整个程序的 N－S 流程图，如图综 2.3 所示。

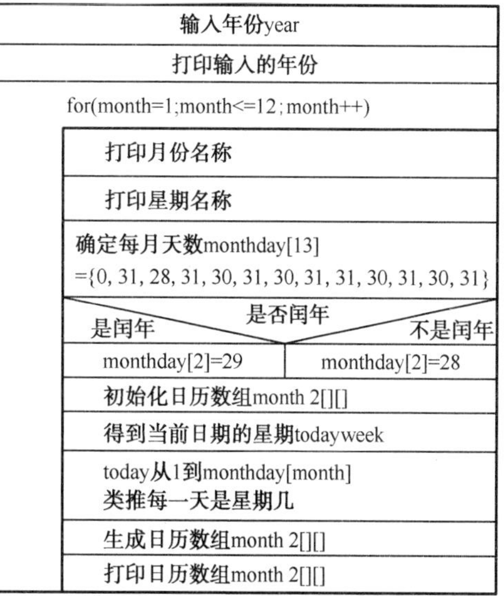

图综 2.3　算法分析 N－S 流程图

2）按功能划分函数

经过上面的分析，发现在这个程序设计中有几个关键部分：

（1）确定每月有多少天，关键是确定当年是否为闰年。

（2）确定每天是星期几，关键是确定当年 1 月 1 日是星期几。在公元日历的编排中，公元元年 0001 年 1 月 1 日是星期一，对于输入的年号 year，year 年的 1 月 1 日是星期几可以用下列公式计算：

$$todayweek=[year+(year-1)/4-(year-1)/100+(year-1)/400]\%7$$

当年第一天是星期几判断出来了，就可以以此推算以后的日子是星期几。

（3）设计数据的存储格式和打印格式。

对于较复杂的程序，可以把功能分解，每个小功能用一个函数实现，使程序的总体结构更加清晰。在这个程序中，应考虑使用以下 4 个函数。

函数 1：int leapyear(int year)，判断 year 年是否是闰年。

函数 2：void print2(int month，int t)，按月打印日历。

函数 3：void calendar(int year)，按月生成日历。

函数 4：main()函数。

3. 任务实施

（1）定义并初始化全局数组。

```
#include <stdio.h>
int  monthday[13]={0,31,28,31,30,31,30,31,31,30,31,30,31};
char  monthname[13][6]={"","JAN","FEB","MAR","APR","MAY","JUNE","JULY",
                         "AUG","SEP","OCT","NOV","DEC" };
char  weekday[8][6]={"SUN","MON","TUE","WED","THU","FRI","SAT","SUN"};
/*定义month_odd[][]存储奇数月的日期，month_even[][]存储偶数月的日期*/
int month_odd[6][7],month_even[6][7];
```

（2）计算输入的年份是否是闰年，是闰年返回 1，否则返回 0。

```
int leapyear(int year)
{
    if((year%4==0)&&(year%100!=0) ||(year%400==0))
        return 1;
    else
        return 0;
}
```

（3）打印连续两个月的日历。

```
void print2(int  month,int  line)
{
    int  i,j,x;
    /*输出日历上相应的月份名称*/
    printf("***  %s  ***           ",monthname[month]);
    printf("                ***  %s  *** \n",monthname[month+1]);
    /*输出日历上的星期名称*/
    for(x=0;x<=1;x++)
    {   for(i=0;i<=6;i++)
            printf("%5s",weekday[i]);
        printf("     ");
    }
    printf("\n");
    /* 输出连续两个月的日历  */
    for(i=0;i<=line;i++)
```

```
    {
        for(j=0;j<=6;j++)
          if(month_odd[i][j]==0)        /*如果奇数月相应的元素值为 0*/
            printf("     ");             /*说明该星期无日子，以 5 个空格代替*/
          else
            printf("%5d",month_odd[i][j]);  /*如果元素的值不为 0，则在相应位置
                                              输出该元素*/
        printf("     "); /*5 个空格*/
        for(j=0;j<=6;j++)
            if(month_even[i][j]==0)
              printf("     ");    /*5 个空格*/
            else
              printf("%5d",month_even[i][j]);
          printf("\n");                 /*输出完一行之后，换行输出下一行 */
    }
}
```

（4）生成输入年的日历。

```
void  calendar(int  year)
{
  int  month;
  int  todayweek,today,i,j;
  int  odd_line,even_line;         /*分别记录奇数月和偶数月的行数*/
  if(leapyear(year))               /* 确定当年 2 月份的天数 */
    monthday[2]=29;
  else
    monthday[2]=28;
  /*确定当年 1 月 1 日是星期几*/
  todayweek=(year+(year-1)/4-(year-1)/100+(year-1)/400)%7;
  /* 输出输入的年份*/
  printf("==========    year    %d    ==========\n",year);
  for(month=1;month<=12;month++)           /* 连续生成 2 个月的日历 */
   {
      today=1;
      odd_line=0;
      for(i=0;i<=5;i++)            /*初始化数组，即清除前一个奇数月的日期数据*/
        for(j=0;j<=6;j++)
          month_odd[i][j]=0;
      while(today<=monthday[month])
       {
         month_odd[odd_line][todayweek]=today;        /*产生奇数月的日历*/
         todayweek++;
         today++;
         if(todayweek==7)
```

```
            {
              todayweek=0;
              odd_line++;
            }
         }
        month++;                    /*月数加 1 */
        today=1;                    /*当月第 1 天*/
        even_line=0;                /*当月第 1 行  */
        for(i=0;i<=5;i++)           /*初始化数组，即清除前一个偶数月的日期数据 */
          for(j=0;j<=6;j++)
            month_even[i][j]=0;
        while(today<=monthday[month])
         {
           month_even[even_line][todayweek]=today;    /*产生偶数月的日历 */
           todayweek++;
           today++;
           if(todayweek==7)
            {
              todayweek=0;
              even_line++;
            }
         }
       if(month%2==0)
         print2(month-1, odd_line>even_line?odd_line:even_line);
         /*调用子函数，将相邻两个月中占用行数最多的传递过去*/
   }
}
```

（5）主函数。

```
main()
{
    int  year;
    printf("Input year: ");
    scanf("%d",&year);
    calendar(year);
}
```

4. 任务拓展思考

在上面打印日历程序的基础上，如果要求将年份放置在正中位置，月份的名称采用全称并放置在本月的中间位置，程序该如何修改？请编写相应的程序。

第9章 指针

扫一扫下载本章教学课件

教学导航

教	知识重点	1. 指针的基本概念，包括定义、初始化、赋值、引用和运算方法 2. 地址、指针和变量的关系； 3. 指针与数组的关系和应用方法； 4. 指针与字符串的关系和应用方法； 5. 指针与函数的关系和应用方法
	知识难点	指针与数组的关系和应用方法
	推荐教学方式	一体化教学：边讲理论边进行上机操作练习，及时将所学知识运用到实践中
	建议学时	10 学时
学	推荐学习方法	课前：复习数组、函数、字符串知识，预习本章将学的知识 课中：接受教师的理论知识讲述，积极完成上机练习 课后：巩固知识点，完成作业，加强编程训练
	必须掌握的知识理论	1. 指针的基本概念和使用方法； 2. 指针与数组、字符串、函数结合的应用方法
	必须掌握的技能	运用指针进行C语言程序编程设计

知识分布网络

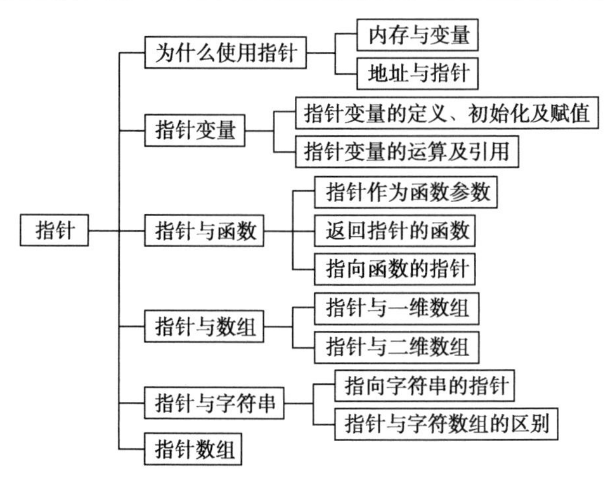

通过前面的学习可以知道，变量在内存中占据了一定的存储空间，可以很方便地通过变量名或者数组元素的访问方式来访问变量的存储空间。数组的使用使得人们不必在程序中定义大量同类型的变量，而且能更好地满足现实中问题的需要。但是，能不能直接从内存空间提取数据避免定义大量的变量和数组呢？为了提高编程的灵活性，C 语言还为人们提供了另外一种访问变量存储空间的方式，那就是指针。

指针是 C 语言中的一个重要概念，是一种构造类型，是 C 语言的一大特点。因此，掌握指针是深入理解 C 语言特性和掌握 C 语言编程技巧的重要环节，也是学习使用 C 语言的难点。正确而灵活地使用指针，可使 C 语言编程具有高度的灵活性和特别强的表达能力，从而使程序简洁、紧凑、高效。

9.1 为什么使用指针

9.1.1 内存与变量

在程序中所定义的变量经过编译系统处理后，给该变量分配相应的存储单元，存储单元所占的字节数由变量的类型决定。通常整型变量占 4 个字节，字符型变量占 1 个字节，实型变量占 4 个字节。

例如，程序中做如下定义：

```
int a,b,c;
```

一般情况下，经编译程序处理后，可能的存储形式如图 9.1 所示。

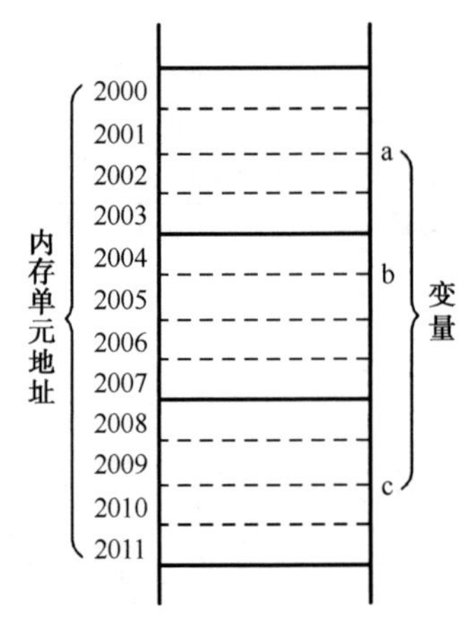

图 9.1 变量 a、b、c 在内存中的存储

由图 9.1 可看出，变量 a、b、c 在内存中分别占 4 个字节存储单元，内存单元地址为 2000～2003 的 4 个字节单元分配给变量 a，2004～2007 的 4 个字节单元分配给变量 b，2008～2011 的 4 个字节单元分配给变量 c。并且以首地址作为变量的地址，也就是说，变量 a、b、c 在内存中的物理地址分别为 2000、2004、2008。一旦为变量分配了存储单元，在程序中对变量的操作实际上就是对内存单元的操作。

例如：

```
a=5,b=6;
c=a+b;
```

以上程序段首先将 5 和 6 分别赋给变量 a 和 b，实际上是将 5 送入 2000～2003 单元，将 6 送入 2004～2007 单元，然后执行“c=a+b;”。实际上是从 2000～2003 单元和 2004～2007 单元中分别取出 5 和 6 进行相加，再将其和送入 2008～2011 单元。其执行情况如图 9.2 所示。

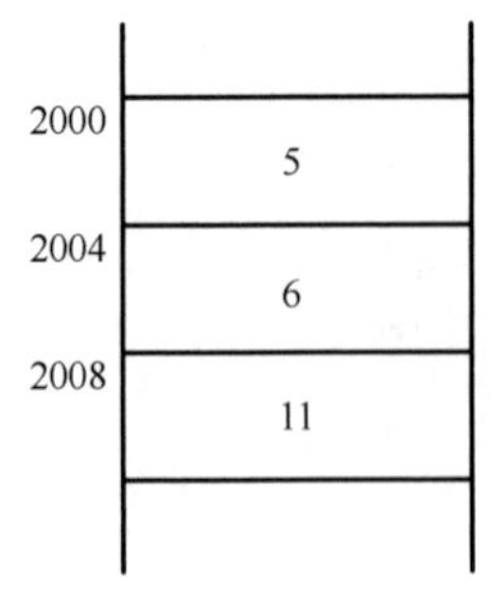

图 9.2 变量 a、b、c 的存取情况

迄今为止，程序中对变量的操作大都采用这种方式，这种按变量地址直接对变量的值进行存取的方法称为“直接访问”方式。

9.1.2　地址与指针

在访问变量时，不是直接按变量的地址取其值，而是将变量的地址存放在另一个存储单元中。要访问某变量时，先访问存放该变量地址的存储单元，再间接访问变量，对变量进行存取操作，这种方式称为“间接访问”方式，如图 9.3 所示。

要访问变量 a，首先得访问变量 p，即从该变量地址 3000 的存储单元中取出 2000，也就是变量 a 的地址，然后通过这个地址，间接访问变量 a。

这里，存放变量 a 的地址的单元，也称其为指向变量 a 的变量，即 p 指向 a，p 叫作指针变量，如图 9.4 所示。指针变量的内容（地址值）称为指针，可以说，指针就是地址，变量的指针就是变量的地址，存放地址的变量，就是指针变量。经编译后，变量的地址是不变的量，而指针变量可根据需要存放不同变量的地址，因此它的值是可以改变的。

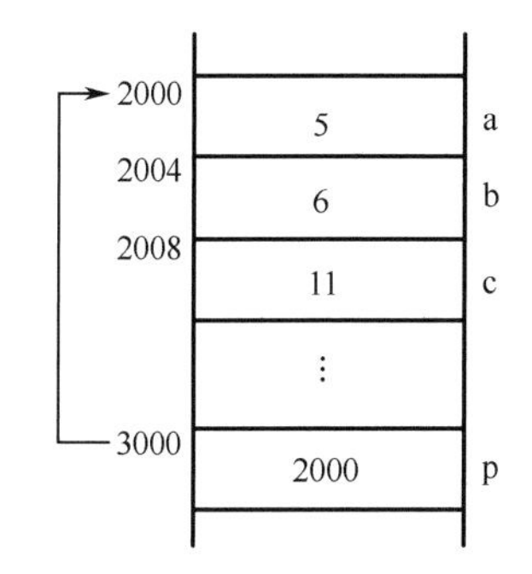

图 9.3　对变量的间接访问

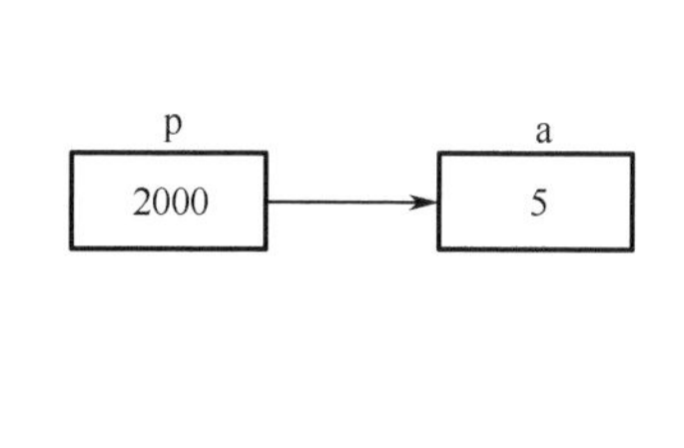

图 9.4　指针变量 p 指向变量 a

9.2　指针变量

9.2.1　指针变量的定义

变量的指针就是变量的地址，如何定义一个指向一个变量的指针变量，如何使指针变量表示它与变量之间的联系呢？可以用运算符“*”来定义指针变量，也可以用“*”表示“指向”关系，来使用指针变量。

指针变量是专门用于存放地址的变量，C 语言将它定义为“指针类型”。指针变量也是一种变量，但该变量中存放的不是普通的数据，而是地址。如果一个指针变量中存放的是某一个变量的地址，那么指针变量就指向那个变量。

定义指针变量的一般格式为：

```
数据类型 * 指针变量名;
```

例如：

```
int a, b, *p1, *p2;
```

定义了两个整型变量 a、b，又定义了两个指针变量 p1、p2（注意不是*p1、*p2），p1、p2 是指向整型变量的指针变量。

说明：

（1）指针变量前面的“*”表示该变量的类型为指针型变量。注意，指针变量名是 p1、

p2，而不是*p1、*p2。

（2）在定义指针变量时必须指定基类型。这是因为基类型的指定与指针的移动和指针的运算（加、减）相关。例如，“使指针移动 1 个位置”或“使指针值加 1”，这个“1”代表什么呢？如果指针是指向一个整型变量，那么“使指针移动 1 个位置”意味着移动 4 个字节，“使指针值加 1”意味着使地址值加 4 个字节；如果指针是指向一个实型变量，同样增加 4 个字节。

（3）一个指针变量只能指向同一类型的变量。例如，下列用法是错误的:

```
int *p;
double y;
p=&y;
```

这是因为所定义的指针变量 p 是一个只能指向整型变量的指针，它不能指向双精度类型的变量 y，即整型指针变量中不能存放其他非整型变量的首地址。

（4）指针变量中只能存放地址，而不能将数值型数据赋给指针变量。例如，下列语句是错误的:

```
int *p;
p=200;
```

这是因为将 200 这个数赋给指针变量 p 以后，如果再对 p 所指向的地址赋值时，实际上就相当于在地址为 200 的内存单元中赋了值，即改变了这个单元中的数据，这就有可能破坏系统程序或数据，因为在这个单元中可能存放的是其他计算机系统程序或数据。

（5）只有当指针变量中具有确定地址后才能被引用。例如，下列用法是错误的:

```
int *p;
*p=6;
```

这是因为虽然已经定义了整型指针变量 p，但在还没有让该指针变量指向某个整型变量之前（即该指针变量中还没有确定的地址），如果对该指针变量所指向的地址赋值，就有可能破坏系统程序或数据，因为该指针变量中的随机地址有可能是系统所占用的。而下列用法是合法的:

```
int *p, x;
p=&x;
*p=20;
```

但下列用法是错误的:

```
int *p=&x, x;
*p=20;
```

这是因为在对指针变量 p 进行初始化（指向变量 x）之前，变量 x 还未定义，即系统还没有为变量 x 分配存储单元。

注意：所谓基类型是指指针变量指向的地址中的数据类型。

9.2.2 指针变量的初始化

指针变量在使用前一定要进行初始化，可以在定义指针的同时对其初始化，初始化的一般形式如下：

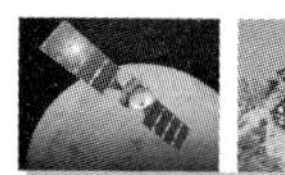

```
数据类型  *指针名=初始地址值;
```

可用运算符“&”求变量的地址。例如：

```
int  a;
int  *p=&a;
```

由于 a 变量已经定义，内存已为它分配了地址&a，所以可以用这个地址去初始化*p。

也可以在定义完指针变量之后再对其赋值初始化。例如：

```
int  b,*p;
p=&b;
```

还可以用已初始化过的指针变量作为另一个指针变量的初值。

```
int  i;
int  *p=&i;
int  *q=p;
```

注意：int *p=&i;是把 i 的地址赋给 p，而*p=i 是把数据 i 赋给 p 指针指向的地址中。

9.2.3　指针变量的赋值

可以用赋值语句使一个指针变量指向一个变量，例如：

```
p1=&a;
p2=&b;
```

表示将变量 a 的地址赋给指针变量 p1，将变量 b 的地址赋给指针变量 p2。也就是说，p1、p2 分别指向了变量 a、b，如图 9.5 所示。

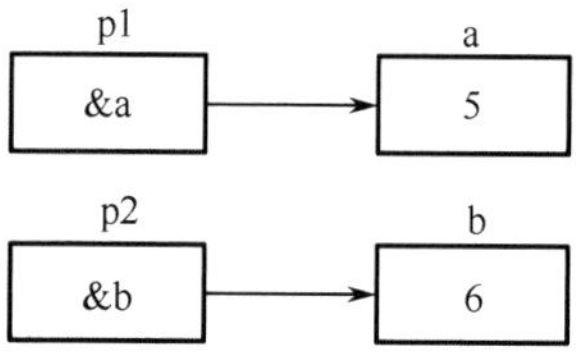

p1: &a → a: 5
p2: &b → b: 6

图 9.5　指针变量 p1、p2 指向整型变量 i、j

也可以在定义指针变量的同时对其赋值，例如：

```
int  a=5, b=6, *p1=&a, *p2=&b;
```

等价于

```
int  a, b, *p1, *p2;
a=5; b=6;
p1=&a; p2=&b;
```

9.2.4　指针变量的运算

在 C 语言中有两个关于指针的运算符：

```
&——取地址运算符;  *——指针运算符
```

取地址运算符“&”可以加在变量和数组元素的前面，其意义是取出变量或数组元素的地址。因为指针变量也是变量，所以取地址运算符也可以加在指针变量的前面，其含义是取出指针变量的地址。

指针运算符“*”可以加在指针或指针变量的前面，其意义是指针或指针变量所指向的内存单元。

实例 9.1　用取地址运算符“&”取变量（包括指针变量）地址。

程序如下：

```
#include  "stdio.h"
main()
```

```
{   int a,*pa;                                  /* 定义整型变量a和指针变量pa */
    pa=&a;                                      /* pa指向a */
    printf("\naddress of a:%p",&a);             /* 输出变量a的地址 */
    printf("\npa=%p",pa);                       /* 输出变量pa的值 */
    printf("\naddress of pa:%p",&pa);           /* 输出指针变量pa的地址 */
}
```

运行结果为：

```
address of a:FFD0
pa=FFD0
address of pa:FFD4
```

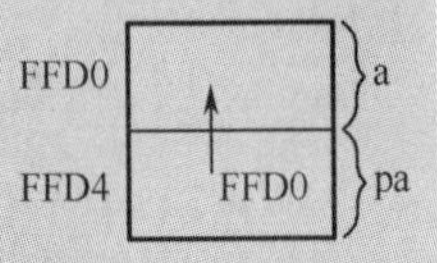

程序运行示意图如图9.6所示。

FFD0	↑	a
FFD4	FFD0	pa

图9.6 取地址运算

9.2.5 指针变量的引用

指针变量提供了一种对变量的间接访问形式。对指针变量的引用格式为：

```
*指针变量
```

实例9.2 定义指针变量，使用指针运算符"*"进行指针变量的引用。

程序如下：

```
#include  "stdio.h"
main()
{  int  i, *p;                      /* 定义整型变量i和指针变量p */
   p=&i;                            /* p指向i */
   *p=3;                            /* 向p指向的内存中存放数据3 */
   printf("i=%d\n",i);
   i=5;                             /* 将5赋给i */
   printf("*p=%d\n",*p);            /* 输出p所指向的内存单元的数据 */
}
```

运行结果为：

```
i=3
*p=5
```

从程序运行的结果看，当指针变量p指向i以后，*p等价于i，即对*p和i的操作效果是相同的，如图9.7所示。

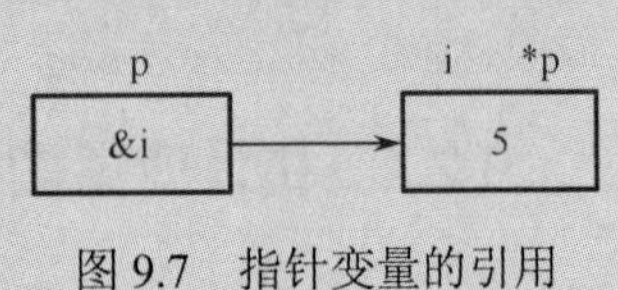

图9.7 指针变量的引用

实例9.3 定义普通变量和指针变量，注意它们之间的关系。

程序如下：

```
#include  "stdio.h"
main()
{  int a;
   int *pa=&a;
   a=10;
   printf("a:%d\n",a);
   printf("*pa:%d\n",*pa);
   printf("&a:%x(hex)\n",&a);
```

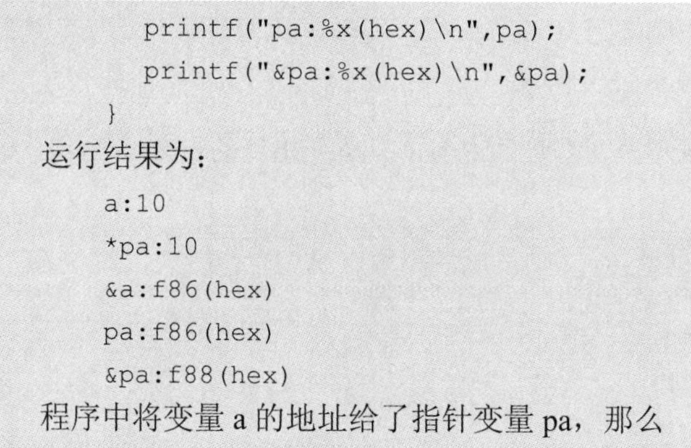

```
    printf("pa:%x(hex)\n",pa);
    printf("&pa:%x(hex)\n",&pa);
}
```

运行结果为：

```
a:10
*pa:10
&a:f86(hex)
pa:f86(hex)
&pa:f88(hex)
```

程序中将变量 a 的地址给了指针变量 pa，那么*pa 就等价于 a，pa 就等价于&a，而&pa 却是指针变量 pa 的地址，如图 9.8 所示。

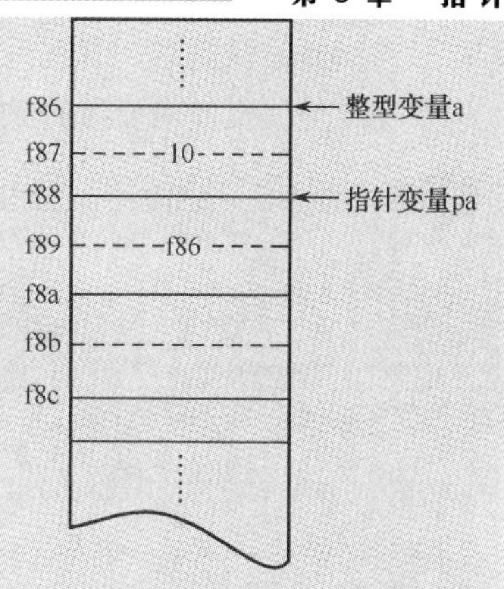

图 9.8　变量和指针变量的关系

读一读 9.1　从键盘输入两个整数，按由大到小的顺序输出。

分析：以前使用两个变量存放两个整数，这里使用指向两个变量的指针处理问题，通过指针引用两个变量。

程序如下：

```
#include  "stdio.h"
main()
{  int *p1,*p2,a,b,t;                 /* 定义指针变量与整型变量 */
   scanf("%d,%d", &a, &b);
   p1 = &a;                           /* 使指针变量指向整型变量 */
   p2 = &b;
   if(*p1 < *p2)
   {  t = *p1;                        /* 交换指针变量指向的整型变量 */
      *p1 = *p2;
      *p2 = t;
   }
   printf("%d,%d\n",a,b);
}
```

在程序中，当执行赋值操作 p1=&a 和 p2=&b 后，指针 p1、p2 指向了变量 a、b，这时引用指针*p1 与*p2，就代表了变量 a 与 b。

运行结果为：

```
3,4
4,3
```

在程序运行过程中，指针与所指的变量之间的关系如图 9.9 所示。

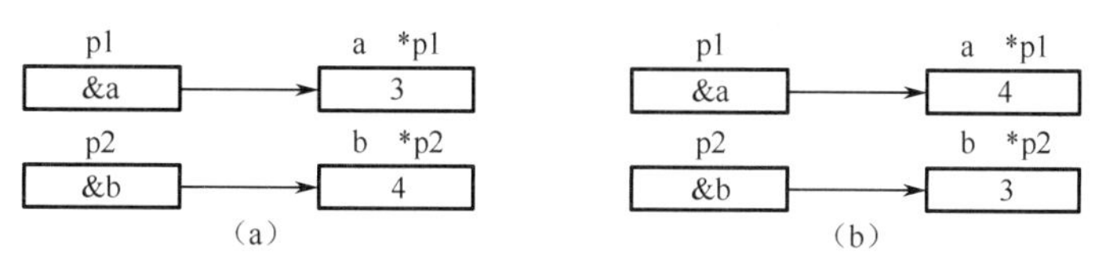

图 9.9　读一读 9.1 的示意图

当指针被赋值后，其在内存的存放如图 9.9（a）所示；在数据比较后进行交换，这时指针变量与所指向的变量的关系如图 9.9（b）所示。

读一读 9.2 修改读一读 9.1，要求不改变变量的内容，只改变指针的指向。

程序如下：

```
#include  "stdio.h"
main()
{  int *p1,*p2,a,b,*t;
   scanf("%d, %d", &a, &b);
   p1 = &a;
   p2 = &b;
   if(*p1 < *p2)
   {  t = p1;                                    /* 指针交换指向 */
      p1 = p2;
      p2 = t;
   }
   printf("%d, %d\n", *p1, *p2);
}
```

运行结果为：

```
3,4
4,3
```

读一读 9.2 的运行结果与读一读 9.1 的运行结果完全相同。在程序运行过程中，实际上存放在内存中的数据没有移动，而是将指向该变量的指针交换了指向，如图 9.10 所示。

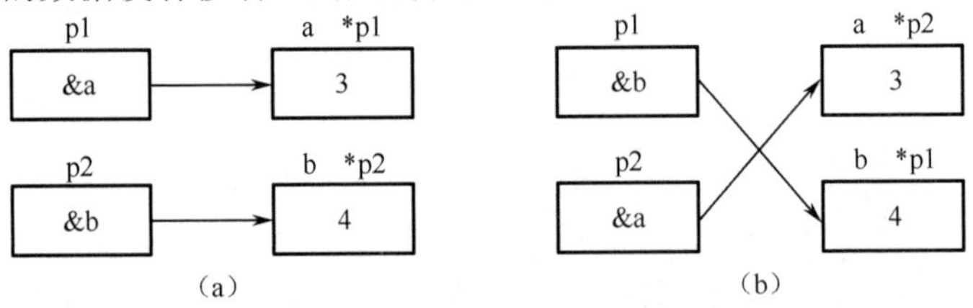

图 9.10　读一读 9.2 示意图

当指针交换指向后，p1 和 p2 由原来指向变量 a 和 b 改变为指向变量 b 和 a，这样一来，*p1 就表示变量 b，而*p2 就表示变量 a。在上述程序中，无论在何时，只要指针与所指向的变量满足 p=&a，就可以将变量 a 以指针的形式来表示。此时 p 等效于&a，*p 等效于变量 a。

练一练 9.1 定义指针变量 p、q、r，让它们先指向变量 a、b、c，再指向变量 d、e、f，最后指向变量 x、y、z，然后输出 p、q、r 与*p、*q、*r。

编程指导：变量 a、b、c、d、e、f、x、y、z 的地址只要定义后就不会变化，把它们分别送给指针变量 p、q、r，只是指针变量 p、q、r 的指向在变化。

练一练 9.2 从键盘输入两个整数，按由小到大的顺序输出。

编程指导：参照读一读 9.1 和读一读 9.2，直接用指针实现。

9.3　指针与函数

9.3.1　指针作为函数参数

在函数之间一般是传递变量的值，但同样可以传递变量的地址，指针类型作为函数的参数就是在函数间传递变量的地址。由于函数获得了所传递变量的地址，因此当子程序调用结束后在该地址空间的数据便被保留了下来。变量的地址在调用函数时作为实参，被调函数使用指针变量作为形参接收传递来的地址。这里实参的数据类型要与作为形参的指针所指对象的数据类型一致。

实例 9.4　利用指针变量作为函数的参数，用子程序的方法再次实现读一读 9.2 的功能。

程序如下：

```
#include  "stdio.h"
main()
{  void chang();                           /* 函数声明 */
   int *p1,*p2,a,b;
   scanf("%d, %d", &a, &b);
   p1 = &a;
   p2 = &b;
   chang(p1, p2);                          /* 子程序调用 */
   printf("%d, %d\n", *p1, *p2);
   return 0;
}
void chang(int *pt1,int *pt2)             /* 子程序实现将两数值调整为由大到小 */
{  int t;
   if(*pt1<*pt2)                           /* 交换内存变量的值 */
   {  t=*pt1;
      *pt1=*pt2;
      *pt2=t;
   }
   return;
}
```

在调用子程序时，实参和形参都是指针变量，实参与形参相结合，调用时将指针变量传递给形参 pt1 和 pt2。但此时传递的是变量地址，使得在子程序中 pt1 和 pt2 具有了 p1 和 p2 的值，指向了与调用程序相同的内存变量，并对其在内存中存放的数据进行了交换，如图 9.11 所示，其效果与读一读 9.2 相同。

注意：指针类型作为函数的参数，实际上在函数间传递的是地址。

9.3.2　返回指针的函数

所谓函数类型是指函数返回值的类型。在 C 语言中允许一个函数的返回值是一个指针（即地址），这种返回指针值的函数称为指针型函数。

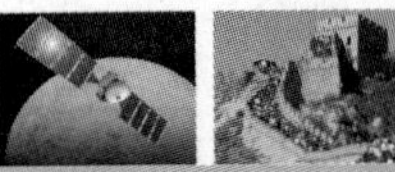

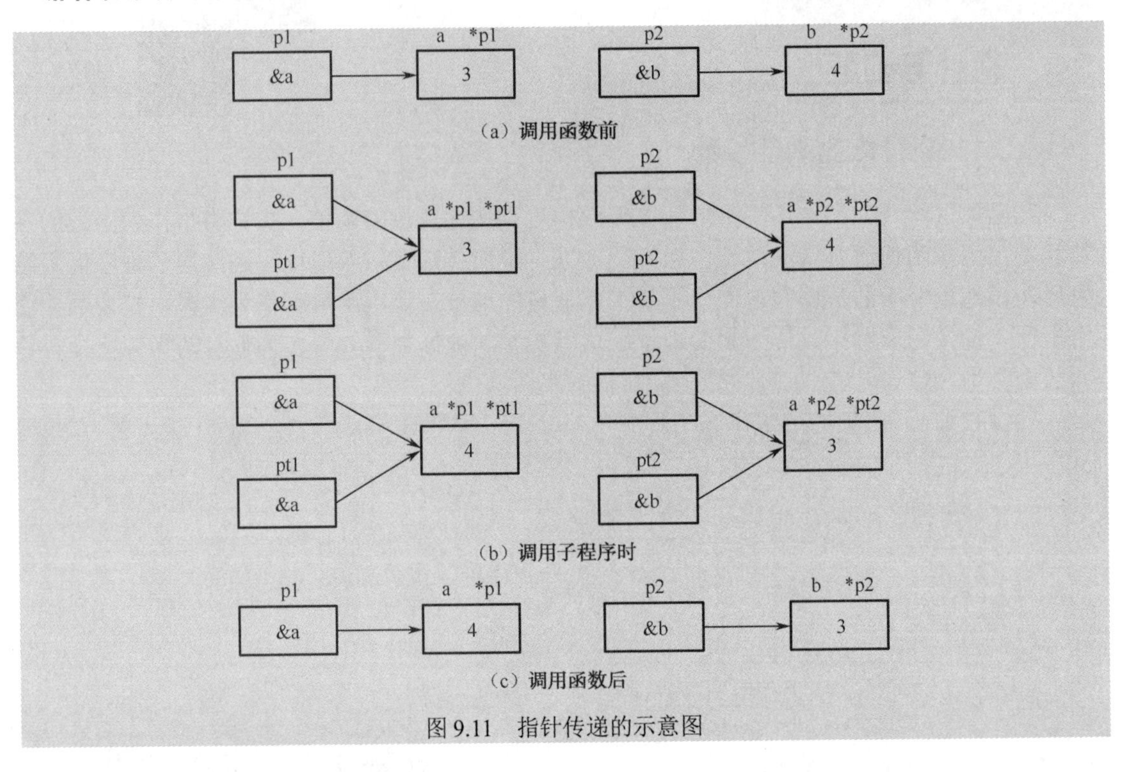

图 9.11　指针传递的示意图

定义指针型函数的一般格式为：

```
类型标识符  *函数名(形参表)
{
        /* 函数体 */
}
```

其中，函数名之前加了“*”，表明这是一个指针型函数，即返回值是一个指针。类型标识符表示了返回的指针值所指向的数据类型。例如：

```
int *fun(int x,int y)
{
    /* 函数体 */
}
```

表示 fun 是一个返回指针值的指针型函数，它返回的指针指向一个整型变量。

实例 9.5　指针型函数的定义和调用示例。通过指针函数，输入一个 1～7 之间的整数，输出对应的星期名。

程序如下：

```
#include  "stdio.h"
main()
{  int i;
   char *day_name(int n);              /* 声明指针型函数 */
   printf("input Day No:\n");
   scanf("%d",&i);
   if(i<0)
```

```
        exit(1);
      printf("Day No:%2d-->%s\n",i,day_name(i));
    }
    char *day_name(int n)               /* 定义一个指针型函数 */
    {  static char *name[ ]={"Illegal day","Monday","Tuesday","Wednesday",
                           "Thursday","Friday","Saturday","Sunday"};
      return((n<1||n>7)?name[0]:name[n]);
    }
```

运行结果为：

```
input Day No:
2
Day No: 2d--> Tuesday
```

该程序定义了一个指针型函数 day_name，它的返回值指向一个字符串。该函数中定义了一个静态指针数组 name。name 数组初始化赋值为 8 个字符串，分别表示各个星期名及出错提示。形参 n 表示与星期名所对应的整数。在主函数中，把输入的整数 i 作为实参，在 printf 语句中调用 day_name 函数并把 i 值传送给形参 n。day_name 函数中的 return 语句包含一个条件表达式，n 值若大于 7 或小于 1，则把 name[0]指针返回给主函数，输出出错提示字符串"Illegal day"；否则返回主函数输出对应的星期名。主函数中的第 8 行是个条件语句，其语义是：如果输入为负数（i<0），则中止程序运行，退出程序。exit 是一个库函数，exit(1)表示发生错误后退出程序，exit(0)表示正常退出。

应该特别注意的是，函数指针变量和指针型函数这两者在写法和意义上的区别。例如，int(*p)()和 int *p()是两个完全不同的量。

（1）int(*p)()是一个变量说明，说明 p 是一个指向函数入口的指针变量，该函数的返回值是整型量，(*p)两边的括号不能少。

（2）int *p()则不是变量说明而是函数说明，说明 p 是一个指针型函数，其返回值是一个指向整型量的指针，*p 两边没有括号。作为函数说明，在括号内最好写入形参，这样便于与变量说明区别。对于指针型函数定义，int *p()只是函数头部分，一般还应该有函数体部分。

9.3.3　指向函数的指针

C 语言中，每个函数在编译时都被分配给一段连续的内存空间和一个入口地址。这个入口地址称为指向函数的指针，简称函数指针。可以用一个指针变量来存储这个指针，称为指向函数的指针变量。通过指针变量可以调用所指向的函数，改变它的值就可以动态地调用不同的函数。

指向函数的指针变量的一般定义形式为：

```
类型说明符  (*指针变量名)();
```

其中，"类型说明符"是指函数的返回值的类型；"(*指针变量名)"表示"*"后面的变量被定义为指针变量；最后的空括号表示指针变量所指的是一个函数。

例如：

```
int (*pf)();
```

表示 pf 是一个指向函数入口的指针变量，该函数的返回值（函数值）是整型。

由于C语言中()的优先级比*高，因此在定义指向函数的指针变量时，“*指针变量名”外部必须用括号，否则指针变量名首先与后面的()结合，就成了前面介绍的“返回值为指针的函数”的说明。

注意：以下两个语句的区别。

```
int (*pf)();    /*定义一个指向函数的指针变量，该函数的返回值为整型数据*/
int *f();       /*定义一个返回值为指针的函数，该指针指向一个整型数据*/
```

实例 9.6 求两数中的较大数。要求定义一个函数指针，让其指向一个函数，然后用函数指针调用此函数。

分析：定义一个函数指针的方法前面已经有说明，这里通过此例掌握如何让一个函数指针指向一个函数，并且调用此函数。

程序如下：

```
#include  "stdio.h"
int  max(int a,int b)
{  if(a>b)
      return a;
   else
      return b;
}
main()
{  int max(int a,int b);
   Int  (*pmax)();                     /* 定义了一个函数指针 pmax */
   int x,y,z;
   pmax=max;                           /* 函数指针指向函数 max */
   printf("input two numbers:\n");
   scanf("%d%d",&x,&y);
   z=(*pmax)(x,y);                     /* 调用函数指针 */
   printf("maxnum =%d",z);
}
```

运行结果为：

```
input two numbers:
2  3
maxnum=3
```

从上述程序可以看出，用函数指针变量的形式调用函数的步骤如下：

（1）先定义函数指针变量，如程序中第10行的“int (*pmax)();”语句定义了pmax为函数指针变量。

（2）把被调函数的入口地址（函数名）赋给该函数指针变量，如程序中第12行的“pmax=max;”语句。

（3）用函数指针变量的形式调用函数，如程序第15行的“z=(*pmax)(x,y);”语句。从此可以看出调用函数的一般形式为(*指针变量名) (实参表)。

读一读 9.3 通过函数调用得到两个整数的最大公约数和最小公倍数。

分析：最小公倍数采用辗转相除法得到，用两数之积除以最小公倍数就得到最大公约数。

程序如下：

```
#include <stdio.h>
int get(int m, int n,int *p);        /*定义*p 指向最小公倍数*/
main()
{  int m,n;
   int gcd,gbd;
   scanf("%d%d", &m, &n);
   gcd=get(m,n,&gbd);                /*将 gbd 的地址传给 p 指针变量 */
   printf("gcd:%d\tgbd:%d\n", gcd,gbd);
}
int get( int m, int n,int *p )
{  int r;
   *p=m*n;
   do                    /*辗转相除法计算出最小公倍数放入 m*/
   {   r = m%n;
       m = n;
       n = r;
    }  while(r);
    *p=*p/m;             /*两数之积除以最大公约数得到最小公倍数*/
    return m;
}
```

运行结果为：

```
15 25（输入）
gcd:5  gbd:75
```

程序说明：子程序中要计算两个结果，最大公约数 gcd 和最小公倍数 gbd，采用一个子程序来完成只能返回一个值。为此，在 get 中定义一个 p 指针形参，让它指向 gbd，这样计算的*p 的结果就存放在 gbd 的地址中，不需要返回值就将结果带回了。同理，可以用指针形参返回多个值到主函数中。

练一练 9.3　输入 3 个整数，按从大到小的顺序输出，要求用函数对其排序（用指针返回多个值到主调函数）。

编程指导：在主程序中输入 3 个整数，定义一个函数对 3 个数进行由大到小的排序，形参定义 3 个指针，主函数调用子函数时实参是 3 个数的地址。

9.4　指针与数组

扫一扫看指针法排序程序代码

在 C 语言的编程中，指针与数组关系密切。变量在内存中存放是有地址的，数组在内存中存放同样也有地址。对数组和数组元素的使用，可以通过指针变量。对数组来说，数组名就是数组在内存中存放的首地址。指针变量既可以指向变量，也可以指向数组和数组元素，

也就是把数组起始地址或某一元素的地址放到一个指针变量中。所谓数组的指针，是指数组的首地址，数组元素的指针是数组元素的地址。

9.4.1 指针与一维数组

1. 一维数组元素的引用

可以用指针来引用一维数组。假设定义一个一维数组，该数组在内存中具有一段连续的存储空间，其数组名就是数组在内存的首地址。若再定义一个指针变量，并将数组的首地址传给指针变量，则该指针就指向了这个一维数组。例如：

```
        int
a[10]={1,2,3,4,5,6,7,8,9,10};
        int *pa=a;
```

首先定义了整型数组 a，系统给数组 a 分配连续的 40 个字节的空间，数组名代表数组的首地址，即 a 是一个指针常量，然后定义指针变量 pa，将 a 赋给 pa，pa 指向数组元素 a[0]，如图 9.12 所示。

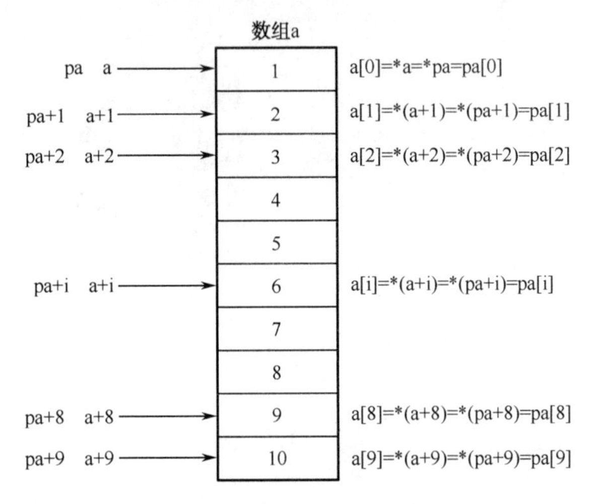

图 9.12 一维数组元素的引用

说明：

（1）pa+i 和 a+i 均指向元素 a[i]。pa、a 指向元素 a[0]，pa+1 和 a+1 则指向元素 a[1]。注意，这里不是将 pa 值做简单的加 1 运算，而是视数组元素类型而定。如果数组元素是整型，则 pa+1 表示 pa 的地址加 4；如果数组元素是实型，则地址加 4；如果数组元素是字符型，则地址加 1。

（2）*(pa+i)和*(a+i)是 pa+i 和 a+i 所指向的元素，即 a[i]，所以 a[i]=*(a+i)=*(pa+i)。

（3）指向数组的指针变量，也可以带下标，如 pa[i]=*(pa+i)=a[i]=*(a+i)。

对一维数组的引用，既可以使用下标法(如 a[2])，也可以使用指针法，即通过指向数组元素的指针找到所需的元素。指针法使目标程序占用内存少，运行速度快。

实例 9.7 假设有一个整型数组 a，有 5 个元素，输出数组中的全部元素。

分析：数组元素的表示方法很多，这里采用下标法、数组名表示的地址法、指针变量表示的地址法和指针法分别表示数组的元素。

（1）下标法。

程序如下：

```
#include <stdio.h>
main()
{   int a[5], i;
    for(i=0; i<5; i++)
        scanf("%d", &a[i]);      /*初始化数组，输入数组各元素值*/
```

```
    for(i=0; i<5; i++)
        printf("%4d", a[i]);     /*下标法访问数组中 i 号元素*/
}
```

运行结果为：

```
1 2 3 4 5 <回车>
1   2   3   4   5
```

（2）数组名表示的地址法。

程序如下：

```
#include <stdio.h>
main()
{   int a[5], i;
    for(i=0; i<5; i++)
        scanf("%d", a+i);        /* a+i 等价于&a[i]，是各元素的地址*/
    for(i=0; i<5; i++)
        printf("%4d", *(a+i));  /*用数组名表示地址的方法表示数组元素*/
}
```

运行结果为：

```
1 2 3 4 5 <回车>
1   2   3   4   5
```

（3）指针变量表示的地址法。

程序如下：

```
#include <stdio.h>
main()
{   int a[5], i,*p=a;
    for(i=0; i<5; i++)
        scanf("%d", p+i);        /* p+i 等价于 a=+i */
    for(i=0; i<5; i++)
        printf("%4d", *(p+i));  /*用指针表示地址的方法表示数组元素*/
}
```

运行结果为：

```
1 2 3 4 5 <回车>
1   2   3   4   5
```

（4）指针法。

程序如下：

```
#include <stdio.h>
main()
{   int a[5], i;
    int *p = a;
    for(i=0; i<5; i++)
        scanf("%d", p++);        /* p 的初值是 a，加 1 指向下一个元素*/
    for(i=0,p=a; i<5; i++)       /* p=a，使 p 重新指向第 1 个数组元素*/
        printf("%4d",*(p++));   /*用指针法表示数组元素*/
```

```
}
```

运行结果为：

```
1 2 3 4 5 <回车>
1  2  3  4  5
```

以上4种方法都可以表示数组的元素，所以数组与指针关系密切，在编程时通常将它们结合使用。

注意：由于单目运算符的优先级都相同，结合性都是从右到左。所以

*(p++)与*p++等价；

++p与(++p)等价，表示p增1，然后取p所指向变量（数组元素）的值；

++*p与++(*p)等价，表示先给p指向变量（数组元素）的值加1，然后再取变量的值；

(*p)++表示先取p指向变量（数组元素）的值，然后使该变量的值加1。

2．将指针变量和数组名作为函数参数的传递方式

指针变量或数组名作为函数的实参和形参，共有4种传递方式。

（1）实参和形参都用数组名。例如：

```
main()                          f(int x[ ], int n)
{                               {
  int a[10];                      …
  …                             }
  f(a,10);
  …
}
```

程序中的实参a和形参x都已定义为数组，传递的是a数组的首地址。a数组和x数组公用一段内存单元，也就是说在调用函数期间，a和x指的是同一个数组。

（2）实参用数组名，形参用指针变量。例如：

```
main()                          f(int *x, int n)
{                               {
  int a[10];                      …
  …                             }
  f(a,10);
  …
}
```

实参a为数组名，形参x为指向整型变量的指针变量，函数开始执行时，x指向a[0]，即x=& a[0]。通过改变x的值可以指向a数组的任一元素。

（3）实参和形参都用指针变量。例如：

```
main()                          f(int *x, int n)
{                               {
  int a[10], *p;                  …
  p=a;                          }
  …
  f(p,10);
```

```
  …
}
```

（4）实参为指针变量，形参为数组名。例如：

```
main()                           f(int x[ ], int n)
{                                {
  int a[10], *p;                   …
  p=a;                           }
  …
  f(p,10);
  …
}
```

实例 9.8　将数组 a 中的 n 个元素按相反顺序存放。

分析：将数组 a 中的 n 个元素按相反顺序存放的算法是将第 1 个元素与倒数第 1 个元素互换，第 2 个元素与倒数第 2 个元素互换，…，直到中间两个元素互换。具体实现可以使用数组下标法，也可以使用指针法，这里采用指针法。

程序如下：

```
void  inv(int *x, int n)                   /* 形参是指针 */
{  int *p, t, *i, *j, m=(n-1)/2;
   i = x;                                  /* 指针 i 指向数组第一个元素 */
   j = x + n - 1;                          /* 指针 j 指向数组最后一个元素 */
   p = x + m;                              /* 指针 p 指向数组中间一个元素 */
   for(;i<=p;i++,j--)
      { t = *i; *i = *j; *j = t; }
   return;
}
#include  "stdio.h"
main()
{  static int i, a[10] = {3,7,9,11,0,6,7,5,4,2};
   printf("the original array:\n");
   for(i=0; i<10; i++)
       printf("%d ", a[i]);
   printf("\n");
   inv(a,10);
   printf("the array has been inverted:\n");
   for(i=0; i<10; i++)
       printf("%d ", a[i]);
   printf("\n");
}
```

运行结果为：

```
the original array:
3  7  9  11  0  6  7  5  4  2
the array has been inverted:
```

```
2  4  5  7  6  0  11  9  7  3
```

函数 inv()也可以用数组名作为形参，大家可以自己试着编写一下相应的程序。

9.4.2 指针与二维数组

1. 二维数组中的指针

二维数组同样也可以用指针来表示，但首先一定要注意二维数组中行优先的原则。下面通过一个具体的例子来理解。

例如，定义一个 3×4 二维数组，并赋初值：

```
int a[3][4]={{1,2,3,4},{5,6,7,8},{9,10,11,12}};
```

下面分析一下这个二维数组中存在的指针（地址）情况，如图 9.13 所示。

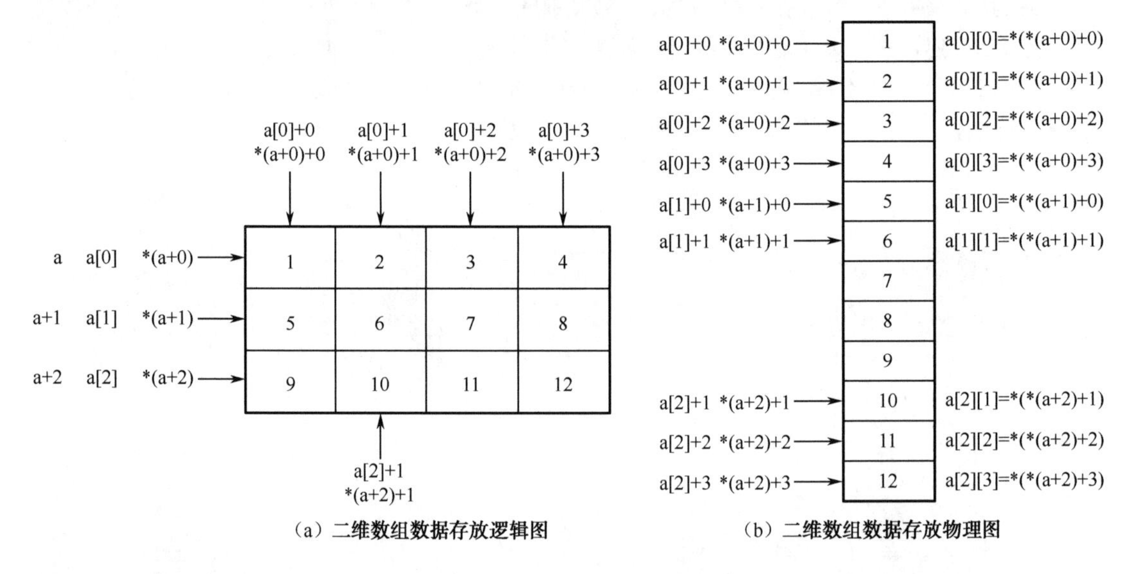

（a）二维数组数据存放逻辑图　　（b）二维数组数据存放物理图

图 9.13　二维数组中的指针

从图 9.13 中可以看出：

（1）数组名 a 和 a[0]及*(a+0)都表示数组的首地址，也是数组第 0 行的首地址，所以有 a=a[0]=*(a+0)=&a[0][0]。

（2）a+1、a[1]和*(a+1)表示第 1 行的首地址，即 a+1=a[1]=*(a+1)=&a[1][0]。同理，第 m 行的首地址为 a+m =a[m]=*(a+m)=&a[m][0]。

（3）第 0 行第 1 列的地址为 a[0]+1 或*(a+0)+1。同理，第 m 行第 n 列的地址为 a[m]+n 或*(a+m)+n，即 a[m]+n=*(a+m)+n=&a[m][n]。

（4）结合地址和指针运算符“*”，可以得到地址法表示的数组元素为 a[m][n]= *(*(a+m)+n)=*(a[m]+n)。

通过上例得出，二维数组名 a 表示的是一个行地址，每次加 1 即移动一行。而 a[i]表示的是一个列地址，每次加 1 即移动一列。二维数组中的行地址和列地址表示方法如表 9.1 所示。

表 9.1　二维数组中的行地址和列地址

类　型	表示形式	含　义	地址运算
行地址	a	二维数组名	a+1 从 a[0]移动到 a[1]，移动一行
列地址	*a	等价于*(a+0)，即 a[0]	*a+1 等价于 a[0]+1，移动一列，即从 a[0][0]指向 a[0][1]
行地址	a+i	等价于&a[i]	指向 i 行的首地址，a+i+1 会移动一行
列地址	*(a+i)	等价于*(a+i)，即 a[i]	*(a+i)+j 等价于 a[i]+j，移动 j 列，即从 a[i][0]指向 a[i][j]
行地址	&a[0]	元素 a[0]的地址	&a[0]+1 从 a[0]移动一行，指向 a[1]
列地址	a[0]	第 1 行数组名，含有两个整型元素 a[0][0]、a[0][1]	a[0]+1，移动一列，即从 a[0][0]指向 a[0][1]
列地址	&a[0][0]	元素 a[0][0]的地址	&a[0][0]+1，移动一列，指向 a[0][1]

注意：二维数组中的行、列地址可以通过相应的运算进行转换，行变列，加“*”号；列变行，加“&”号。如 a+i 和&a[i]都代表行指针常量，*(a+i)、a[i]和&a[i][j]都代表列指针常量。

实例 9.9　有一个 3 行 4 列的二维数组，输入和输出它的各元素。

分析：可以用地址法和指针法表示二维数组的元素，下面用两种方法来分别实现。

（1）地址法。

程序如下：

```
#include  "stdio.h"
main()
{  int a[3][4];
   int i,j;
   for(i = 0; i<3; i++)
      for(j = 0; j<4; j++)
         scanf("%d",a[i]+j);        /* 地址法 */
   for(i = 0; i<3; i++)
   {  for(j = 0; j<4; j++)
         printf("%4d",*(a[i]+j)); /*  *(a[i]+j)是地址法所表示的数组元素  */
      printf("\n");
   }
}
```

运行结果为：

```
1 2 3 4 5 6 7 8 9 10 11 12
1   2   3   4
5   6   7   8
9  10  11  12
```

（2）指针法。

程序如下：

```
#include  <stdio.h>
main()
```

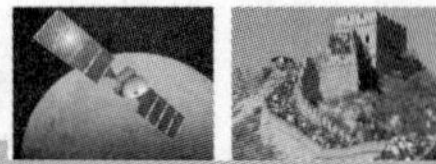

```
{  int a[3][4],*ptr;
   int i,j;
   ptr = a[0];
   for(i = 0; i<3; i++)
      for(j = 0; j< 4; j++)
         scanf("%d", ptr++);                  /* 指针法 */
   ptr = a[0];
   for(i = 0; i<3; i++)
   {  for(j = 0; j<4; j++)
         printf("%4d", *ptr++);
      printf("\n");
   }
}
```

采用指针法实际上就是把二维数组看作展开的一维数组。

2．将二维数组的指针作为参数时的传递

一维数组的地址可以作为函数参数传递，二维数组的地址也可以作为函数参数传递。在用指针变量做形参以接收实参数组名传递的地址时有两种方法。

1）用指向变量的指针

实例 9.10　调用函数显示二维数组元素的值，函数的形参是指针，输出时类似于一维数组的方法。

程序如下：

```
void display(int *pp);
#include "stdio.h"
main()
{  int a[3][4]={{1,2,3,4},{5,6,7,8},{9,10,11,12}};
   display(a[0]);
}
void display(int *pp)                   /*形参使用指向变量的指针变量*/
{  int i,j;
   for(i=0;i<12;i++)
   {  if(i%4==0) printf("\n");
      printf("\t%d",pp[i]);
   }
}
```

程序的第 5 行可以改写为“display(*a);”。

2）指向一维数组的指针变量

实例 9.11　调用函数显示二维数组元素的值。

程序如下：

```
void display(int (*pp)[4]);             /* 函数声明 */
#include "stdio.h"
```

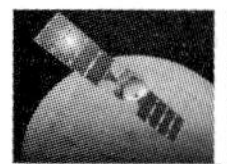

```
main()
{  int a[3][4]={{1,2,3,4},{5,6,7,8},{9,10,11,12}};
   display(a);
}
void display(int (*pp)[4])                 /* 形参使用指向一维数组的指针变量*/
{  int i,j;
   for(i=0;i<3;i++)
   {  for(j=0;j<4;j++)
         printf("\t%d",*(*(pp+i)+j));
      printf("\n");
   }
}
```

读一读 9.4　分析下面程序的运行结果。

程序如下：

```
#include <stdio.h>
main()
{   int a[] = {1, 2, 3, 4, 5, 6};
    int *p = a;
    printf("%d", *p);
    printf(" %d\n", *(++p));
    printf("%d", *++p);
    printf(" %d\n", *(p--));
    p += 3;
    printf("%d %d\n", *p, *(a+3));
}
```

运行结果为：

```
1 2
3 3
5 4
```

程序说明：

（1）指针变量 p 指向 a，也就是数组的第 1 个元素，所以*(++p)表示的是第 2 个元素，同时 p 指向了 a+1。

（2）*++p 时 p 加了 1，指向了 a+2，所以是数组的第 3 个元素。*(p--)时首先表示的还是第 3 个元素，之后 p 减 1，指向 a+1。

（3）p += 3 后，p 指向 a+4，所以这时的*p 是数组的第 5 个元素，而*(a+3)是第 4 个元素。

读一读 9.5　输入 10 名学生的 C 语言课程考试成绩并统计出不及格的人数。

分析：10 名学生的学号和成绩分别存入数组 num[NUM]和 score[NUM]中，用函数 void Input(long *pn,float *pscore,int n)完成两个数组的元素输入，调用形式 Input(num,score,n)，将数组名传递给指针变量，在函数中通过指针访问两个数组的元素。函数 int Find(long num[ ],float score[ ], int n)完成不及格人数的统计，调用形式 fail=Find(num, score,n)，同样

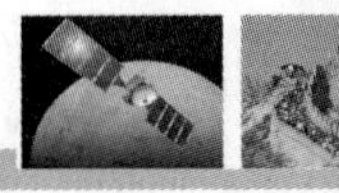

将数组名传递给指针变量。

程序如下：

```
#include  <stdio.h>
#define NUM 30
void Input(long *pn,float *pscore,int n)
{  int i;
   printf("Please enter the number and score:\n");
   for (i=0; i<n; i++)      /*分别以长整型和实型格式输入学生的学号和成绩*/
   {   scanf("%ld%f", pn+i, pscore+i);
   }
}
int Find(long num[],float score[], int n)
{  int  i;
   int count=0;
   for (i=0; i<n; i++)      /*对所有score[i]进行比较*/
      if (score[i] < 60)
      { if (!count)
        printf("Failed student:\n");              /*有不及格学生时输出提示*/
        printf("%ld %5.2f\n",num[i],score[i]); /*不及格学生的学号成绩*/
        count++;
      }
    return count;
}
main()
{  float score[NUM];
   long num[NUM];
   int n;
   int fail=0;                                  /*统计不及格人数*/
   printf("Please enter total number:");
   scanf("%d", &n);
   Input(num,score,n);
   fail=Find(num, score,n);                     /*查询不及格人数*/
   printf(" %d students are fail!\n",fail);
    return 0;
}
```

运行结果为：

```
Please enter total number:5
1 98
2 56
3 75
4 50
5 88
```

```
Failed student:
2 56.00
4 50.00
2 students are fail!
```

读一读 9.6　求解二维数组中的最大值及该值在二维数组中的位置。

分析：二维数组在内存中是按行存放的，假设定义二维数组和指针如下：

```
int a[3][4],* p = a[0];
```

则指针 p 就指向了二维数组。只要知道二维数组的列数，就很容易从指针的变化中计算指针指向的元素所在的行数和列数。本例中二维数组的列数是 4，指针的变化量为 n，则此时指针指向的数组元素的行为 n/4，列为 n%4。

程序如下：

```
#include  <stdio.h>
main()
{  int a[3][4],*p,i,j,max,maxi,maxj;
     /* max 是数组的最大元素，maxi 是最大元素所在行，maxj 是最大元素所在列 */
   for(i = 0; i < 3; i++)
     for(j = 0; j < 4; j++)
       scanf("%d", &a[i][j]);
   p = a[0];                        /* 将二维数组的首地址传递给指针变量 */
   max_arr(p, &max, &maxi, 12);
   maxj = maxi%4;                   /* 每行有 4 个元素，求该元素所在列 */
   maxi = maxi/4;                   /* 求该元素所在行 */
   printf("max=%d,maxi=%d,maxj=%d",max,maxi,maxj);
}
int max_arr(b,p1,p2,n)
int *b,*p1,*p2,n;
     /* b 指向二维数组的指针，p1 指向最大值，p2 指向最大值在一维数组中的位置 */
     /* n 是数组的大小 */
{  int i;
   *p1=b[0]; *p1=0;
   for(i = 1; i < n; i++)           /* 找最大元素 */
     if(b[i]>*p1)
     {  *p1=b[i];
        *p2=i;
     }
}
```

运行结果为：

```
1 2 3 4 5 6 7 8 9 10 11 12
max=12, maxi=2, maxj=3
```

扫一扫看指针法排序程序视频

练一练 9.4　从键盘输入 10 个整数，定义函数将这 10 个整数按由小到大的顺序排列并

输出。

编程指导：可以采用冒泡法或者简单选择法对数组进行排序，数组的输入和输出分别定义在不同的函数中，数组的排序定义一个函数，对数组元素的访问可以采用指针法。

练一练 9.5 求解二维数组中的最小值及该值在二维数组中的行号和列号。

编程指导：仿照读一读 9.6，定义一个指针变量指向二维数组，在函数中查找最小值及其行号和列号。也可以用数组名作为实参，这时需要将最小值返回主函数。

9.5 指针与字符串

9.5.1 指向字符串的指针

C 语言中没有专门存放字符串的变量，字符串可以存放在字符数组中，数组名表示该字符串第一个字符存放的地址，也可以将字符串的首地址赋给一个字符型指针变量，该指针变量便指向这个字符串，也就是说，指针变量可以指向任一字符串的首地址。例如：

```
char  *str;
str="I am a boy";
```

这里 str 被定义为指向字符型的指针变量，然后将字符串" I am a boy "的首地址赋给指针变量 str，通过指针变量名也可以输出一个字符串。

输出字符指针指向的字符串时，有两种方法：一种是一个字符一个字符地输出，即先输出*str，再使 str 增 1，再输出*str，…，直到遇到字符串结束标志'\0'为止。另一种方法是在 printf 调用中使用%s 和指针变量名，如“printf("%s\n", str);”，实际上这仍然是按第一种方法实现的。

实例 9.12 用字符指针处理字符串。

程序如下：

```
#include  "stdio.h"
main()
{  char  *str=" I am a boy ", *str1;
   int  i;
   str1=str;                     /*  str1 指向字符串  */
   printf("%s\n", str);          /*  输出 str 所指向的字符串  */
   for( ;  *str!='\0';)
     printf("%c", *str++);
   printf("\n");
   str1+=7;
   printf("%s", str1);
}
```

运行结果为：

```
I am a boy
I am a boy
boy
```

程序说明：

（1）首先定义指针变量 str，并使其指向字符串“I am a boy”的首地址，即 str 指向 I。

（2）在 for 循环语句中，循环体 printf 中的*str++的作用是先执行*str，输出 str 所指向的当前字符，然后移动指针 str，使其指向下一个字符。

（3）str1 也指向字符串，执行“str1+=7;”后使 str1 指向字符 b，故最后一行 printf 语句应输出字符串"boy"。

9.5.2　指针与字符数组的区别

虽然用字符指针变量和字符数组都能实现字符串的存储和处理，但二者是有区别的，不能混为一谈。

（1）存储内容不同。字符指针变量中存储的是字符串的首地址，而字符数组中存储的是字符串本身（数组的每个元素存放一个字符）。

（2）赋值方式不同。对字符指针变量，可采用下面的赋值语句赋值：

```
char *p;
p = "This is a example.";
```

而字符数组，虽然可以在定义时初始化，但不能用赋值语句整体赋值。下面的用法是非法的：

```
char a[20];
a = "This is a example.";   /*非法用法*/
```

（3）指针变量的值是可以改变的，字符指针变量也不例外；而数组名代表数组的起始地址，是一个常量，而常量是不能被改变的。例如：

```
char a[20] = "This is a example.";
char *p = a;
p++;                          /*正确！p 自增 1，指向下一个字符*/
a++;                          /*错误！a 是常量*/
```

（4）如果定义了一个字符数组，则在编译时为它的所有元素分配有确定地址的内存单元。当定义一个字符指针变量时，只给它分配一个存放地址值的内存单元。但如果未赋初值，则它并未具体指向一个确定的字符数据。例如：

```
char a[20];
scanf("%s", a);
```

是可以的。而下面的用法是错误的：

```
char *p;
scanf("%s", p);
```

尽管有时也能运行，但由于指针变量 p 未指向一个具体的地址，所以很危险。可以修改为：

```
char a[20], *p;
p = a;
scanf("%s", p);
```

这样 p 就有确定值了，等于数组 a 的首地址，然后再输入字符串，它就会存放在确定的内存单元中了。

实例 9.13　用数组实现将字符串 a 复制到字符串 b。

分析：将字符串 a 复制到字符数组 b 中的方法是从 a 中的第 1 个元素开始复制，一直到最后一个元素，但是要注意应将字符串结束的标志也复制到 b 中，否则就会出错。

程序如下：

```
#include "stdio.h"
main()
{  char a[ ] = "I am a boy.";
   char b[20];
   int i;
   for(i=0; *(a+i)!='\0'; i++)    /* 从数组 a 中的第一个元素开始复制数组元素，
                                     直到\0 时结束 */
      *(b+i) = *(a+i);            /* 复制元素 */
   *(b+i) = '\0';                 /* 将字符串结束的标志复制到数组 b 中 */
   printf("string a is: %s\n",a);
   printf("string b is:");
   for(i=0; b[i]!='\0'; i++)
      printf("%c",b[i]);
   printf("\n");
}
```

运行结果为：

```
string a is : I am a boy.
string b is : I am a boy.
```

实例 9.14　使用指向字符数组的指针将字符串 a 复制到字符串 b。

程序如下：

```
#include  "stdio.h"
main()
{  char a[ ]="I am a boy.", b[20], *p1, *p2;
   int i;
   p1 = a; p2 = b;                 /* 指针 p1 指向数组 a，指针 p2 指向数组 b */
   for(; *p1!= '\0'; p1++, p2++)   /* 从数组 a 中的第一个元素开始复制数组元素，
                                      直到\0 时结束 */
      *p2 = *p1;
   *p2 = '\0';                     /* 将字符串结束的标志复制到数组 b 中 */
   printf("string a is: %s\n", a);
   printf("string b is:");
   for(i=0; b[i]!='\0'; i++)
      printf("%c",b[i]);
   printf("\n");
}
```

运行结果为：

```
string a is : I am a boy.
string b is : I am a boy.
```

程序说明：

（1）p1、p2 为指向字符型数组数据的指针变量，执行“p1=a,p2=b;”后，p1、p2 分别指向数组 a 和数组 b。

（2）在 for 循环语句中，通过执行“*p2=*p1;”将数组 a 中第一个元素 a[0]的内容，即字符 I 赋给数组 b 的第一个元素 b[0]。

（3）然后执行“p1++,p2++;”，使 p1、p2 指向下一个元素，直到*p1 的值为'\0'为止，从而完成复制数组 a 中的字符串到数组 b 中。

读一读 9.7　把一字符串中的小写字母转换成大写字母。

分析：定义两个字符数组，a[20]装原句“I Love China!”，b[20]装转换成大写字母后的语句，分别定义两个字符指针指向它们。对小写字母转换为大写字母的方法，只要计算'a'与'A'的差值就可以了。输出 b[20]中的内容（就是转换好的字符串）。

程序如下：

```
#include <stdio.h>
main()
{   char a[20] = "I Love China!";
    char b[20], *pa, *pb;
    pa = a;
    pb = b;
    for(; *pa != '\0'; pa++, pb++)
        *pb = (*pa>='a' && *pa<='z') ? *pa-'a'+'A' : *pa;
    *pb = '\0';
    printf("The string converted:\n%s\n",b);
}
```

运行结果为：

```
The string converted:
I LOVE CHINA!
```

读一读 9.8　用函数调用的方式实现字符串的复制。

分析：用函数来实现字符串的复制，定义 void stringcopy(char *from, char *to)函数，调用时将被复制和存入的字符指针变量作为实参传递给函数的形参就可以了。

程序如下：

```
#include <stdio.h>
void stringcopy(char *from, char *to);
main()
{   char str1[20] = "I am a student.";
    char str2[20], *pstr1,*pstr2;
    pstr1 = str1;
    pstr2 = str2;
    stringcopy(pstr1, pstr2);
    printf("str2=%s\n", str2);
}
void stringcopy(char *from, char *to)
```

```
    {   for(; (*(to)=*(from))!= '\0'; from++, to++);     /*循环体为空语句*/
                 /*先将 from [i]赋给 to[i]，再判断所赋的是不是字符串结束标志'\0'*/
    }
```

运行结果为：

```
    str2= I am a student.
```

练一练 9.6　把一字符串中的大写字母转换成小写字母。

编程指导：定义两个字符数组，一个装转换前的字符串，一个装转换后的字符串。定义两个字符指针指向两个字符数组，采用指针法实现大写字母到小写字母的转换运算。

练一练 9.7　输入一行文字，统计其中字母、空格、数字及其他字符各有多少？

编程指导：将输入的文字存入字符数组中，定义字符指针指向它，移动指针逐个判断字符的类型并存入相应的变量中。

扫一扫看统计字符个数程序讲解视频

9.6 指针数组

一个数组所有元素的值都为指针，则该数组称为指针数组。指针数组是一组指针的集合。指针数组的所有元素都必须是具有相同存储类型和指向相同数据类型的指针变量。

指针数组定义的一般形式为：

```
    类型说明符  *数组名[数组长度];
```

其中，“类型说明符”为指针值所指变量的类型。例如：

```
    int  *pa[3];
```

由于[ ]比*优先级高，pa 先与[3]结合形成 pa[3]，这是一个数组。数组再与前面的*结合。*表示此数组为指针类型。pa 的每个元素值都是一个指针，指向整型变量。称 pa 为整型指针数组。

应当注意指针数组与指向一维数组的指针变量的区别。指向一维数组的指针变量的定义形式为：

```
    类型说明符  (*数组名)[数组长度];
```

例如：

```
    int  (*pa)[3];
```

pa 首先与*结合，表明它是一个指针变量，再与[3]结合，表明该指针变量指向的是一个数组，数组的类型为整型。

指针数组常用来表示一组字符串，这时指针数组的每个元素被赋予一个字符串的首地址。

9.7 指针常见错误及解决方法

在指针的定义和使用过程中，初学者容易犯一些错误，下面总结了一些编程时与指针相关的错误，根据错误现象分析原因并给出解决方法。

示例 1　int *p;
　　　　scanf("%d",p);

错误现象：系统警告——'p' is used uninitialized in this funcion。

错误原因：指针定义后没有初始化，造成对不确定空间的操作。

解决方法：使指针指向能访问的空间，如定义“int a;”，执行“p=&a;”，然后再用 scanf 输入。

示例 2
```
int a;
int *p=&a;
float *q=p;
```

错误现象：系统警告——initialization from incompatible type。

错误原因：赋值时指针类型不匹配。

解决方法：赋值必须在类型一致（void 除外）的指针变量之间进行。

示例 3
```
void f(int *p);
{*p=100;}
 viod main()
{   int a;
    ...
    f(a);
    ...
}
```

错误现象：系统警告——passing argument 1 of 'f' makes pointer from a incompatible pointer type.Expected 'int *' but argument is type 'int'。

错误原因：指针变量作为形参，实参非地址值。

解决方法：根据提示，修改调用方式为 f(&a)。

示例 4
```
int a;
int *p=&a;
*p++;
```

错误现象：系统没有报警或错误提示，但是程序运行具有不确定性。

错误原因：指针指向不确定空间。

解决方法：对没有指向数组的指针进行算术运算没有意义。

示例 5
```
int a[10];
…a++;…
```

错误现象：系统报错——lvalue required as an increment operand。

错误原因：数组名是指针常量，不能改变。

解决方法：增加同类型的指针变量指向数组，然后再移动。

示例 6
```
viod f(int *pa)
{...}
viod main()
{   int a[2][2];
    ...
    f(a);
```

```
    ...
}
```

错误现象：系统警告——passing argument 1 of 'f' makes pointer from a incompatible pointer type.Expected 'int *' but argument is type 'int(*)[3]'。

错误原因：指针变量作为形参，实参不是匹配的类型。

解决方法：二维数组名 a 代表行地址，基类型是 int (*)[3]，而形参要求的是 int *。将行地址转换成列地址，将调用方式改为 f(a[0])。

知识梳理与总结

本章介绍了 C 语言中一个重要的构造类型——指针类型。

指针其实是一个变量的地址，指针变量是专门存放地址的变量。“*”是指针类型说明符。要注意分清指针变量与其所指向的变量之间的关系，如定义“int a ,*p=&a;”，则 p 指向变量 a，即指针变量 p 中存放的是&a，而*p 中存放的是 a。指针变量只能指向定义时所规定类型的变量。指针变量定义后，变量值不确定，应用前必须先赋值。

按变量地址存取变量值是直接访问，通过存放变量地址的变量即指针去访问变量是间接访问。在指针的运算中通常要用到“*”和“&”运算符。

在函数调用中，形参是变量则是传值，形参是指针则是传地址。可以利用函数中定义指针形参的方式使函数返回多个值。指针函数是定义函数为指针，返回的函数值是一个地址。

C 语言规定，数组名表示数组第一个元素的首地址，因此数组名实质上是一个指针常量。可以简单地用指向数组元素的指针变量来表示数组的各元素。注意，数组的下标表示法和指针法的区别。如定义“int a[10],*p=a;”，则 a[i] ⇔ p[i] ⇔ *(p+i) ⇔*(a+i)表示的是同一个元素。二维数组虽然是二维的，但是其在内存中的存储是一维的，所以一样可以用指针表示，但是要注意行地址和列地址的表示方法。

字符串通常存放在字符数组中，所以和数组一样可以用指针表示字符串。

灵活地运用指针来表示数组元素、字符串及函数的参数，可使 C 语言编程具有高度的灵活性和特别强的表达能力，从而使程序简洁、紧凑、高效。

自测题 9

一、选择题

1. 若 x 为整型变量，pb 是基类型为整型的指针类型变量，则正确的赋值表达式是（　　）。

   A．pb=&x;　　B．pb=x; ;　　C．*pb=&x;　　D．*pb=*x;

2. 设“int *p,x,a[5]={1,2,3,4,5};p=a;”，能使 x 的值为 2 的语句是（　　）。

   A．x=a[2];　　B．x =*(p+2);　　C．a++;x=*a;　　D．x=*(a+1);

3. 有以下程序：

```
main()
{   int a=7, b=8, *p, *q, *r;
    p=&a;  q=&b;
```

```
    r=p;  p=q;  q=r;
    printf("%d,%d,%d,%d\n", *p, *q, a, b);
  }
```

程序运行后的输出结果是（　　）。

A．8,7,8,7　　B．7,8,7,8　　C．8,7,7,8　　D．7,8,8,7

4．下列对指针 p 的操作，正确的是（　　）。

A．int *p;*p=2;　　B．int a[5]={1,2,3,4,5},*p=&a;*p=5;

C．int a,*p=&a;　　D．float a[5];int *p=&a;

5．若有说明“int a[]={15,12,-9,28,5,3},*p=a;”，则下面表达中错误的是（　　）。

A．*(a=a+3)　　B．*(p=p+3);　　C．p[p[4]];　　D．*(a+*(a+5));

6．若有下列定义“int a[3],*p=a,*q[2]={a,&a[1]};”，则下面（　　）是正确的赋值语句。

A．p=1;　　B．*p=2;　　C．q=p;　　D．*q=5;

7．若有定义 int s[2][3]，对元素 a[i][j]地址的不正确引用是（　　）。

A．a[i]+j　　B．*a+i*3+j　　C．(a+i)+j　　D．*(a+i)+j

8．有定义“int a[2][3],(*p)[3];p=3;”，对 a 中数组元素值的正确引用是（　　）。

A．*(p+2)　　B．*p[2]　　C．p[1]+1　　D．*(*(p+1)+2)

9．若“char a[7]="program";char *p=a;”，则表达式（　　）能得到字符'o'。

A．*p+2;　　B．*(p+2);　　C．p+2;　　D．p++,*p;

10．设有语句 int a[2][3]，则下面不能表示元素 a[i][j]的是（　　）。

A．*(a[i]+j)　　B．*(*(a+i)+j)　　C．*(a+i*3+j)　　D．*(*a+i*3+j)

二、填空题

1．下面程序的输出结果是______。

```
main()
{  int  a[10]={1, 2, 3, 4, 5, 6, 7, 8, 9, 10},  *p = a;
   printf("%d\n", *(p+2));
 }
```

2．下面语句中的指针 s 所指字符串的长度是______。

```
char  *s="\t\"Name\\Addres\n";
```

3．下面程序的输出结果是______。

```
#include  <stdio.h>
int  a[ ]={2, 4, 6, 8};
main()
{  int  i;  int  *p=a;
   for(i=0;  i<4;  i++)
        a[i]=*p++;
   printf("%d\n", a[2]);
 }
```

4．设有如下程序段：

```
   int  *var, ab;
   ab=100;  var=&ab;  ab=*var+10;
```

执行上面的程序段后，ab 的值为______。

5．设有如下的程序段：

```
char  str[ ]="Hello";  char  *ptr;  ptr=str;
```

执行完上面的程序段后，*(ptr+5)的值为______。

6．以下程序运行后的输出结果是______。

```
main()
{   char a[]="Language", b[]="Programe";
    char *p1, *p2;
    int k;
    p1=a;  p2=b;
    for(k=0; k<=7; k++)
        if(*(p1+k) == *(p2+k))
            printf("%c", *(p1+k));
}
```

7．请阅读以下程序，写出其运行结果______。

```
#include  <stdio.h>
sub(x, y, z)
{  int  x, y, *z;
   *z=y-x;
}
main()
{  int  a, b, c;
   sub(10, 5, &a);  sub(7, a, &b);  sub(a, b, &c);
   printf("%d, %d, %d\n", a, b, c);
}
```

8．下面程序的运行结果是______。

```
#include  <stdio.h>
f(char * s)
{  char  *p=s;
   while( *p!='\0')  p++;
   return(p-s);
}
main()
{  printf("%d\n", f("ABCDEF" ));
}
```

三、编程题

1．输入 5 个整数并存入一维数组，再利用指针变量逆序存入并输出。

2．使用一维数组的指针完成冒泡法排序。

3．应用指针，求 n 个数的最小值和最大值。

4．定义一个有 10 个元素的一维整型数组，采用指针法将其逆序存放，输出变化前后的数组元素。

5．应用指针，求一矩阵中行最大，列最小的元素。

6．有 N 个人围成一圈，顺序编号，从第一个人开始按 1、2、3 顺序报数，凡报到 3 的人退出圈子，然后从出圈的下一个人开始重复此过程。应用指针，输出出圈序列。

7．找出给定单词在一段文字中出现的次数，假定原文中的任意分隔符均不会连续出现。

8．应用指针，编写下列字符串处理函数：

（1）字符串的复制函数。

（2）字符串的连接函数。

上机训练题 9

一、写出下列程序的运行结果

```
1. #include<stdio.h>
   main()
   {  char *s="abcdefg";
      s+=4;
      printf("%s\n",s);
   }
```

运行结果为：________________

```
2. #include<stdio.h>
   #include<string.h>
   int func(char *str)
   {  int num=0;
      while(*(str+num)!='\0') num++;
      return(num);
   }
   main()
   {  char str[10],*p=str;
      gets(p);
      printf("%d\n",func(p));
   }
```

键盘输入 ABCDEFG <回车>，则运行结果为：________________

```
3. #include<stdio.h>
   main()
   {  int a ,k=22,m=44,*p1=&k,
      *p2=&m;
       a=p1=&m;
       printf("%d\n",a);
   }
```

运行结果为：________________

```
4. #include<stdio.h>
   #include  <string.h>
   void  fun(char  *w, int  m )
   {  char  s, *p1, *p2;
      p1=w;
      p2=w+m-1;
      while(p1<p2)
         {s=*p1++;  *p1=*p2--;
          *p2=s; }
   }
   main()
   {  char  a[ ]="ABCDEFG";
      fun(a,strlen(a));
      puts(a);
   }
```

运行结果为：________________

```
5. #include <stdio.h>
   char b[]="ABCDEFG";
   main()
   {  char *chp;
      for(chp=b; *chp; chp+=3)
      {  printf("%s",chp);
         printf("\n");
      }
   }
```

运行结果为：________________

```
6. #include<stdio.h>
   main()
   {  int a[10]={49,33,54,77,17,98,
      69,1698,69,16},*p;
      p=a;
      printf=("%d\n",*p+=2);
      printf=("%d\n",*(p+=2));
      printf=("%d\n",(p+=2)[4]);
   }
```

运行结果为：________________

```
7. #include<stdio.h>
   main()
   {  int x[]={10,21,42,73,84,
      55,62,97,68,39};
      int s,i,*p;
      s=0;
      p=&x[0];
      for(i=0;i<9;i+=3)
        s+=*(p+i);
      printf("sum=%d",s);
   }
```

运行结果为：________________

```
8. #include<stdio.h>
   main()
   {  int a[10]={4,8,12,14,25,36,
      47,78,29,10};
      int *p;
      p=a;
      printf("%d\n",*p);
      printf("%d\n",*(p+9));
   }
```

运行结果为：________________

二、编写程序，并上机调试

1．寻找矩阵的马鞍点。一个矩阵中的元素，若在它所在的行中最小，且在它所在的列中最大，则称为马鞍点。求一个n*m阶矩阵的马鞍点，如果不存在马鞍点则给出提示信息。

2．输入10个整数，将其中最小的数与第一个对换，将最大的数与最后一个数对换。输出交换前后的所有数组元素（根据需要定义函数实现功能）。

3．编写一个函数，计算二维数组对角线之和，并将其作为函数的返回值。

4．将字符串"Happy New Year"存入数组中，然后输出该字符串。

5．编写一个函数，把一个英文句子存储在字符串变量中，并统计其中的单词个数，单词之间用一个空格分隔。

第10章

结构体、联合体与枚举

教学导航

教	知识重点	1. 结构体类型与结构体变量；2. 联合体类型与联合体变量； 3. 链表的建立、插入、删除、输出和查找方法； 4. 枚举类型与枚举变量
	知识难点	结构体、联合体、链表与枚举类型的应用方法
	推荐教学方式	一体化教学：边讲理论边进行上机操作练习，及时将所学知识运用到实践中
	建议学时	6学时
学	推荐学习方法	课前：预习结构体、联合体、链表与枚举类型知识点 课中：接受教师的理论知识讲授，积极完成上机练习 课后：巩固所学知识点，完成作业，加强编程训练
	必须掌握的知识理论	1. 结构体的基本概念和应用方法；2. 联合体的基本概念和应用方法
	必须掌握的技能	能在C语言程序编程设计中灵活运用结构体、联合体、链表与枚举类型

知识分布网络

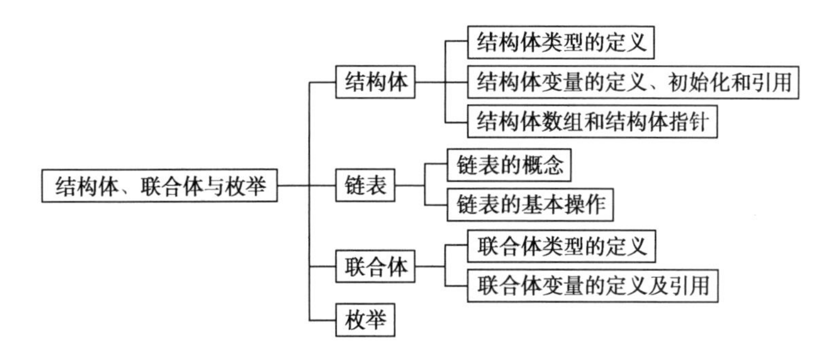

通过前面的学习可以知道，数组是具有相同数据类型的数据所组成的集合体，利用数组可以为程序设计带来很大方便。然而，在 C 语言程序设计中，还常常会遇到一些关系密切而数据类型不同的数据需要结合在一起表征某个对象。例如，描述一名学生，其中的信息包括学号、姓名、性别、年龄、成绩和家庭住址等。每名学生都有一套完整的数据，它们是一个有机的整体，如果分别存放就破坏了它的整体性，而且也不便于数据操作。C 语言提供了一种构造类型数据结构——结构体来解决此类问题，使数据的记录非常方便。

联合体是一种类似于结构体的构造类型数据结构，为了节约内存空间，它允许不同类型和不同长度的数据共享同一存储空间。在程序运行的不同时刻，具有联合体类型的变量所占用的空间，可以保存不同数据类型和不同长度的数据。这些不同类型和不同长度的数据都是从该共享空间的起始位置开始占用该空间的。

10.1 结构体

10.1.1 为什么使用结构体

之前学习过的简单数据类型既可以定义单个变量，也可以定义数组。数组的全部元素都具有相同的数据类型，或者说是相同数据类型的一个集合。

但是要记录一名学生的基本情况，包括学号、姓名、性别、年龄、成绩和家庭住址时，其中各项的类型各不相同，如学号和年龄是整型数据，姓名和家庭住址需要用字符数组表示，性别是字符型数据，成绩是浮点型数据。如果分别用不同的数据来表示这些数据也可以，但不能体现它们是一个整体。那么怎样把一名学生的完整情况用一个简单的结构来表示呢？

结构体（structure）这种构造类型的数据结构就可以很好地表示上面的情况。可以定义一个结构体，将其中的各个成员——包括学号、姓名、性别、年龄、成绩和家庭住址等包含其中，使它们组合起来形成一个结构体变量，共同说明一名学生的信息，在应用时也一目了然。

因此，在 C 语言中结构体类型将若干个类型相同或不同的数据组合成一个有机的集合。

10.1.2 结构体类型的定义

1．结构体类型的定义

用户可以根据具体情况，自己定义一种新的结构体类型，只要结构体类型名不同，就是不同的数据类型。

结构体类型定义的一般格式为：

```
struct  结构体类型名
{ 类型 1  成员 1;
  类型 2  成员 2;
  ...
  类型 n  成员 n;
} ;
```

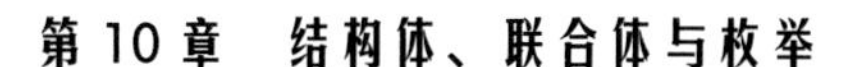

例如，定义一个结构体 struct student 类型：

```
struct student
{  int   num;            /* 学号 */
   char  name[20];       /* 姓名 */
   char  sex;            /* 性别 */
   int   age;            /* 年龄 */
   float  score;         /* 成绩 */
   char  addr[30];       /* 住址 */
};
```

其中，struct 是关键字，不能省略。student 是定义的结构体类型名。下面花括号中的若干个变量，称为结构体的“成员”（member）或“分量”。每个成员分别代表所描述对象的一个属性，各成员的类型可以相同也可以不同。

注意：结构体类型的定义必须以分号结束，这个分号不能省略。定义结束后，“struct 结构体类型名”就作为一种新类型名。

2. 结构体的嵌套

结构体类型的定义可以嵌套，在定义结构体类型时，其中的一个成员可以是另一个已经定义过的结构体。例如：

```
struct date                   /* 日期结构 */
{  int month;                 /* 月 */
   int day;                   /* 日 */
   int year;                  /* 年 */
};
struct student
{  int num;                   /* 学号 */
   char name[20];             /* 姓名 */
   char sex;                  /* 性别 */
   int age;                   /* 年龄 */
   struct date birthday;      /* 成员是另一个结构体变量 */
   char addr[30];             /* 住址 */
} student1, student2;
```

变量 student1 和 student2 的内部存储情况如图 10.1 所示。

num	name	sex	age	birthday			addr
				month	day	year	

图 10.1　变量 student1 和 student2 的内部存储情况

注意：结构体在有些资料中被称为“结构”。

3. 用 typedef 为结构体类型起别名

C 语言中提供了用 typedef 为一个定义的构造类型起一个别名的方法，使构造的类型名更加简便，但并不是产生新类型。

可以用两种方式定义类型别名。

（1）先定义结构体类型，再为这种类型定义一个别名。

```
typedef 原类型名 新类型名
```

例如：

```
struct date
{  int month;
   int day;
   int year;
};
typedef  struct date date;    /* date 成为 struct  date 的别名*/
```

给 struct date 起别名 date 后，date 就代表了 struct date，后面就可以直接用 date 类型去定义新变量，书写简便多了。

（2）在定义结构体类型的同时给出其别名。

例如：

```
typedef struct date
{  int month;
   int day;
   int year;
} date;        /* 这里的 date 成为了 struct  date 的别名*/
```

用 typedef 进行类型别名的命名在结构体中较为常见，起过别名后，就可以只用别名代表新定义的类型名，而不需要用 struct+类型标识符的组合，使用起来更加简便。

10.1.3　结构体变量的定义、初始化和引用

1．结构体变量的定义

用户可以使用自己定义的或是他人提供的结构体类型来定义变量。结构体类型变量的定义与其他类型变量的定义是一样的。

使用结构体变量前，要先定义该结构体类型，再定义结构体变量，然后才能对结构体变量进行操作。结构体类型变量的定义形式灵活多样，分别有以下 3 种。

（1）先定义结构体类型，再定义结构体类型变量。

例如：

```
struct stu                 /* 定义学生结构体类型 */
{  int num;                /* 学号 */
   char name[20];          /* 学生姓名 */
   char sex;               /* 性别 */
   float score[3];         /* 3 科考试成绩 */
};
struct stu stu1,stu2;   /* 定义结构体类型变量 */
```

首先定义了一种新的数据类型 struct stu，或称为结构体 stu 类型。这种类型的变量共有 4 个成员（或分量）。然后定义了 2 个 struct stu 类型的变量，分别是 stu1 和 stu2。stu1 和 stu2 在内存中各占用 37 字节的内存空间。其结构体变量的存储情况如图 10.2 所示。

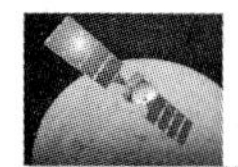

	num	sex	name	score
stu1	4字节	1字节	20字节	12字节

	num	sex	name	score
stu2	4字节	1字节	20字节	12字节

图 10.2　结构体变量的存储情况

（2）定义结构体类型的同时定义结构体类型变量。

例如：

```
struct student
{  int num;                /* 学号 */
   char name[20];          /* 姓名 */
   char sex;               /* 性别 */
   int age;                /* 年龄 */
   char addr[30];          /* 住址 */
}stu1, stu2;
```

也可以再定义如下变量：

```
struct student stu3;
```

用此结构体类型，同样可以定义更多的该结构体类型变量。

（3）直接定义结构体类型变量。

例如：

```
struct
{  int num;                    /* 学号 */
   char name[20];              /* 学生姓名 */
   char sex;                   /* 性别 */
   float score[3];             /* 3 科考试成绩 */
} person1, person2;            /* 定义该结构体类型变量 */
```

可以看到，这里省略了结构体名。用此方法虽然比较简洁，但是此法由于无法记录该结构体类型，因此除直接定义外，不能再定义该结构体类型变量。

关于结构体类型及其变量的几点说明：

（1）结构体类型与结构体变量是两个不同的概念，其区别如同 int 类型与 int 型变量的区别一样。

（2）结构体类型中的成员名，可以与程序中的变量同名，它们代表不同的对象，互不干扰。

（3）结构体的成员可以是简单变量、数组、指针及结构体变量。

注意：一个结构体变量占用的内存空间至少是该结构体所有成员占据内存的总和。

2. 结构体变量的引用

对结构体变量进行操作时，除了可以对相同类型的结构体变量进行整体赋值外，不可以对一个结构体变量进行整体赋值。要对一个结构体变量进行操作，其引用的格式为：

```
结构体变量名.成员名
```

其中，“.”是“成员运算符”（分量运算符），它在 C 语言中的运算优先级别是最高的，结合性为从左到右。结构体变量的引用方法分为以下 3 种情况。

（1）不能将一个结构体变量作为整体来引用，只能引用其中的成员。

若定义的结构体类型及变量如下：

```
struct date
{  int year;
   int month;
   int day;
} time1,time2;
```

则变量 time1 和 time2 各成员的引用形式为：

```
time1.day=20;     time2.day=30;
time1.month=2;    time2.month=6;
time1.year=2015;   time2.year=1997;
```

可见，结构体变量的一个成员相当于一个简单变量，对结构体成员完全可以像操作简单变量一样操作它。

（2）当成员是另一个结构体变量时，要逐级引用成员。

例如，定义了一个结构体类型 student，其中有一个成员为结构体 date 类型。

```
struct date                 /* 日期结构 */
 {  int month;              /* 月 */
    int day;                /* 日 */
    int year;               /* 年 */
 };
struct student
 {  int num;                /* 学号 */
    char name[20];          /* 姓名 */
    char sex;               /* 性别 */
    int age;                /* 年龄 */
    struct date birthday;     /* 成员是另一个结构体变量 */
    char addr[30];          /* 住址 */
 } student1, student2;
```

可以这样引用：student1.num;
student1.name;
student1.birthday.month;
student1.birthday.day;
student1.birthday.year;

（3）把结构体变量作为一个整体来访问，只有两种情况可以整体访问结构体。

① 结构体变量整体赋值，例如： student2=student1;

② 取结构体变量地址，例如： printf("% x", &student1);   /* 输出 student1 的地址 */

实例 10.1 输入今天的日期，然后输出该日期。

程序如下：

```
#include  "stdio.h"
```

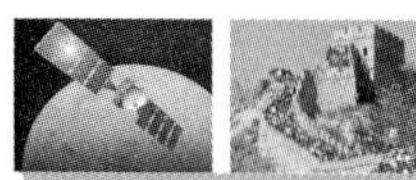

```
main( )
{   typedef struct date      /*在函数中定义结构体类型 date*/
    {  int year, month, day;
    } date;
    date today;
    printf("Please input today date:");
    scanf("%d.%d.%d", &today.year, &today.month, &today.day); /*输入日期*/
    printf("Today:%d-%d-%d\n", today.year, today.month, today.day);
                                                              /*输出日期*/
}
```

运行结果为：

```
Please input today date:2015.8.20<回车>
Today:2015-8-20。
```

注意：出现在运算符“.”前面的一定要能解释为一个结构体变量或是一个类型为结构体的成员名。

3. 结构体变量的初始化

和其他类型变量一样，结构体变量可以在定义时指定初始值，格式与一维数组相似：

```
struct 结构体类型名 结构体变量 = {初始化值};
```

与数组的初始化类似，结构体变量只能对外部和静态结构体变量初始化。初始化数据之间要用“,”隔开，不进行初始化的成员项要用“,”跳过。

例如，定义一个结构体类型变量 student 并初始化。

```
struct stu                  /* 定义学生结构体类型 */
{  long num;                /* 学号 */
   char name[20];           /* 学生姓名 */
   char sex;                /* 性别 */
   float score[3];          /* 3 科考试成绩 */
};
struct stu student={201601,"liuling",'f', 95.5,92,97.5};
```

结构体类型变量完成初始化后，各成员的值分别为：student.num =201601，student.name= "liuling"，student.sex='f '，student.score[0]=95.5，student.score[1]=92 和 student.score[2]=97.5。

对于结构体变量的初始化需要注意以下几点：

（1）初始化数据之间用逗号隔开。

（2）初始化数据的个数一般与成员的个数相同，若小于成员个数，则剩余的成员将被自动初始化为 0 或空。

（3）初始化数据的类型要与相应成员的类型一致。

（4）不能对结构体类型中的各成员进行初始化赋值，只能对结构体变量中的各成员进行初始化赋值。

实例 10.2 定义一名学生的结构体变量，对其初始化后并打印出来。

程序如下：

```
#include  <stdio.h>
```

```
struct student
{  int num;
   char name[10];
   char sex;
   int age;
   char addr[40];
}stu1={1001,"Sushan",'M',21,"326 Shanxi Road"};
main( )
{  printf("num:%d\nname:%s\nsex: %c\n" ,stu1.num, stu1.name, stu1.sex);
   printf("age:%d\naddr:%s\n",stu1.age,stu1.addr);
}
```

运行结果为：

```
num:1001
name: Sushan
sex:M
age:21
addr: 326 Shanxi Road
```

实例 10.3 使用结构体类型，输出一年 12 个月的英文名称及相应天数。

分析：月份的名称用字符数组存放，天数用一个变量存放，将需要输出的这两个量定义为一个结构体，方便应用。

程序如下：

```
#include <stdio.h>
struct date
{  char month[10];
   int daynumber;
}
void main( )
{  int i;
   date a[12]={{"January",31},{"February",29},{"March",31},
              {"April",30},{"May",31},{"June",30},{"July",31},
              {"August",31},{"September",30},{"October",31},
              {"November",30},{"December",31}};
   for(i=0;i<12;i++)
      printf("%2d 月:%10s%d\n",i+1,a[i].month,a[i].daynumber);
}
```

运行结果为：

```
1 月: January    31
2 月: February   29
3 月: March      31
4 月: April      30
5 月: May        31
6 月: June       30
```

```
7月: July      31
8月: August    31
9月: September 30
10月: October   31
11月: November  30
12月: December  31
```

10.1.4 结构体数组

结构体数组是指每个数组元素都具有相同结构体类型的数组。在实际应用中，经常用结构体数组来表示具有相同数据结构的一个群体。如一个班的学生档案，一个车间职工的工资表等。

1. 结构体数组的定义

结构体数组的定义与结构体变量定义类似，只是将结构体变量名改为结构体数组变量名。例如：

```
struct student
{   int num;
    char name[20];
    char sex;
    int age;
    float score;
}stu[30];
```

定义了一个数组 stu，其元素为 struct student 类型数据，共有 30 个数组元素，每个数组元素有 5 个成员。

2. 结构体数组的初始化

结构体数组的初始化，实际上是对数组中的每一个元素进行初始化，也就是对数组元素的每一个成员初始化。例如：

```
struct student
{    int num;
     char name[20];
     char sex;
     int age;
     float score;
}stu[3] = {{1001," Sunmei",'M',20,75}, {1002,"Zhanghua",'F',19,86.5},
           {1003,"Hehui",'M',19,94}};
```

定义数组 stu 时，可以省略数组的长度，即写成以下形式：

```
stu[] = {{…}, {…}, {…}, {…}, {…}};
```

系统会根据内层“{}”的个数来确定数组元素的个数。

3. 结构体数组元素的引用

结构体数组元素的引用和其他数组元素的引用类似，当引用结构体数组中某个元素时，

同样是数组名加上此元素的下标，不同的是结构体数组的每个元素是一个结构体变量，因此还要遵循引用结构体变量的规则。其一般形式为：

```
数组名[下标].成员名
```

例如：stu[1].num = 1002;

该语句给 stu 数组的 1 号元素的 num 成员赋值 1002。

实例 10.4 计算一个班学生的 3 门课程的平均成绩，并输出该班学生姓名及平均成绩。

程序如下：

```
#include <stdio.h>
#define SIZE 100
struct  student
{   char name[16];
    int grade[3], average;
};
main()
{   int i, j, num;
    struct student stu[SIZE];
    printf("Please input the number of students:");
    scanf("%d", &num);
    for(i=0; i<num; i++)
    {   printf("Please input name:");
        scanf("%s", stu[i].name);
        printf("Please input the grades(3):");
        for(j=0,s=0; j<3; j++)
        {   scanf("%d", &stu[i].grade[j]);
            s += stu[i].grade[j];
        }
        stu[i].average = s/3;
    }
    for(i=0; i<num; i++)
        printf("%-10s %4d\n", stu[i].name, stu[i].average);
}
```

运行结果为：

```
Please input the number of students:3<回车>
Please input name:Zhanghua<回车>
Please input the grades(3):90 78 89<回车>
Please input name:Weixiao<回车>
Please input the grades(3):98 85 76<回车>
Please input name:Hehui<回车>
Please input the grades(3):87 88 76<回车>
Zhanghua  85
Weixiao   86
Hehui     83
```

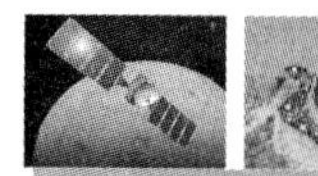

程序中定义了结构体数组 stu，它有 SIZE（=100）个元素，每个元素都含 3 个成员：字符数组 name（保存姓名）、整型数组 grade（保存 3 门课的成绩）和整型变量 average（保存平均成绩）。程序中的 stu[i].grade[j]是引用数组 stu 的 i 号元素的 grade 成员的 j 号元素，即存取第 i+1 个学生的第 j+1 门课的成绩。

程序运行时，先输入学生人数，然后依次输入每名学生的姓名、3 门课的成绩。程序将计算 3 门课的平均成绩。最后输出每名学生的姓名和平均成绩。

10.1.5　结构体指针

指针（指针变量）可以指向整型变量和整型数组，当然指针（指针变量）也可以指向结构体类型的变量，结构体类型的变量和数组的指针操作有其特殊性。

指向结构体变量的指针称为结构体指针，其定义方式如下：

```
结构体类型名  *指针变量名
```

通过结构体指针访问结构体成员的方式为：

```
结构体指针 -> 结构体成员
```

从语法上，“(*结构体指针).结构成员”也是可以的，但不推荐使用。

例如：

```
struct student
{  long num;
   char name[20];
   char sex;
   float score;
};
struct student stu1={1001,"liming",'M',80};     /* 结构体变量 */
struct student *p=&stu1;                        /* 结构体指针 */
```

这里首先定义了结构体类型 struct student，然后定义了此结构体类型的一个变量 stu1，最后定义了一个此结构体类型的指针 p，并将 stu1 的地址赋予 p，使 p 指向变量 stu1，如图 10.3 所示。可以用 stu1.num 表示第一个成员，也可以用 p->num 表示。

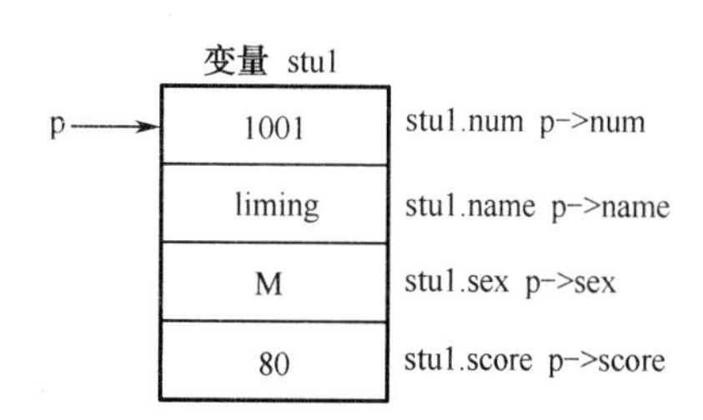

图 10.3　指向结构体类型变量的指针

实例 10.5　结构体指针定义及其使用。

程序如下：

```
#include <stdio.h>
#include <string.h>
struct Date
{   int year;              /* 年 */
    int month;             /* 月 */
    int day;               /* 日 */
};
typedef struct Date Date;
struct Student
{   int ID;                /* 学号 */
```

```
        char name[20];          /* 姓名 */
        Date birthday;          /* 生日 */
        char sex;               /* 性别：'M'表示男；'F'表示女 */
        double score;           /* 成绩 */
    };
    typedef struct Student Student;
    main( )
    {   Student s1, *p;
        p = &s1;
        s1.ID = 1001;           /* 直接赋值 */
        strcpy( p->name, "Xiaoxiao" );       /* 通过指针赋值 */
        p->birthday.year = 1990;
        p->birthday.month = 5;
        p->birthday.day = 21;
        p->sex = 'M';
        p->score = 98;
        printf( "%d %s %d.%d.%d %c %.2f\n", p->ID, p->name, p->birthday.year,
            p->birthday.month, p->birthday.day, (*p).sex, (*p).score );
    }
```

运行结果为：

```
    1001 Xiaoxiao 1990.5.21 M 98.00
```

程序中其他结构体成员的访问都比较容易理解，要注意的是，生日中 year、month、day 成员的访问，运算符“->”前面只能是结构体指针，运算符“.”前面只能是结构体变量。因此，访问 year 成员时，可以用 p->birthday.year、s1.birthday.year 或(*p). birthday.year，而不可以用 p->birthday->year 或 s1->birthday.year 的形式。要分清楚结构体变量和结构体指针。

注意：指向结构体成员的运算符由两个字符“-”和“>”组成，而且此运算符的前面必须是指针，后面必须是结构体的成员。

读一读 10.1 编写程序求空间任意一点到原点的距离，点用结构体描述。

分析：空间的任一个点需要用 x、y、z 3 个方向的坐标来表示，所以可以把一个点定义成一个结构体，包含 x、y、z 这 3 个成员。用 3 个坐标的平方和再开平方根就可得到该点到原点的距离。

程序如下：

```
    #include <stdio.h>
    #include <math.h>
    typedef struct point
    {  float x,y,z;
    }point;
    void main( )
    {  double d;
       point p;
       printf("请输入一个点的坐标：");
```

```
    scanf("%f,%f,%f",&p.x,&p.y,&p.z);
    d=sqrt(p.x*p.x+p.y*p.y+p.z*p.z);
    printf("这个点到原点的距离：%.2f\n",d);
}
```

运行结果为：

```
请输入一个点的坐标：2.0,3.0,4.0<回车>
这个点到原点的距离：5.39
```

读一读 10.2　某水果店经销 8 种水果。编写程序，设置每种水果的单价，输入一顾客购买的各种水果的重量，计算该顾客购买这些水果的总费用。

分析：由于销售水果的属性有名称和单价，所以定义一个结构体 fruit 来表征。而水果店有 8 种水果，所以定义一个数组 as 来存放 8 种水果的数据。计算购买水果的总价相对比较容易。

程序如下：

```
#include <stdio.h>
struct fruit
{  char name[12];
   float price;
};
void main( )
{  struct fruit as[8]={{"Apple",6.5},{"Pear",3.5},{"Orange",4.0},
                       {"Banana",2.8},{"Grape",8.0},
                       {"Watermelon",2.5},{"Mango",7.8},{"Durian",9.8}};
   int i;
   float wt,sum =0;
   for(i=0;i<8;i++)
   {   printf("请输入第%d 种水果%s 的重量：",i+1, as[i]. name);
       scanf("%f",&wt);
       printf("\n");
       sum=sum +wt*as[i].price;
   }
   printf("总费用=%f 元\n",sum);
}
```

运行结果为：

```
请输入第 1 种水果 Apple 的重量:5.6
请输入第 2 种水果 Pear 的重量:3.9
请输入第 3 种水果 Orange 的重量:6
请输入第 4 种水果 Banana 的重量:4.5
请输入第 5 种水果 Grape 的重量:7.2
请输入第 6 种水果 Watermelon 的重量:11.2
请输入第 7 种水果 Mango 的重量:3.2
请输入第 8 种水果 Durian 的重量:6.8
总费用=263.85 元
```

扫一扫看求空间两点距离程序讲解视频

练一练 10.1　编写程序求空间任意两点到原点的距离和两点之间的距离，点用结构体描述。

编程指导：参考读一读 10.1，将空间任一点定义为一个结构体，包含 x、y、z 坐标 3 个成员，再定义两个结构体变量，然后分别计算两点与原点的距离和两点间的距离。

练一练 10.2　有 10 名学生，每名学生的数据包括学号、姓名、3 门课的成绩，从键盘输入 10 名学生的数据，要求求出：

（1）每门课的平均成绩。

（2）每名学生的总分及平均成绩。

编程指导：将每名学生的情况定义为一个结构体，包含学号、姓名、3 门课的成绩 3 个成员，用此结构体类型定义一名学生有 10 个元素的数组，通过访问结构体成员的方式计算题目要求的结果。

10.2　链表

对大批量的同类型数据进行处理时，常借助数组来进行存储和相应的操作，如添加、删除、查找、排序等。数组使用起来很直观、方便，但是它有一个问题，数组必须占用一块连续的内存空间。如“int a[220];”，在 Visual C++的环境下必须要占用 880 字节（220*4Byte）的连续空间。如图 10.4 所示，内存中有 3 块空闲的区间，分别是 600 字节、800 字节和 400 字节，虽然总和超过了 880 字节，但是单块均不够 880 字节，所以此时程序无法运行。为了解决这个问题，C 语言提供了动态数组的构建——链表（Linked Table），它不仅可以存储大批量的同类型数据，而且不要求所有的数据连续存储。

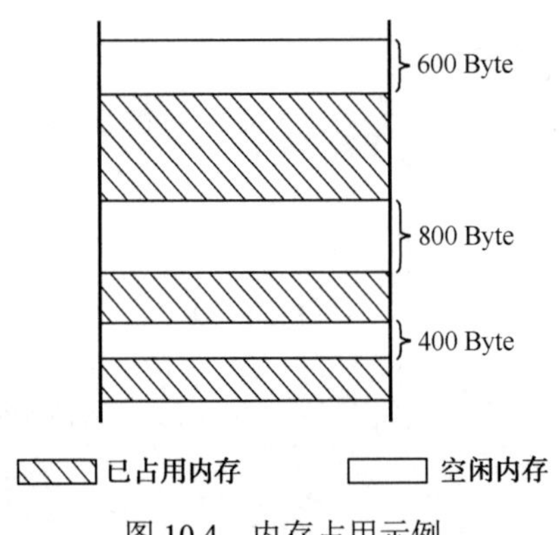

图 10.4　内存占用示例

链表是一种动态数据结构，在程序的执行过程中可以根据需要随时向系统申请存储空间，动态地进行存储空间的分配。动态数据结构最显著的特点是包含的数据对象个数及其相互关系都可以按需要改变。常用的动态数据结构有单链表、循环链表、双向链表 3 种。这里只介绍动态数据结构中最简单的单链表的建立及其基本操作。

10.2.1　链表的概念

使用链表来存储数据时，这些数据就有可能散布在内存的各处。那么程序在处理时，如何找到下一个数据呢？又如何能确认所有数据都已处理完呢？可以从链表的组织方式来寻找答案。

1．单链表的结构

单链表由 n 个类型相同的结点组成（n=0 时为空表），各结点之间用链指针按一定的规

则链接起来。每个结点包含数据和链指针两部分。与数组相比，数组必须占用一块连续的内存区域，而链表结点之间的联系通过指针实现。因此，链表中各结点在内存中的存储地址可以不是连续的，各结点的地址都是在需要时向系统申请分配的。如图 10.5 所示的是单链表的结构。

单链表有一个“头指针”head，它存放链表第一个结点的首地址。从图 10.5 中可以看到它指向链表的第一个元素。链表的每一个元素称为一个“结点”（node），每个结点都分为两个部分：一个是数据部分，存放各种实际的数据，如学号 num、姓名 name、性别 sex 和成绩 score 等；另一个部分为指针部分，存放下一个结点的首地址，即指向下一个结点。链表中的每一个结点都是同一个结构类型。最后一个结点称为“表尾”，尾结点无后续结点，因此不指向其他的元素，表尾结点的指针为空（NULL）。

头指针是访问链表的重要依据。无论在表中访问哪一个结点，都需要从链头开始，顺序向后查找。通过头指针找到第一个结点，通过第一个结点中的指针找到下一个结点，以此类推。链表如同一条铁链一样，一环扣一环，中间是不能断开的。

2. 链表结点的构成

每个结点包含数据和指针两部分内容，分别称为数据域和指针域，如图 10.6 所示，数据域存放待处理的数据，指针域则存放待处理的下一个数据的地址。

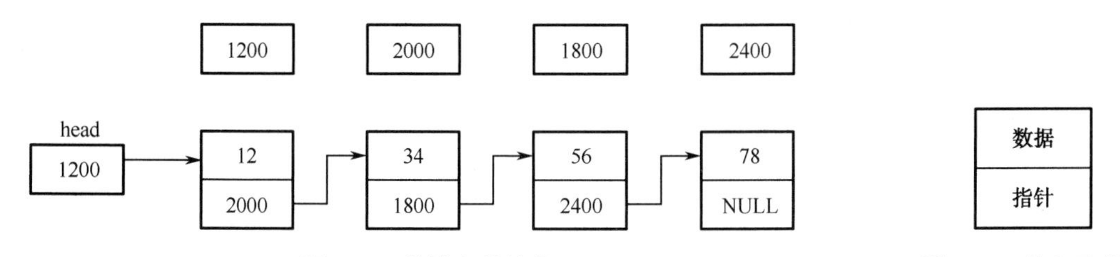

图 10.5　单链表的结构　　图 10.6　结点示意图

一个链表就是由这样一系列的结点 “链接”而成的。链表结点采用结构体表示。例如，链表结点的数据结构定义如下：

```
struct Node                    /* 结点的结构体类型定义 */
{   int data;                  /* 结点的数据部分 */
    struct Node *next;         /* 结点的指针部分 */
};
```

上述定义中 data 成员用于存放数据，这里假定存放的是 int 型数据（可根据实际需要修改），next 成员用于存放结点的地址，所以其类型是 struct Node *。

在链表结构中，除了数据项成员之外，还应包含一个指向本身的指针，该指针在使用时指向具有相同类型结构体的下一个结点。

在链表结点的数据结构中，比较特殊的一点就是结构体内指针域的数据类型使用了未定义成功的数据类型。这是在 C 语言中唯一可以先使用后定义的数据结构。

3. 简单链表

下面通过一个实例来说明如何建立和输出一个简单静态链表。

实例 10.6　建立一个如图 10.7 所示的简单链表，并输出链表中各结点的数据值。

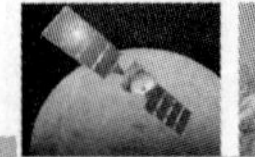

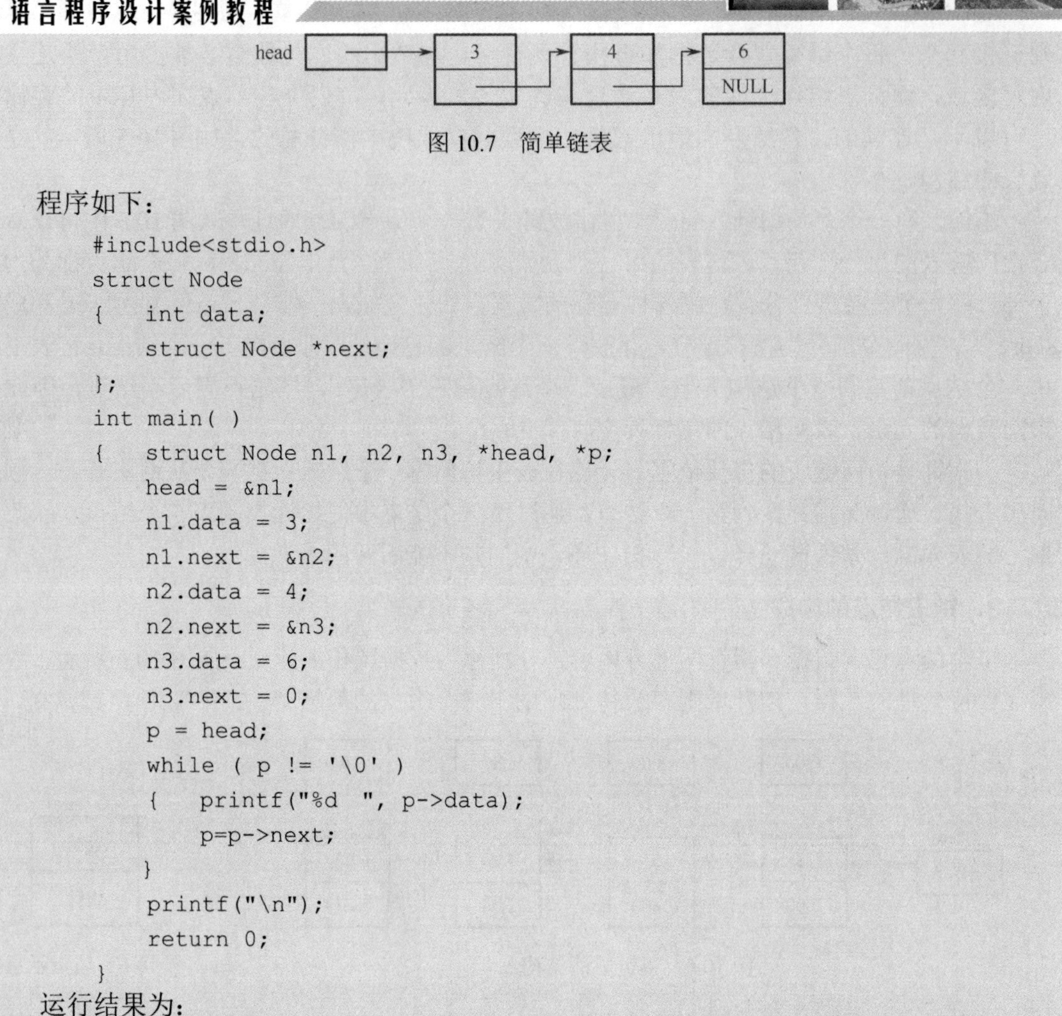

图 10.7　简单链表

程序如下：

```
#include<stdio.h>
struct Node
{   int data;
    struct Node *next;
};
int main( )
{   struct Node n1, n2, n3, *head, *p;
    head = &n1;
    n1.data = 3;
    n1.next = &n2;
    n2.data = 4;
    n2.next = &n3;
    n3.data = 6;
    n3.next = 0;
    p = head;
    while ( p != '\0' )
    {   printf("%d  ", p->data);
        p=p->next;
    }
    printf("\n");
    return 0;
}
```

运行结果为：

```
3 4 6
```

本例主要完成了两个功能：建立链表和输出链表。这里建立了一个简单的链表，值包括3 个结点。在实际中，有可能要处理的是大批量的数据，并且数据的数量也可能在运行时发生动态变化，因此不可能采取本例中的方式，即事先为每个数据定义一个结点，再将它们链接起来。而是在需要存储数据的时候向系统动态申请内存。每增加一个数据，程序就申请一个结点大小的内存空间，将数据存放进去，并将其添至链表中。依次访问链表的各个结点称为链表的遍历。存储链表首地址的 head 指针非常重要，它是整个链表的入口，要注意对它的维护。

10.2.2　链表的基本操作

链表有 5 种基本操作，即建立（批量存入数据）、插入（在批量数据中添加一个数据）、删除（在批量数据中删除指定数据）、输出（打印所有数据）和查找。

1. 单链表的建立

建立动态链表就是建立结点空间、输入各结点数据和进行结点链接的过程，也就是在程序执行过程中从无到有地建立起一个链表。

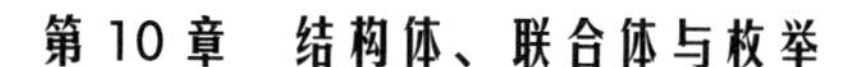

下面通过一个实例来说明如何建立一个动态链表。

实例 10.7　建立一个链表存放学生数据。为简单起见，假定学生数据结构中有学号和年龄两项，编写一个建立链表的函数 creat。

分析：具体算法如图 10.8 所示，整个链表的创建过程可用图 10.9 来表示。

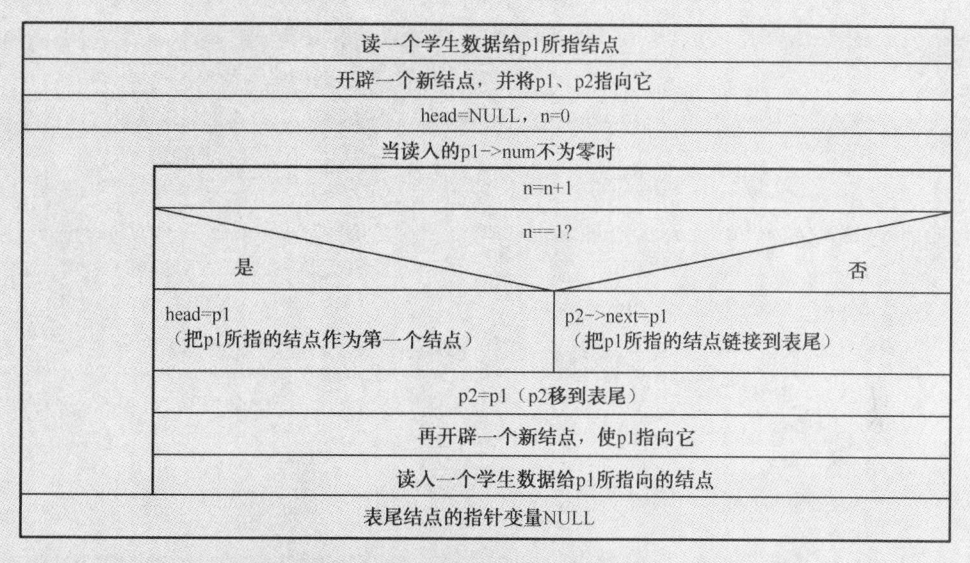

图 10.8　创建单链表的算法

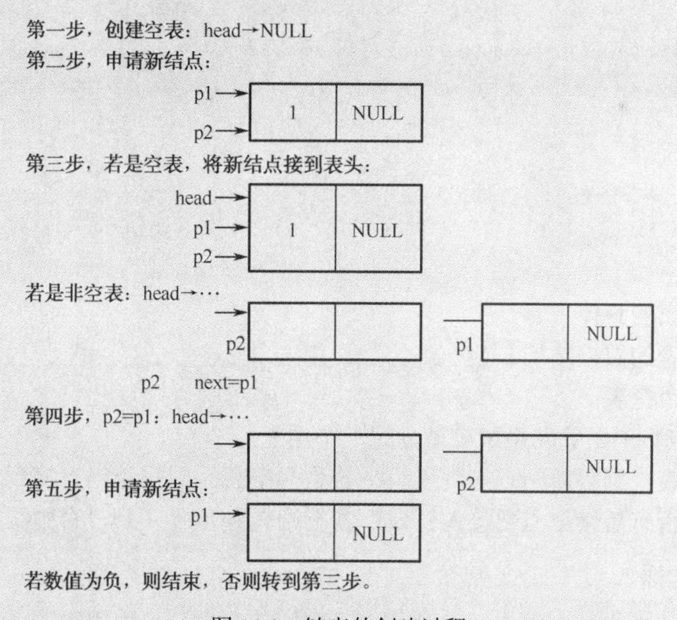

图 10.9　链表的创建过程

程序如下：

```
#include<stdio.h>
#include<malloc.h>
#define LEN sizeof(struct stu)
struct stu                    /*结构型 stu 定义为外部类型，方便程序中的各个函数使用*/
```

```
{  int num;
   int age;
   strct stu *next;
};

strct stu *creat(void)              /*creat 函数用于动态建立一个有 n 个结点的链表，
                                       返回与结点相同类型的指针*/
{  struct stu *p1,*p2,*head;        /*head 为头指针，p2 指向已建链表的最后一个结点，
                                       p1 始终指向当前新开辟的结点*/
   int n=0;
   p1=p2=(struct stu*)malloc(LEN);   /*申请新结点，长度与 stu 长度相等；同时使
                                          指针变量 p1、p2 指向新结点*/
   scanf("%d%d",&p1->num,&p1->age);      /*输入结点的值*/
   head=NULL;
   while(p1->num!=0)                     /*输入结点的数值不为 0*/
   {  n++;
      if(n==1)
       head=p1;  /*输入的结点为第一个新结点，即空表，将输入的结点数据接入表头*/
      else
       p2->next=p1;                      /*非空表，即输入的结点不是第一个结点，
                                            将输入的结点数据接到表尾*/
      p2=p1;
      p1=(struct stu*) malloc(LEN);      /*申请下一个新结点*/
      scanf("%d%d",&p1->num,&p1->age);
    }
    p2->next=NULL;
    return(head);                        /*返回链表的头指针*/
}
```

总结建立链表的具体步骤：

（1）定义链表的数据结构。

（2）创建一个空表。

（3）利用 malloc()函数向系统申请分配一个结点。

（4）若是空表，则将新结点接到表头；若是非空表，则将新结点接到表尾。

（5）判断是否有后续结点要接入链表，若有则转到步骤（3），否则结束。

2．单链表的插入

链表的插入是指将一个结点插入到一个已有的链表中。下面通过一个实例来说明单链表的插入操作。

实例 10.8 以前面建立的动态链表为例，编写一个函数，使其能够在链表中指定的位置插入一个结点。

分析：要在一个链表的指定位置插入结点，要求链表本身必须已按某种规律进行了排序。例如，学生数据链表中，各结点的成员项按学号由小到大顺序排列。如果要求按学号顺序插

入一个结点，则要将插入的结点依次与链表中各结点比较，寻找插入位置。结点可以插在表头、表中、表尾。结点插入存在以下几种情况：

（1）如果原表是空表，只需使链表的头指针 head 指向被插结点即可。

（2）如果插入结点值最小，则应插入第一个结点之前。将头指针 head 指向被插结点，被插结点的指针域指向原来的第一个结点。

（3）如果在链表中某位置插入，使插入位置的前一结点的指针域指向被插结点，使被插结点的指针域指向插入位置的后一个结点。

（4）如果被插结点值最大，则在表尾插入，使原表尾结点指针域指向被插结点，被插结点指针域置为 NULL。

函数的返回值定义为返回结构体类型的指针，具体算法如图 10.10 所示。整个插入操作如图 10.11 所示。

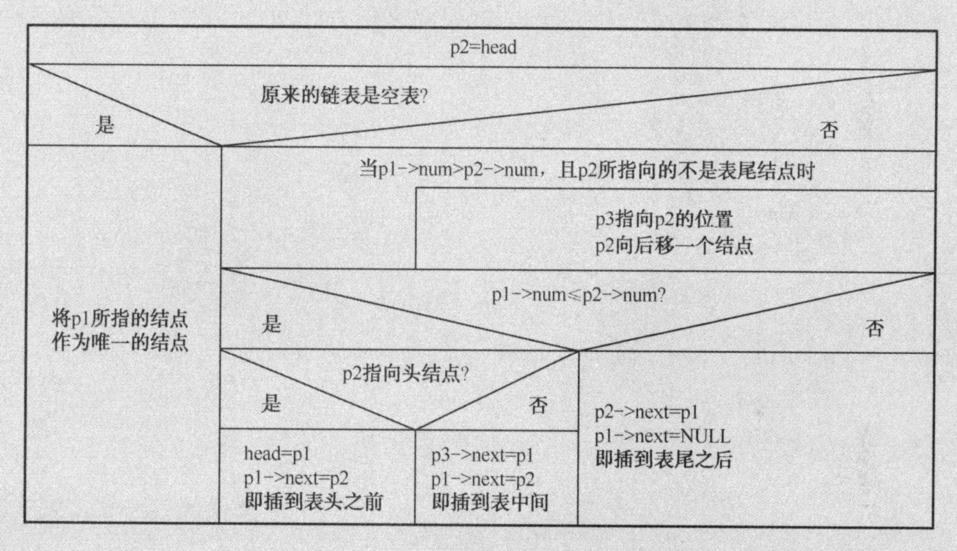

图 10.10　单链表插入算法

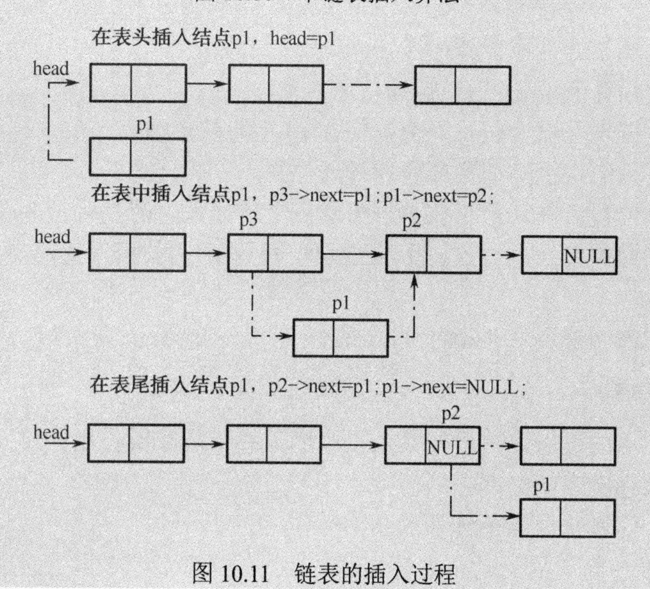

图 10.11　链表的插入过程

程序如下：

```
#include<stdio.h>
struct stu *insert(struct stu *head,struct stu *p1)
{  struct stu *p2,*p3;
   p2=head;
   if(head==NULL)              /*空表插入*/
   {  head=p1;
      p1->next=NULL;
   }
   else
   {  while((p1->num>p2->num)&&(p2->next!=NULL))
      {  p3->next=p1;
         p2=p2->next;          /*找插入位置*/
      }
      if(p1->num<=p2->num)
      {  if(head==p2)
            head=p1;           /*在第一个结点之前插入*/
         else
            p3->next=p1;
         p1->next=p2;
      }
      else
      {  p2->next=p1;
         p1->next=NULL;        /*在表尾插入*/
      }
   }
  return head;                 /*返回链表的头指针*/
}
```

总结链表插入操作的具体步骤：

（1）定义一个指针变量 p1 指向被插结点。

（2）首先判断链表是否为空，为空则使 head 指向被插结点。

（3）链表若不为空，用当型循环查找插入位置。

（4）找到插入位置后判断是否在第一个结点之前插入，若是则使 head 指向被插入结点，被插结点指针域指向原第一个结点；否则在其他位置插入；若插入的结点大于表中所有结点，则在表尾插入。

（5）函数返回值为链表的头指针。

3. 单链表的删除

链表中不再使用的数据，可以将其从表中删除并释放其所占用的空间，但注意在删除结点的过程中不能破坏链表的结构。

下面通过一个实例来说明单链表的删除操作。

实例 10.9 以前面建立的动态链表为例，编写一个删除链表中指定结点的函数 deletel。

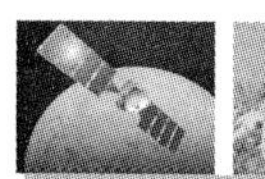

分析：假设链表按学生的学号排列，当某结点的学号与指定值相同时，将该结点从链表中删除。首先从头到尾依次查找链表中各结点，并与各结点的学生学号做比较，若相同，则查找成功；否则，找不到结点。由于结点在链表中可以有 3 种不同位置：位于开头、中间或结尾，因此从链表中删除一个结点主要分两种情况，即删除链表表头结点和非表头结点。

（1）如果被删除的结点是表头结点，则使 head 指向第二个结点。

（2）如果被删除的结点不是表头结点，则使被删结点的前一结点指向被删结点的后一结点。

函数返回值定义为结构体类型的指针，具体算法如图 10.12 所示。整个删除操作如图 10.13 所示。

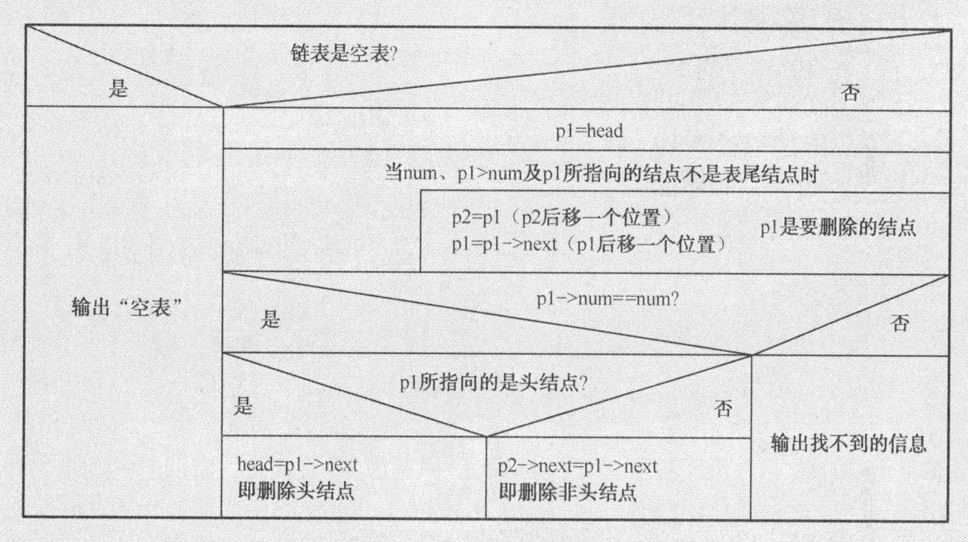

图 10.12　单链表删除算法

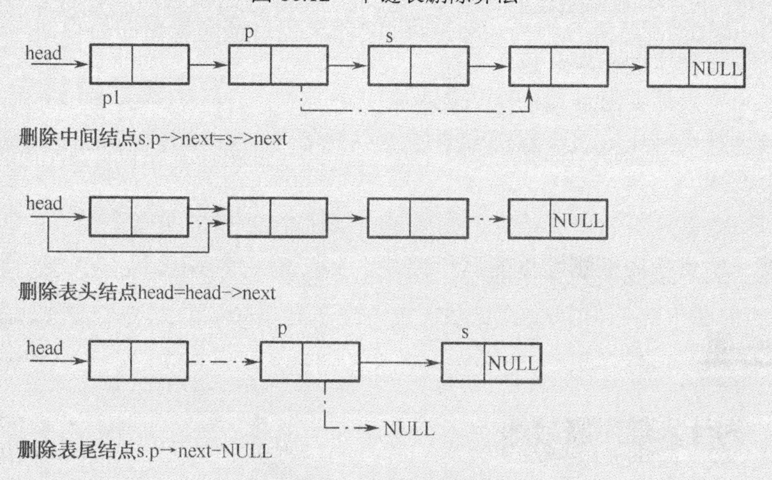

图 10.13　链表删除操作

程序如下：

```
#include<stdio.h>
```

```
#include<stdlib.h>
struct stu *deletel(struct stu *head,int num)   /*以 head 为头指针删除 num
                                                  所在结点*/
{   struct stu *p1,*p2;
    if(head==NULL)                               /*如为空表，输出提示信息*/
    {   printf("\nempty list!\n");
        goto end;
    }
    p1=head;
    while(p1->num!=num&&p1->next!=NULL)         /*当不是要删除的结点，而且也不是
                                                  最后一个结点时，继续循环*/
    {    p2=p1;
         p1=p1->next;          /*p2 指向当前结点，p1 指向下一结点*/
    }
    if(p1->num==num)
    {  if(p1==head)
         head=p1->next;        /*如找到被删结点，且为第一个结点，则使 head 指向第二
                                 个结点，否则使 p2 所指结点的指针指向下一结点*/
       else
         p2->next=p1->next;
       free(p1);
       printf("The node is deleted\n");
    }
    else
       printf("The node not been found!\n");
    end: return(head);
}
```

总结链表删除操作的具体步骤：

（1）定义一个指针变量 p 指向链表的头结点。

（2）用循环从头到尾依次查找链表中各结点并与各结点的学生学号做比较，若相同，则查找成功退出循环。

（3）判断该结点是否为表头结点，如果是，则使 head 指向第二个结点；如果不是，则使被删结点的前一结点指向被删结点的后一结点，同时结点个数减 1 。

10.3 联合体

10.3.1 为什么使用联合体

编程时可能会遇到这样的情况，需要将多种数据结合在一起，成为一个整体，但是使用的时候，每次都只会使用其中的一种数据，也就是说同一时刻只有一种数据起作用。这种情况如果还把它们定义为结构体的话，就会浪费一定的存储空间，没有必要。所以，定义另一种数据综合体——联合体来解决这种情况。联合体也称为共同体。

所谓联合体类型是指将不同的数据项组织成一个整体，它们在内存中占用同一段存储单元。在程序设计中，采用联合体要比使用结构体节省空间，但是访问速度相对较慢。

10.3.2　联合体类型的定义

联合体类型的定义与结构体类型的定义类似。定义联合体的一般格式为：

```
union 联合体名
{    类型说明符 成员名 1;
     类型说明符 成员名 2;
     …
     类型说明符 成员名 n;
};
```

其中，关键字 union 是联合体的标识符；联合体名是用户给新类型命名的名称，属于标识符；“{}”中包围的是组成该联合体的成员，每个成员的数据类型既可以是简单的数据类型，也可以是复杂的构造数据类型。整个定义用分号结束（不能省略），是一个完整的语句。

联合体名是可以省略的，此时定义的联合体称为无名联合体。

例如，定义一个联合体，其中包括整型、字符型和实型变量，这 3 种数据类型的成员共享同一块内存空间。

```
union  score
{
  int  i;
  char  c;
  float  d;
};
```

与结构体类似，也可以为联合体类型定义一个别名，以进行简化。例如：

```
typedef union score score;
```

这样后面可以直接用 score 去定义联合体变量。

10.3.3　联合体变量的定义

定义联合体变量有以下 3 种方式。

（1）先定义联合体类型再定义变量。

如果已经定义好了联合体类型，则通常可以这样定义一个联合体变量：

```
联合体类型名  变量名;
```

例如：

```
union score
{   int i;
    char c;
    double d;
};
union score s1;
```

联合体变量所占内存的长度是最长的成员所占内存的长度，在这样一个空间中可以存放

不同类型和不同长度的数据，而这些数据都是以同一地址开始存放的。

变量 s1 为联合体 union score 类型，它在内存中的存储情况如图 10.14 所示。

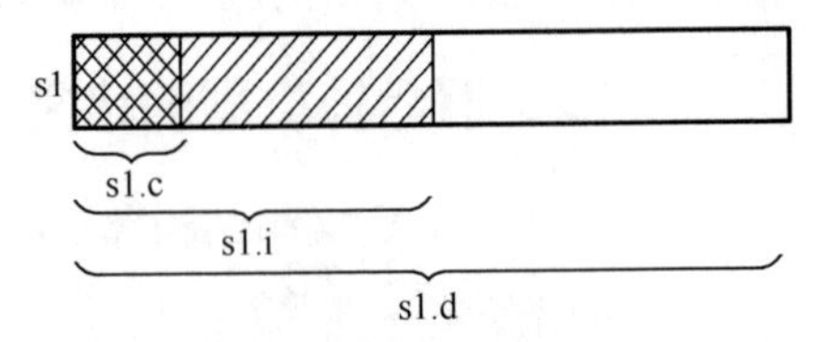

图 10.14　联合体变量的存储

从图中可以看出联合体变量的成员占用同一块内存，联合体变量各成员占相同的起始地址，所占内存长度等于最长的成员所占内存。而结构体变量各成员占不同的地址，所占内存长度等于全部成员所占内存之和。由于在该联合体类型中 double 变量占内存单元 8 字节，是最长的成员，因此联合体变量 s1 分配 8 字节的内存单元。

（2）在定义联合体类型的同时定义变量。

例如：

```
union score
{   int i;
    char c;
    double d;
}s1;
```

（3）直接定义联合体类型的变量。

例如：

```
union
{   int i;
    char c;
    double d;
}s1;
```

注意：联合体变量占有内存的方式决定了它每次只能有一个成员起作用，也就是最后赋值的那个成员。联合体类型的这些特征可以概括为“空间共享，后者有效”。

10.3.4　联合体变量的引用

只有先定义了联合体变量才能引用它，而且不能引用联合体变量，只能引用联合体变量中的成员。引用形式如下：

```
联合体变量名.成员名
```

例如，若定义联合体类型为

```
union data
{   int a;
    float b;
    double c;
    char d;
}m;
```

其成员引用为 m.a，m.b，m.c，m.d。

在使用联合体变量时，要注意：

（1）在程序执行的某一时刻，只有一个联合体成员起作用，而其他的成员不起作用。

（2）不能在定义联合体变量时对它初始化，不能对联合体变量名赋值，也不能企图引用联合体变量名来得到某成员的值。例如，下面语句都是**错误**的：

```
union data
{  int i;
   char ch;
   float f;
}a={1,'a', 1.5};
a = 10;
a ={50, 'b', 5.5};
e = a;
```

（3）联合体变量中起作用的成员值是最后一次存放的成员值。如：

```
m.a=278, m.d='D', m.b=5.78;
```

不能企图通过下面的 printf 函数得到 m.a 和 m.d 的值：

```
printf("%d,%c,%f", m.a, m.d, m.b);
```

但能得到 m.b 的值。

（4）联合体变量不能作为函数参数，函数的返回值也不能是联合体类型。

（5）联合体类型和结构体类型可以相互嵌套，联合体中的成员可以为数组，甚至还可以定义联合体数组。

实例 10.10　定义一个联合体类型 data，并用此联合体类型定义一个变量 m，然后引用联合体变量。

程序如下：

```
#include "stdio.h"
main( )
{   union data
    {   int a;
        float b;
        double c;
        char d;
    }m;
    m.a=6;
    printf("%d\n",m.a);
    m.c=67.2;
    printf("%5.1lf\n", m.c);
    m.d='W';
    printf("%c\n", m.d);
    m.b=34.2;
    printf("%5.1f\n", m.b);
}
```

运行结果为：

```
6
67.2
W
34.2
```

注意：联合体变量所有成员共享同一段内存空间，其占有内存是所需内存最大的那个成员的空间。

读一读 10.3 定义一个联合体变量，根据标识符的值确定联合体的取值。

程序如下：

```
#include  <stdio.h>
struct data
{  union
  {   int i;
      char ch;
      float f;
  } key;
  int type;
};
main( )
{  struct data d;
   printf("input type:");
   scanf("%d", &d.type);
   switch (d.type)
   {  case 0 : d.key.i=65;
            printf("the int is: %d\n", d.key.i); break;
     case 1 : d.key.ch='A';
            printf("the char is: %c\n" , d.key.ch); break;
     case 2 : d.key.f=1.2;
            printf("the float is: %f\n" , d.key.f); break;
     default : printf("no data");
   }
}
```

运行结果为：

```
    input type:0<回车>
    the int is:65
或  input type:1<回车>
    the char is:A
或  input type:2<回车>
    the float is:1.200000
或  input type:4<回车>
    no data
```

程序根据输入的 d.type 的值进入 switch，对联合体变量 key 的相应成员赋值，联合体变量 key 在每一时刻也只能有一个成员能被赋值或被应用。

练一练 10.3 学生成绩的表示方式（百分制、五分制、等级制）用联合体定义，输入和输出一名学生的 5 门课成绩。

编程指导：定义一个联合体，成员包括整型的百分制成绩、实型的五分制成绩和字符型的等级制成绩。学生的每门课采用的分制不一样，根据具体情况用对应的分制表示。

10.4　枚举

扫一扫看联合体表示不同成绩制式程序代码

在实际应用中，有些变量的取值范围是有限的，可能只有几个值。例如，一个星期只有 7 天，一年只有 12 个月。在 C 语言中，可以把这些变量定义为枚举类型。所谓“枚举”就是将变量可取的值一一列举出来，变量的值只能取列举出来的值。

与结构体和联合体一样，枚举也要先定义类型，再定义该类型的变量。

枚举类型定义的一般形式为：

```
enum 枚举类型名{枚举常量 1, 枚举常量 2,…, 枚举常量 n};
```

其中，关键字 enum 是枚举类型的标识符；枚举类型名是所定义的枚举类型的类型说明符，属于标识符，由用户自己定义；枚举常量表列举出所有可能值，这些值称为枚举元素或枚举常量，用逗号隔开，它们是一些自定义的标识符。

例如：

```
enum weekday{sun, mon, tue, wed, thu, fri, sat};
```

定义了一个枚举类型 enum weekday，枚举常量共有 7 个，分别代表一周中的 7 天。凡被定义为 enum weekday 类型变量的取值只能是这些枚举常量中的一个，表示 7 天中的某一天。

枚举类型变量的定义同结构体变量、共同体变量的定义一样，有以下 3 种方式。

（1）先定义枚举类型再定义变量。

例如：

```
enum weekday{sun, mon, tue, wed, thu, fri, sat};
enum weekday workday;
```

（2）在定义枚举类型的同时定义变量。

例如：

```
enum weekday{sun, mon, tue, wed, thu, fri, sat}workday;
```

（3）直接定义枚举类型的变量。例如：

```
enum {sun, mon, tue, wed, thu, fri, sat}workday;
```

workday 被定义为枚举变量，它的值只能是 sun 到 sat 之一。

在使用枚举类型和枚举变量时要注意以下几点。

（1）枚举常量是常量，不是变量。不能在程序中用赋值语句再对它赋值。例如，对枚举变量 weekday 的元素再做以下赋值：

```
sun=5;  mon=2;  sun=mon;
```

这些都是错误的。

（2）系统为每个枚举元素对应给予了一个整数值，从 0 开始，依次为 0，1，2，…。如在 weekday 中，sun 值为 0，mon 值为 1，…，sat 值为 6。

（3）将枚举变量按整型格式输出，可得到对应的整数值（枚举变量值的序号）。

（4）只能把枚举常量赋予枚举变量，不能把枚举常量的数值直接赋予枚举变量。例如：

```
workday=sum ;  workday=mon;  /*正确*/
```

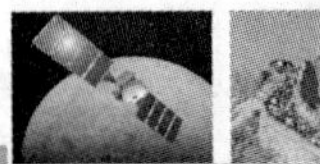

```
workday=0;  workday=1;        /*错误*/
```

如果一定要把数值赋予枚举变量，则必须用强制类型转换，例如：

```
workday =(enum weekday)2;
```

其意义是将顺序号为 2 的枚举常量赋予枚举变量 workday，相当于：

```
workday = tue;
```

（5）枚举常量的值可以人为改变，即在定义时由程序指定。例如：

```
enum weekday{sun=7, mon=1, tue, wed, thu, fri, sat};
```

则 sun=7，mon=1，tue=2，wed=3，…

（6）在枚举变量之间，以及枚举变量与枚举常量之间可以进行比较。例如：

```
enum weekday{sun, mon, tue, wed, thu, fri, sat}a, b;
if (a==b)    /*枚举变量之间的比较*/
{ … }
if (a>mon)   /*枚举变量与枚举常量之间的比较*/
{ … }
```

实例 10.11　分析程序运行结果。

程序如下：

```
#include <stdio.h>
main( )
{   enum weekday{sun, mon, tue, wed, thu, fri, sat}a, b, c;
    a = sun;
    b = mon;
    c = tue;
    printf("%d,%d,%d", a, b, c);
}
```

运行结果为：

```
0, 1, 2
```

实例 10.12　编写程序，用枚举类型实现两个数的加、减、乘、除运算，每种运算用函数完成。并请考虑多个数的运算如何实现。

程序如下：

```
#include <stdio.h>
float add(float a,float b)
{  float temp;
   temp=a+b;
   return temp;
}
float sub(float a,float b)
{  float temp;
   temp=a-b;
   return temp;
}
float mul(float a,float b)
```

```
{  float temp;
   temp=a*b;
   return temp;
}
float div(float a,float b)
{  float temp;
   temp=a/b;
   return temp;
}
void main( )
{  enum yunsuanfu {a,b,c,d} js;   //用 a、b、c、d 分别表示加、减、乘、除
   float x,y,s;
   printf("输入第一个数据:");
   scanf("%f",&x);
   printf("输入第二个数据:");
   scanf("%f",&y);
   for(js=a;js<=d;js++)
   { switch(js)
     { case a: s=add(x,y);printf("所求的和=");break;
       case b: s=sub(x,y);printf("所求的差=");break;
       case c: s=mul(x,y);printf("所求的积=");break;
       case d: s=div(x,y);printf("所求的商=");
     }
    printf("%.3f\n",s);
   }
}
```

运行结果为：

```
输入第一个数据:10
输入第二个数据:2
所求的和=12.000
所求的差=8.000
所求的积=20.000
所求的商=5.000
```

10.5　结构体、联合体常见错误及解决方法

在结构体和联合体的定义和使用过程中，初学者容易犯一些错误，下面总结了一些编程时与结构体和联合体相关的错误，根据错误现象分析原因并给出解决方法。

示例 1　struct Date

```
{ int year,month,day;
}
```

错误现象：系统会报错，并通常将错误定位在该代码的下一行，提示信息则不一定相同。

错误原因：结构体定义时缺最后的分号。

解决方法：改为
```
struct Date
{ int year,month,day;
};
```

示例 2
```
struct Date
{ int year,month,day;
};
Date d;
```

错误现象：系统会报错，'Date':undeclared identifier。

错误原因：定义结构体变量时类型名不完整。

解决方法：方法一，在变量定义前加一句定义类型别名“typedef struct Date Date;”。方法二，用完整的类型标识定义变量“struct Date d;”。

示例 3
```
struct Date
{ int year,month,day;
}d;
d={1989,4,22};
```

错误现象：系统会报错，syntax error:'{'。

错误原因：结构体只能在定义时整体赋值，定义之后只能逐个成员赋值。

解决方法：改为“d.year=1989; d.month=4; d.day=18;”。

示例 4
```
union Score
{ int i;
  double d;
  char c;
}
```

错误现象：系统会报错，并通常将错误定位在该代码的下一行，提示信息则不一定相同。

错误原因：联合体定义时缺最后的分号。

解决方法：改为
```
union Score
{ int i;
  double d;
  char c;
};
```

知识梳理与总结

本章主要介绍了 C 语言编程中为了简化描述而设置的结构体、联合体和枚举类型，它们都是构造类型。

结构体类型是将若干个类型相同或不同的数据组合成一个有机的集合，作为一个整体来表征某个对象。结构体类型的关键字是“struct”，定义了一个结构体类型，就可以用这个新类型去定义变量、数组、指针等。必须先定义结构体类型，才能定义结构体变量，然后才能

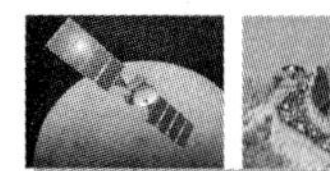

引用结构体变量。可以在定义的同时或之后给结构体变量赋初值。对结构体变量的引用实际上是对其中的成员的引用，通常用“结构体变量名.成员名”来表示。一个结构体变量占用的内存空间至少是该结构体所有成员占据内存的总和。结构体类型可以用“typedef”对它起别名，这样在应用时书写相对简便。

使用链表来处理内存中不连续的数据。链表是由一系列的结点所“链接”而成的，链表结点采用结构体来表示。对链表的操作通常有建立、插入、删除、输出和查找。

联合体类型是指将不同的数据项组织成一个整体，它们在内存中占用同一段存储单元。联合体类型的定义方式与结构体类似，只是关键字是“union”。定义了一个联合体类型，就可以用这个新类型去定义变量、数组、指针等。联合体变量所占内存的长度是成员中数据类型最长的长度，在这样一个空间中可以存放不同类型和不同长度的数据，它们都是从同一地址开始存放的。联合体变量的成员表示为“联合体变量名.成员名”，只能给其中的一个成员赋值。可以用“typedef”给联合体类型起别名。

枚举类型就是将变量可取的值一一列举出来，变量的值只能取列举出来的值。枚举类型定义的关键字是“enum”，枚举变量的定义同结构体一样。枚举类型中的每个枚举元素是编程者自定义的标识符，但是其数值默认为从第一个元素起依次为 0，1，2，3，…，不过可以修改某个元素的值。

自测题 10

一、选择题

1．对于一个结构体变量，系统分配的存储空间至少是（　　）。

A．第一个成员所需的存储空间　　B．最后一个成员所需的存储空间

C．占用空间最大的成员所需的存储空间　　D．所有成员所需的存储空间的总和

2．若有下面的说明和定义：

```
struct test
{ int m1;
  char m2;
  float m3;
  union uu
  {  char u1[5];
     int u2[2];
  }ua;
};
```

则 sizeof(struct test)的值是（　　）。说明：sizeof 用于求数据在内存中的长度（字节数）。

A．12　　B．16　　C．14　　D．9

3．有以下程序，执行后的出结果是（　　）。

```
main()
{  union
  {  unsigned int n;
     unsigned char c;
```

```
    }u1;
    u1.c = 'A';
    printf("% c\n", u1.n);
  }
```

A．产生语法错　　B．随机值　　C．A　　D．65

4．若要定义一个类型名 STP，使得语句“STP s;”等价于“char *s;”，则以下选项中正确的是（　　）。

A．typedef STP char *s;　　B．typedef *char STP;

C．typedef STP *char;　　D．typedef char* STP;

5．在对 typedef 的叙述中错误的是（　　）。

A．用 typedef 可以定义各种类型名，但不能用来定义变量

B．用 typedef 可以增加新类型

C．用 typedef 只是将已存在的类型用一个新的标识符来代表

D．使用 typedef 有利于程序的通用和移植

6．已定义结构体如下，下列表达式不正确的是（　　）。

```
struct  AA
{ int m;
   char *n;
}x={100,"hello"},*y=&x;
```

A．y->n　　B．*y.n　　C．*y->n　　D．*x.n

7．已定义结构体如下，则赋值正确的是（　　）。

```
struct  AA
{ int m,n;
}aa;
```

A．AA.m=10;　　B．struct AA bb={10,20};

C．struct bb; bb.m=10;　　D．AA.aa.m=10;

8．对于一个联合体变量，系统分配的存储空间是（　　）。

A．第一个成员所需的存储空间　　B．最后一个成员所需的存储空间

C．占用空间最大的成员所需的存储空间　　D．所有成员所需的存储空间的总和

9．以下枚举类型定义正确的是（　　）。

A．enum Seasons={Spring,Summer,Autumn,Winter};

B．enum Seasons {Spring,Summer,Autumn,Winter};

C．enum Seasons {"Spring","Summer","Autumn","Winter"};

D．enum Odd={1,3,5,7,9};

10．现有以下结构体说明和变量定义，指针 p、q、r 分别指向一个链表中连续的 3 个结点。

```
struct node
{  char data;
   strcut node *next;
}*p,*q,*r;
```

现要将 q 和 r 所指结点交换前后位置，同时要保持链表的连续，以下不能完成此操作的语句是（　　）。

A．q->next=r->next; p->next=r; r->next=q;

B．p->next=r; q->next=r->next; r->next =q;

C．q->next=r->next; r->next =q; q->next=r;

D．r->next=q; p->next =r; r->next=q->next;

二、填空题

1．下面程序用来输出结构体变量 ex 所占存储单元的字节数，请填空。

```
struct st
{ char name[20]; double score; };
main()
{ struct st ex; printf("ex size: %d\n",sizeof(______)); }
```

2．有结构体定义如下：

```
struct  person
{  int ID;
   char name[20];
   struct
   {  int year,month,day;
   }birthday;
}Tom;
```

将 Tom 中的 day 赋值为 20 的语句是______________。

3．已有定义：

```
struct
{  int m,n;
}arr[2]={{11,22},{33,44}},*ptr=arr;
```

则表达式++ptr->m 的值是______，(++ptr)->m 的值是______。

4．用 typedef 定义整型一维数组：

```
typedef int ARRAY[10];
```

则对整型数组 a[10]、b[10]、c[10]可以定义为______。

5．已知：

```
union
{   int x;
    struct
    {  char c1, c2;
    }b;
}a;
```

执行语句“a.x=0x1234;”之后，a.b.c1 的值为______（用十六进制表示），a.b.c2 的值为______（用十六进制表示）。

三、编程题

1．定义一个结构体类型，包含年、月、日成员，而且结构体成员除日期外，还包含时、

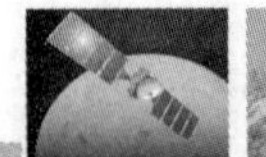

分、秒等成员。

2．编写输入、输出 10 个朋友数据的通信录程序，每个朋友数据包括姓名、地址、邮编、电话、传呼、手机等数据。

3．用一个数组存放图书信息，每本图书包含书名、作者、出版年月、出版社、借出数目、库存数目等信息。编写程序输入若干本图书的信息，按出版年月排序后输出。

4．某单位有 N 名职工参加计算机水平考试，设每个人的数据包括准考证号、姓名、年龄、成绩。单位规定 30 岁以下的职工进行笔试，分数为百分制，60 分及格；30 岁及以上的职工进行操作考试，成绩分为 A、B、C、D 4 个等级，C 以上为及格。编程统计及格人数，并输出每位考生的成绩。

上机训练题 10

一、写出下列程序的运行结果

```
1. #include"stdio.h"
   main( )
   {  struct Date
      { int year,month,day;
       } stu;
       stu.year=2015;
       stu.year =9;
       stu.year =27;
       printf("%d 年的中秋节是%d 月%d 日。
           \n", stu.year,stu.year, stu.year);
       }
```

运行结果为：________________

```
2. #include"stdio.h"
   main( )
   {  union { char i[2]; int k;} stu;
      stu.i[0]=2;  stu.i[1]=0;
      printf("%d\n",r.k);
   }
```

运行结果为：________________

```
3. #include"stdio.h"
   union myun
   {   struct
       {  int x, y , z;
       }u;
       int k;
   }a;
  main( )
  {   a.u.x = 4;
      a.u.y = 5;
      a.u.z = 6;
      a.k = 0;
      printf("%d\n", a.u.x);
  }
```

运行结果为：________________

```
4. #include"stdio.h"
   typedef union student
   { char name [10];
     long sno;
     char sex;
     float score[4];
   }STU;
   main( )
  { STU a[5];
    printf("%d\n", sizeof(a));
  }
```

运行结果为：________________

二、编写程序，并上机调试

1．定义一结构体数组表示分数，并求两个分数相加之和。

2．从键盘输入一个小组的 6 名学生的信息，包括学号、姓名和成绩，要求输出成绩最高者的全部信息。

3. 居民数据包括：姓名（Name）、出生时间（Birthday）、性别（Sex）、身份证号（Number）、住址（Address）。要求：

① 设计一个数组处理一批居民数据；

② 分别用成员运算符和指针对上述居民数据依照姓名排序。

4．有若干个运动员，每个运动员包括编号、姓名、性别、年龄、身高、体重等信息。若性别为男，则运动项目为长跑、登山；若性别为女，则运动项目为短跑、跳绳。用一个函数输入运动员信息，用另一个函数求每个项目的平均成绩，再用另一个函数输出运动员信息。

第11章 编译预处理

教学导航

教	知识重点	1. 编译预处理命令的功能与特点；2. 文件包含的功能及其使用方法 3. 宏定义及宏代换的概念及其使用方法；4. 条件编译的意义及其使用方法
	知识难点	宏定义及宏代换的概念及其使用方法
	推荐教学方式	一体化教学：边讲理论边进行上机操作练习，及时将所学知识运用到实践中
	建议学时	2 学时
学	推荐学习方法	课前：预习文件包含与宏定义的知识点 课中：接受教师的理论知识讲授，积极完成上机练习 课后：巩固所学知识点，完成作业，加强编程训练
	必须掌握的知识理论	1. 文件包含的功能及其使用方法；2. 宏定义及宏代换的概念及其使用方法
	必须掌握的技能	能在C语言程序编程设计中灵活运用结构体、联合体、链表与枚举类型

知识分布网络

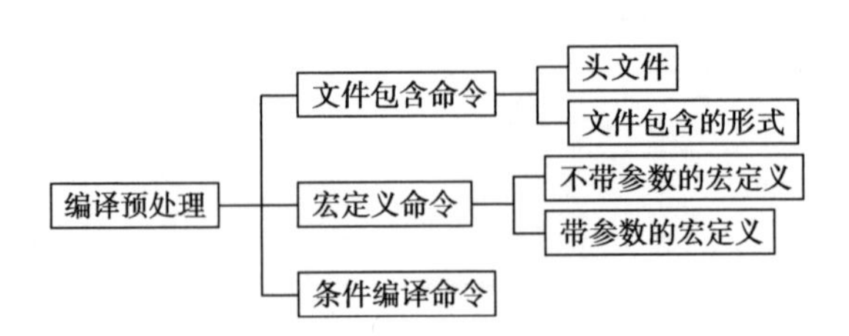

最初接触 C 语言程序就看到，程序中都使用了文件包含命令#include，在定义符号常量时使用了#define，它们都属于预处理命令的一种。预处理命令是 C 语言编译系统对程序进行编译（包括词法分析、语法分析、代码生成和代码优化）前需要由预处理程序处理的命令，然后将预处理的结果和源程序一起进行通常的编译处理，以生成目标代码（obj 文件）。预处理的目的是为了改进程序设计环境，提高编程质量和效率，增加程序的灵活性和可移植性。

在 C 语言中，编译预处理命令都是以“#”开头的，其结尾不加分号“;”，以区别于程序中的语句。每个编译预处理命令要占单独的书写行。它们可以写在程序中的任何位置，作用域从程序中的定义开始到程序的末尾。

C 语言提供的编译预处理命令包括 3 种：文件包含（#include）、宏定义（#define）和条件编译（#if…#else…#endif）。本章将对 3 种预处理命令进行详细介绍。

11.1　文件包含命令

11.1.1　头文件

一个综合的程序一般都分为多个模块，由不同的程序员编写，最后需要将它们汇集在一起进行编译。另外，在程序设计中，有一些程序代码会经常使用，如程序中的函数、宏定义等，为了方便代码的重复使用和包含不同模块文件的程序，C 语言提供了文件包含的方法。

所谓“文件包含”是指一个 C 语言源文件可以用文件包含命令将另一个 C 语言源文件的全部内容包含进来，即将另外的文件包含到本文件之中。C 语言提供#include 命令实现文件包含操作。

被包含的文件叫作“头文件”，通常用*.h 命名。在 C 语言的运行环境中编译系统配置了许多标准头文件，如前面用的 stdio.h、math.h、string.h 等，这些标准头文件中只给出了函数的原型声明，而函数真正的完整定义、实现代码放在库文件.LIB 或动态链接库.DLL 文件中。当然，也可以根据自己的需要编写自定义的*.h 头文件。另外，被包含的也可以是*.c 程序。

11.1.2　文件包含的形式

文件包含的语法书写形式有两种。

形式一：

```
#include <文件名>
```

功能：当用尖括号时，编译系统将仅在系统设定的标准子目录（VC 设定的标准子目录是 Include）中查找被包含文件，如果找不到，就发出错误信息，并停止编译过程。

形式二：

```
#include "[路径]文件名"
```

功能：编译系统将首先在源文件所在的目录中查找，若未找到，则再到系统设定的标准子目录中查找。如果被包含文件带有路径，就直接到指定目录中查找。

在使用文件包含命令时要注意以下几点。

（1）一个#include 命令只能指定一个被包含文件，若要包含几个文件，必须用几个#include 命令，且每个#include 命令要占用单独的书写行。

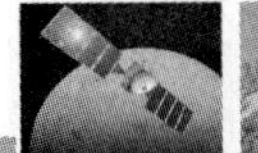

（2）被包含的文件一定是头文件（扩展名为.h）或源程序文件（扩展名为.c），不可以是执行程序或目标程序。

（3）#include 命令行应书写在所用文件的开头。

（4）文件包含允许嵌套，即在一个被包含的文件中可以包含另一个文件。例如，文件 1 包含文件 2，而文件 2 又要用到文件 3 的内容，则可在文件 1 中用#include 命令包含文件 2，而在文件 2 中用#include 命令包含文件 3，即在 file1.c 中定义：

```
#include "file2.c"
```

而在 file2.c 中定义：

```
#include "file3.c"
```

文件包含在程序设计中非常重要，当用户定义了一些外部变量或宏，可以将这些定义放在一个文件中，如 head.h，凡是需要使用这些定义的程序，只要用文件包含将 head.h 包含到该程序中，就可以避免再一次对外部变量进行说明，节省设计人员的重复劳动，既能减少工作量，又可避免出错。

读一读 11.1 编写程序，main( )函数、fun1( )函数和 fun2( )函数分别存放在 G:\chexiao 子目录下的 file.c、file1.c 和 file2.c 文件中，file.c 包含 file1.c，而 file1.c 包含 file2.c。

程序如下：

```
/*file.c*/
void fun1(int i);
void fun2(int i);
char st[]="hello,friend!";
#include "G:\ chexiao\file1.c"
main( )
{  int i=0;
   clrscr();
   fun1(i);
   printf("\n");
}
/*file1.c*/
#include "G:\ chexiao\file2.c"
void fun1(int i)
{  printf("%c",st[i]);
   if(i<3)
   {  i+=2;
      fun2(i);
   }
}
/*file2.c*/
void fun2(int i)
{  printf("%c",st[i]);
   if(i<3)
   {  i+=2;
```

```
        fun1(i);
    }
}
```

运行结果为：

```
hlo
```

当对 file.c 编译时，首先将 file1.c 中的文本替换#include "G:\chexiao\file1.c"，然后将 file2.c 中的内容替换#include "G:\ chexiao\file2.c"，因此，当对 file.c 编译时，实际编译了 3 个函数。

11.2　宏定义命令

在 C 语言源程序中，宏定义是用一个标识符来表示一个字符串，即给字符串取名。这个标识符被称为“宏名”，而这个字符串被称为“宏体”。在编译预处理时，对程序中所有出现的“宏名”，都用宏定义中的字符串去代换，这称为“宏代换”或“宏展开”。

宏定义是由源程序中的宏定义命令完成的。宏代换是由预处理程序自动完成的。

宏定义分为不带参数的宏定义和带参数的宏定义。下面分别讨论这两种宏的定义和调用。

11.2.1　不带参数的宏定义

无参宏定义的宏名后不带参数，其定义的一般格式为：

```
#define  宏名 字符串
```

其中，“#”表示这是一条预处理命令。凡是以“#”开头的均为预处理命令。“define”为宏定义命令，“宏名”为所定义的宏名，“字符串”可以是常数、表达式和格式串等。常采用无参宏定义来定义符号常量。例如：

```
#define  PI  3.1415926
```

或者常对程序中反复使用的表达式进行宏定义。例如：

```
#define  M  (x*y+x/y)
```

它的作用是指定标识符 M 来代替表达式(x*y+x/y)。在编写程序时，所有的(x*y+x/y)都可由 M 代替，而对程序编译时，将先由预处理程序进行宏代换，即用(x*y+x/y)表达式去置换所有的宏名 M，然后再进行编译。

实例 11.1　不带参数宏定义的应用示例。

程序如下：

```
#include <stdio.h>
#define N (x*y+x/y)
main( )
{   int x, y,z;
    printf("Please input the number:");
    scanf("%d,%d", &x,&y);
    z=4*N+5*N;
    printf("z=%d\n", z);
}
```

运行结果为：

```
Please input a number:7,3<回车>
z=207
```

在程序中定义了无参宏 N 的替代表达式为(x*y+x/y)，在语句“z = 4*N+5*N;”中做了宏调用。在预处理时经宏展开后该语句变为：

```
z=4*(x*y+x/y) +5*(x*y+x/y);
```

在这里一定要注意的是，在宏定义中表达式(x*y+x/y)两边的括号不能少，否则会发生错误。如当做以下定义后：

```
#difine  M  x*y+x/y
```

在宏展开时将得到下述语句：

```
z = 4*x*y+x/y+5*x*y+x/y;
```

这与题意要求不符。因为宏展开就是简单地将字符串原样替代宏名，不允许有任何添加。

在使用宏定义时还要注意以下几点。

（1）宏名一般习惯用大写字母表示，以区别于变量名，但也可以用小写字母。

（2）宏定义用宏名来表示一个字符串，在宏展开时又以该字符串取代宏名，这只是一种简单的代换，字符串中可以含任何字符，可以是常数，也可以是表达式，预处理程序对它不做任何检查。如有错误，只能在编译已被宏展开后的源程序时发现。

（3）宏定义不是 C 语句，在行末不必加分号，如加上分号则连分号也一起置换。例如：

```
#define PI 3.1415926;
area = P*r*r;
```

在宏扩展后成为：

```
area = 3.1415926;*r*r;
```

结果，在编译时出现语法错误。

（4）替换的字符串可以为空，这时表示宏名定义过或取消宏体。

（5）宏定义必须写在函数之外，其作用域为从宏定义命令起到源程序结束。如要终止其作用域可使用#undef 命令。

例如：

```
#define  PI  3.14159
main( )
{  …
}
#undef PI
f1()
{  …
}
```

表示 PI 只在 main()函数中有效，在 f1 中无效。

一般宏定义语句都放在源文件的开头，以便使它对整个源文件都有效。

（6）宏名在源程序中若用引号括起来，则预处理程序不对其做宏代换，即把它当成字符串。例如：

```
#define PI 3.14159
```

```
printf("2*PI=%f\n",PI*2);
```

宏展开为：printf("2*PI=%f\n",3.14159*2);

（7）宏定义允许嵌套，在宏定义的字符串中可以使用已经定义过的宏名。在宏展开时由预处理程序层层代换。例如：

```
#define  WIDTH  80
#define  LENGTH  WIDTH+40
var=LENGTH*2;
```

宏展开为：var= 80+40*2;

实例 11.2　已知一梯形上、下两边的长分别为 a、b，输入高 h，求其面积。

程序如下：

```
#include  <stdio.h>
main( )
#define  a  5              /*  定义宏  */
#define  b  15             /*  定义宏  */
#define  L  (a+b)          /*  嵌套定义宏  */
{ float  h, s;
  scanf("%f", &h);
  s=h*L/2;
  printf("s=%f \n", s);
}
```

运行结果为：

```
3<回车>
s=30.000000
```

注意：宏展开只是一种简单的代换，一定要在必要时加上()。

11.2.2　带参数的宏定义

C 语言允许宏带参数。在宏定义中的参数称为形参，在宏调用中的参数称为实际参数。对带参数的宏，在调用时，不仅要宏展开，而且要用实参去代换形参。

带参数宏定义的一般形式为：

```
#define  宏名(形参表)  字符串
```

在字符串中含有各个形参。带参数宏调用的一般形式为：

```
宏名(实参表);
```

例如：#define S(a,b)　a*b

　　…

　　area=S(3,2);

定义了带参数的宏 S(a,b)，它代表字符串 a*b，在程序中进行宏调用时，用实参 3 和 2 去代替形参 a 和 b，经预处理宏展开后的语句为：

```
area=3*2;
```

在程序设计中，经常把要反复使用的运算表达式定义为带参数的宏，例如：

```
#define  PER(a,b)  (100.0*(a)/(b))          /*  求 a 是 b 的百分之几  */
```

```
#define  ABS(x)   ((x)>=0)? (x): -(x)          /*  求 x 的绝对值  */
#define  MAX(a,b)   (((a)<(b))? (a):(b))        /*  求两个数中的较大数  */
#define  ISO(x)   (((x)% 2= =1)? 1:0)           /*  判断是否为奇数  */
```

在使用带参数的宏定义时要注意以下几点。

（1）在带参数宏定义中，宏名和形参之间不能有空格出现。

例如，若把“#define S(r) PI*r*r”写为“#define S (r) PI*r*r”，则会被认为是无参宏定义，宏名 S 代表字符串“(r) PI*r*r”。宏展开时，宏调用语句“area = S(x);”将被展开为“area = (r) PI*r*r (x);”，这显然是错误的。

（2）在带参数宏定义中，形式参数不分配内存单元，因此不必类型定义。而宏调用中的实参有具体的值。要用它们去代换形参，因此必须做类型说明。

（3）宏展开只是简单地用定义的宏去替换宏名而不进行任何计算，因此字符串若是表达式时，圆括号的有无会使结果明显不同。例如：

```
#define  WIDTH  80
#define  LENGTH  (WIDTH+40)
VAR=LENGTH*20;
```

经过预编译后，该赋值语句展开为：VAR=(WIDTH+40)*20=(80+40)*20=2400

如果定义式中不使用相应的圆括号：

```
#define  WIDTH  80
#define  LENGTH  WIDTH+40
VAR=LENGTH*20;
```

则预编译后的赋值语句展开为：VAR=WIDTH +40*20=80+40*20=880

这样的两个结果完全不同。所以，在定义带参数的宏时，一定要注意加上相应的圆括号。

带参数的宏和函数在使用形式和特性上很相似，但它与函数又有以下区别。

（1）函数调用时，要保留现场和返回点，而后把控制转移给被调用函数。当被调用函数执行结束后，又要恢复现场并把控制返回到调用函数。而对带参数宏的使用不存在控制的来回转移，它只是表达式的运算。

（2）函数有一定的数据类型，且数据类型是不变的。而带参数的宏一般是一个运算表达式，它没有固定的数据类型，其数据类型就是表达式运算结果的数据类型。同一个带参数的宏，随着使用实参类型的不同，其运算结果的类型也不同。

（3）函数定义和调用中使用的形参和实参都受数据类型的限制，而带参数宏的形参和实参可以是任意的数据类型。

（4）函数调用中存在参数的传递过程，而带参数宏的引用不存在参数传递过程。在函数中，形参和实参是两个不同的量，各有自己的作用域，调用时要把实参值赋给形参，进行值传递。而在带参宏中，只是符号代换，不存在值传递的问题。在宏定义中的形参是标识符，而宏调用中的实参可以是表达式。

实例 11.3 带参宏的示例一。

程序如下：

```
#define SQ(y) (y)*(y)
main( )
{   int a,sq;
```

```
        printf("input a number: ");
        scanf("%d",&a);
        sq=SQ(a+1);
        printf("sq=%d\n",sq);
    }
```

上例中定义了带参宏 SQ(y)，形参为 y。程序中宏调用实参为 a+1，是一个表达式，在宏展开时，用 a+1 代换 y，再用(y)*(y)代换 SQ，得到如下展开语句：

```
    sq=(a+1)*(a+1);
```

这与函数的调用是不同的，函数调用时要把实参表达式的值求出来再赋给形参，而宏代换中对实参表达式不做计算直接照原样代换。

（5）使用函数可缩短程序占用的内存空间，但由于控制的来回转移，会使程序的执行效率降低。而带参数的宏则相反，多次使用宏会增加程序占用的存储空间，但其执行效率比函数高。

除了使用运算表达式来定义带参数的宏外，还可使用函数来定义它，标准函数库中经常采用这种方式。例如：

```
    #define  getchar( )  fgetc(stdin)
    #define  putchar(ch)  fputc(ch, stdout)
```

（6）宏定义也可用来定义多个语句，在宏调用时，把这些语句又代换到源程序中。

实例 11.4　带参宏的示例二。

程序如下：

```
    #define  SV(s1,s2,s3,v)  s1=l*w;s2=l*h;s3=w*h;v=w*l*h;
    main( )
    {  int l=3,w=4,h=5,a,b,c,v;
       SV(a,b,c,v);
       printf("a=%d\nb=%d\nc=%d\nv=%d\n",a,b,c,v);
    }
```

该例的宏定义中用宏名 SV 表示 4 个赋值语句，4 个形参分别为 4 个赋值符左部的变量。在宏调用时，把 4 个语句展开并用实参代替形参，使计算结果送入实参中。

注意：在定义带参的宏时，在字符串中一般要将每个形参和整个字符串都加上圆括号，以避免展开时出错。

读一读 11.2　编写程序，求两个整数相除的余数，用带参数的宏来实现。

程序如下：

```
    #include <stdio.h>
    #define SUR(a,b)  (a%b)
    void main( )
    {  int a,b;
       printf("请输入两个整数 a,b: ");
       scanf("%d,%d",&a,&b);
       printf("a,b 相除的余数为: %d\n",SUR(a,b));
    }
```

运行结果为：

```
请输入两个整数 a,b:23,4<回车>
a,b 相除的余数为: 3
```

本题定义了一个带参的宏 SUR(a,b)，形参是 a 和 b，其代表的是(a%b)，所以在程序中进行宏展开时用实参 23 和 4 代替形参，SUR(a,b)就展开为（23%4）。

读一读 11.3 键盘输入立方体的边长 a，求其表面积 s 及体积 v。

程序如下：

```
#include  <stdio.h>
main( )
#define  L(a,s,v)  s=6*a*a; v=a*a*a
{  int a1,s1,v1;
   scanf("%d",&a1);
   L(a1,s1,v1);
   printf("a1=%d,s1=%d, v1=%d\n", a1, s1, v1);
}
```

运行结果为：

```
2<回车>
a1=2,s1=24,v1=8
```

宏定义将 L(a,s,v)定义为“s=6*a*a ; v=a*a*a;”，其中 a、s、v 为形参，所以程序中调用宏时会用实参代入，宏展开结果为“s1=6*a1*a1; v1=a1*a1*a1;”直接计算出 s1 和 v1 的结果。

练一练 11.1 编写计算球体体积的程序，用宏定义方式说明圆周率 PI 及计算球体体积的公式(4/3)*PI*r^3。

编程指导：定义一个无参宏 PI 和一个求球体体积的带参宏，在程序中只要调用宏求体积即可。

11.3 条件编译命令

扫一扫看计算球体体积程序讲解视频

通常，源程序中所有的行都参加编译，但是有时希望对其中一部分内容只在满足某种条件时才进行编译，也就是对一部分内容指定编译的条件，这就是“条件编译”。

条件编译使用户能够控制预处理命令的执行，以及对程序代码的编译。这对于程序的移植和调试是很有用的。每一个条件预处理命令都要计算一个整型常量表达式的值。但是类型强制转换表达式、sizeof 表达式，以及枚举常量的值，不能在预处理命令中计算。

条件编译命令有以下 3 种形式。

（1）#ifdef 标识符

```
#ifdef 标识符
        程序段 1
#else
        程序段 2
#endif
```

功能：如果标识符已被#define 命令定义过，则对程序段 1 进行编译；否则对程序段 2 进行编译。

如果没有程序段 2（为空），则本格式中的#else 可以没有，即可以写为：

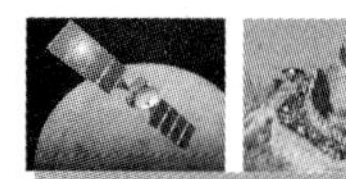

```
#ifdef  标识符
   程序段 1
#endif
```

（2）#ifndef 标识符

```
   程序段 1
#else
   程序段 2
#endif
```

功能：与第一种形式的区别是将“ifdef”改为“ifndef”，如果标识符未被#define 命令定义过，则对程序段 1 进行编译，否则对程序段 2 进行编译。这与第一种形式的功能正相反。

（3）#if 常量表达式

```
  程序段 1
#else
  程序段 2
#endif
```

功能：如果常量表达式的值为真，则对程序段 1 进行编译，否则对程序段 2 进行编译。

实例 11.5　条件编译#ifdef 的使用。

程序如下：

```
#include  "stdio.h"
#define  TED 10
main ( )
{ #ifdef  TED
  printf("Hi Ted\n");                  /* 如果定义了 TED，则编译此行代码 */
  #else
  printf("Hi anyone\n");               /* 如果没用定义 TED，则编译此行代码 */
  #endif
  #ifndef  RALPH
  printf ("RALPH not defined\n");   /* 如果定义了 RALPH，则编译此行代码 */
  #endif
}
```

上述代码打印“Hi Ted”及“RALPH not defined”。如果 TED 没有定义，则显示“Hi anyone”，后面是“RALPH not defined”。可以像嵌套#if 那样将#ifdef 与# ifndef 嵌套至任意深度。

条件编译命令在多文件、跨平台的大型程序开发中有很重要的作用。例如，在程序调试过程中，往往希望程序输出一些中间结果，一旦程序调试完成，希望将这些中间结果输出语句删除，利用条件编译命令就可以很方便地实现。

读一读 11.4　用条件编译实现开关功能。用键盘输入 3 个数，若#define max 1，则输出最大值；若#define max 0，则输出最小值。

程序如下：

```
#include <stdio.h>
smax(a, b, c)
{  int z;
```

```
    if(a>b)
       z=a;
    else
       z=b;
    if(z<c)
       z=c;
    printf("the max number is %d\n", z);
}
smin(i, j, k)
{  int y;
    if(i<j)
      y=i;
    else
      y=j;
    if(y>k)
      y=k;
    printf("the min number is %d\n", y);
}
main( )
#define max 0
{  int n1, n2, n3;
    printf("please input three numbers: ");
    scanf("%d,%d,%d", &n1, &n2, &n3);
    #if max
       smax(n1, n2, n3);
    #else
       smin(n1, n2, n3);
    #endif
}
```

运行结果为：

```
please input three numbers: 3,6,9<回车>
the min number is 3
```

此程序中用的是条件编译的第三种形式，main()函数中定义 max 为 0，所以#if max 为假，执行“smin(n1 , n2 , n3) ;”输出最小的数。

练一练 11.2 输入一串字符，可以选择原文输出或密码（原字符的后继）输出。用条件编译控制是否要译成密码。

编程指导：定义一个符号常量（0 或 1），在程序中使用第三种条件编译，根据符号常量的值确定是否进行译码，如果符号常量为 1，则译码；为 0，则输出原文。

11.4 编译预处理常见错误及解决方法

在编译预处理的定义和使用过程中，初学者易犯一些错误，下面总结了一些常见的错误，根据错误现象分析原因并给出解决方法。

示例 1 #define PI 3.14;

double s,r=1.0;

s=PI*r*r;

错误现象：系统会报错——illegal indirection,'*':operator has no effect 等语法错误。

错误原因：定义无参宏时后面加分号。

解决方法：#define 是编译预处理命令，不是 C 语句，后面不能加分号，改为

#define PI 3.14

示例 2　#define MUL(a,b) a*b

printf("%d\n",MUL(2,1+1));

错误现象：系统无报错或告警，但是输出结果为 3，不是希望的 2*2=4。

错误原因：有参宏调用时，将参数替换过程误解成函数的参数传递。

解决方法：改为#define MUL(a,b) (a)*(b)。

示例 3　文件 A.c 中定义了外部变量“int x;”，文件 B.c 中需要使用 x，但没有用 extern 声明。

错误现象：编译 B.c 时系统报错——'x':undeclared identifier。

错误原因：在使用外部变量时，没有用 extern 声明。

解决方法：改为在 B.c 前面增加语句“extern int x;”。

示例 4　文件 A.c 中定义了外部变量“int x=1;”，文件 B.c 中需要使用 x，又重复定义“int x=2;”。

错误现象：系统报错——one or more multiply defined symbols found。

错误原因：在使用外部变量时，重复定义该变量。

解决方法：同一个外部变量只能定义一次，但可以用 extern 声明多次。

知识梳理与总结

本章主要介绍了在 C 语言程序编译之前需要进行的预处理命令，包括文件包含、宏定义和条件编译。

文件包含是用#include 命令将一个 C 语言源文件的全部内容包含进另一个 C 语言源文件中，可以包含编译系统中的标准文件（*.h）或自己的文件（*.h 或*.c）。文件包含有两种形式：

```
        #include  "文件名"
    或  #include  <文件名>
```

用双引号时，表示在当前目录中搜索或按指定的路径搜索文件；用尖括号时，表示编译系统按系统设定的标准目录搜索文件。

宏定义是用#define 命令将一个字符串（宏体）定义为一个标识符（宏名），分为无参宏和带参宏两种。

无参数宏定义的一般格式为：

```
    #define 宏名 字符串
```

在宏展开时，程序中出现宏名的地方均用该字符串替换。在宏定义语句中的字符串为一般表达式（而不是一个操作数）时，为了保证正确的运算次序，应该用圆括号括起来。经常用无参宏来定义符号常量。使用无参宏能增强程序的可读性和可维护性。

带参宏的一般定义格式为：

```
    #define  宏名(参数表)  字符串
```

在程序中通常用“宏名（实参表）”调用带参数的宏。在进行编译时，预编译程序根据宏定义式来替换程序中出现的带参数的宏，其中定义式中的形式参数用相应的实际参数替

换。带参宏的使用方法类似函数，但比函数简洁、方便。带参宏的定义式和形式参数要根据需要加上圆括号，以免发生运算错误。

在程序编译时，有时要求根据具体情况编译不同的程序代码，这时可以用#ifdef …#else …#endif、#ifndef …#else …#endif 或#if …#else …#endif 3 种条件编译语句，按不同的条件去编译不同的程序部分，这在程序的移植和调试时是很有用的。

自测题 11

一、选择题

1．C 语言编译系统对宏定义的处理（　　）。

A．和其他 C 语句同时进行　　B．在对 C 语句正式编译之前处理

C．在程序执行时进行　　D．在程序链接时处理

2．以下对宏替换的叙述，不正确的是（　　）。

A．宏替换只是字符的替换　　B．宏替换不占用运行时间

C．宏标识符无类型，其参数也无类型

D．宏替换时先求出实参表达式的值，然后代入形参运算求值

3．以下不正确的描述是（　　）。

A．一个#include 命令只能指定一个被包含头文件

B．头文件包含是可以嵌套的　　C．#include 命令可以指定多个被包含头文件

D．在#include 命令中，文件名可以用双引号或尖括号括起来

4．以下叙述正确的是（　　）。

A．预处理命令行必须位于 C 语言源程序的起始位置

B．在 C 语言中，预处理命令行都是以“#”开头的

C．每个 C 语言源程序文件必须包含预处理命令行“#include <stdio.h>”

D．C 语言的预处理不能实现宏定义和条件编译功能

5．宏定义#define G 9.8 中的宏名 G 表示（　　）。

A．一个单精度实数　　B．一个双精度实数　　C．一个字符串　　D．不确定类型的数

6．对于以下宏定义：

```
#define  M  1+2
#define  N  2*M+1
```

在执行语句“x=N;”后，x 的值是（　　）。

A．3　　B．5　　C．7　　D．9

7．对于以下宏定义：

```
#define  M(x)  x*x
#define  N(x,y)  M(x)+M(y)
```

在执行语句“z=N(2,2+3);”后，z 的值是（　　）。

A．29　　B．30　　C．15　　D．语法错误

二、填空题

1．下面程序的运行结果是________。　2．以下程序的运行结果是________。

```
#define N 10
#define s(x) x*x
#define f(x) (x*x)
main()
{   int i1, i2;
    i1 = 1000/s(N);
    i2 = 1000/f(N);
    printf("%d %d\n", i1, i2);
}
```

```
#define  MCRA(m)  2*m
#define  MCRB(n,m )  2*M CRA(n)+m
main()
{   int i=2, j=3;
    printf("%d\n", MCRB(j, MCRA(i)));
}
```

3．以下程序中，for 循环体执行的次数是________。

```
#define  N  2
#define  M  N+1
#define  K  M+1*M/2
main()
{   int i;
    for(i=1;i<K;i++)
    { … }
    …
}
```

三、编程题

1．用公式“π/4≈1−1/3+1/5−1/7+…”求 π 的近似值，直到最后一项的绝对值小于指定的数，该数由宏定义确定。

2．求两个数的乘积和商数，该作用由宏定义来实现。

3．给年份定义一个宏，用于判别某年是否是闰年。

4．计算 s=f(f(−1.4))的值，其中 $f=2x^2+6x-6$，定义宏来实现。

5．输入长方体的长、宽、高，并利用带参数的宏定义，求出长方体的体积。

6．编写一个程序，产生下面的输出结果：

```
The sum of a and b is 15
```

程序定义带两个实参（a 和 b）的 SUM 宏，再使用 SUM 来产生输出。

上机训练题 11

一、写出下列程序的运行结果

```
1. #include  <stdio.h>
   #define  FUDGE(Y)  2.84+Y
   #define  PR(a)  printf("%d",(int)(a))
   #define  PRINTI(a)  PR (a);putchar('\
   main( )
    {  int  x=2;
       PRINTI(FUDGE(5)*x));
    }
```

```
2. #define  SQR(x)  x*x
   main( )
   {  int  a=10,k=2,m=1;
      a/=SQR(k+m);
      printf("%d\n",a);
   }
```

运行结果为：________　　运行结果为：________

```
3. #define  M(x,y,z)  x*y+Z
   main( )
   {  int  a=1,b=2,c=3;
        printf("%d\n",M(a+b,
             b+c,c+a));
   }
```

```
4. #define  MAX (x,y)  (x)>(y)?(x):(y)
   main( )
   {  int a=5,b=2,c=3,d=3,t;
      t =MAX(a+b,c+d)*10;
      printf("%d/n,t;")
   }
```

运行结果为：________　　运行结果为：________

```
5. #define  f(x)  x*x
   main( )
   {  int a=6,b=2,c;
        c=f(a)/f(b);
        printf("%d \n",c)
   }
```

```
6. #define  FAN(a)  a*a+1
   main( )
   {  int m=2,n=3;
      printf("%d\n",FAN(1+m+n));
   }
```

运行结果为：________　　运行结果为：________

```
7. #define  ADD(x)  x+x
   main( )
   {  int m=1,n=2,k=3;
        int sum=ADD(m+n)*k;
        printf("sum=%d",sum)
}
```

```
8. #define  MIN(x,y)  (x)<(y)?(x):(y)
   main( )
   {  int i=10,j+15,k;
      k+10*MIN(i,j);
      printf("%d\n",k);
   }
```

运行结果为：________　　运行结果为：________

```
9. #define  MAX(A,B)  (A)>(B)?(A):(B)
   #define PARTY(Y)  printf("Y=%d\t",Y)
   main( )
   {  int a=1,b=2,c=3,d=4,t;
        t=MAX(a+b,c+d);
        PRINT(t);
   }
```

```
10. #include<stdio.h>
    #define  MUL(x,y)  (x)*y
    main( )
    {  int  a=3,b=4,c;
       c=MUL(a++,b++);
       printf("%d\n",c);
    }
```

运行结果为：________　　运行结果为：________

二、编写程序，并上机调试

1. 定义一个带参数的宏定义 swap(x,y)，以实现两个整数之间的交换。
2. 编写一个程序，求 3 个数中的最大者，要求用带参宏实现。
3. 计算 $s=(x*y)^{1/2}$，用两个宏定义来实现。

第12章 文件处理

扫一扫看本章教学课件

教学导航

教	知识重点	1. 文件的概念和文件的存取方式；2. 文件的打开与关闭方法 3. 文件读写函数的应用方法；4. 文件指针的定位
	知识难点	文件读写函数的应用方法
	推荐教学方式	一体化教学：边讲理论边进行上机操作练习，及时将所学知识运用到实践中
	建议学时	2学时+4学时（综合训练）
学	推荐学习方法	课前：复习输入/输出函数的用法，预习本章将学的知识 课中：接受教师的理论知识讲授，积极完成上机练习 课后：巩固所学知识点，完成作业，加强编程训练
	必须掌握的知识理论	1. 文件的打开与关闭方法；　2. 文件读写函数的应用方法
	必须掌握的技能	能把C语言程序运算结果存入文件和从文件中读取数据

知识分布网络

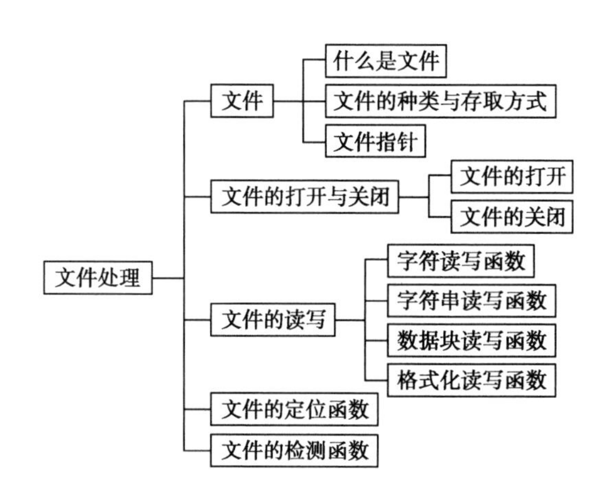

前面学习的所有程序在运行时所需的数据通常是从键盘输入的，而运行的结果则显示在屏幕上，但是不能将执行的结果保存起来。将数据存储在变量或者数组中，都只能是暂时的，因为当程序运行结束后，这些数据就会丢失。如果想将程序执行的结果保存下来，或者在程序执行时调用已有文件中的数据，则可以把它们以文件的形式永久地保存下来，所以需要学习使用 C 语言编程对文件进行访问。

本章介绍的数据文件是将输入的数据以文件的方式保存在外部介质（如磁盘）上，运行结果也作为文件保存在外部介质上。这样可以做到程序和数据分离，使程序可以满足不同数据处理的需要；数据可以重复使用，减少数据的反复输入。

12.1 文件

12.1.1 什么是文件

文件是程序设计中的一个重要概念。所谓文件，是指存储在外部介质中的一组相关数据或信息的集合。例如，源程序文件中保存着源程序，数据文件中保存着数据，声音文件中保存着声音数据等。数据是以文件的形式存放在外部介质上的，计算机操作系统是以文件为单位对数据进行管理的。也就是说，如果想寻找保存在外部介质上的数据，必须先按文件名找到指定的文件，然后再从该文件中读取数据。要向外部介质上存储数据也必须以文件名为标识先建立一个文件，才能向它输出数据。

为标识一个文件，每个文件都必须有一个文件名，其一般结构为：

```
    主文件名[.扩展名]
```

文件命名规则遵循操作系统的约定。计算机通过文件名对文件进行读、写、修改和删除等操作。

12.1.2 文件的种类与存取方式

文件可以从下面不同的角度进行分类。

（1）从用户的角度来看，文件可分为普通文件和设备文件。

普通文件是指驻留在磁盘或其他外部介质上的数据集合，可以是源文件、目标文件、可执行程序，也可以是一组待输入处理的原始数据，或者是一组输出的结果。

设备文件是指与主机相连的各种外部设备，如显示器、打印机、键盘等。在操作系统中，把外部设备也看作是一个文件来进行管理，把它们的输入、输出等同于对磁盘文件的读和写。

通常把显示器定义为标准输出文件，一般情况下在屏幕上显示有关信息就是向标准输出文件输出。如前面经常使用的 printf、putchar 函数就是这类输出。

键盘通常被指定为标准的输入文件，从键盘上输入就意味着从标准输入文件上输入数据。scanf、getchar 函数就属于这类输入。

（2）从文件的组织形式来看，文件可分为顺序存取文件和随机存取文件。

如果程序运行所需要的数据已经以文件的形式保存在外部介质上，则程序运行时就可以从外部文件输入数据，而不必从键盘输入，这一过程称为“读”文件或“取”文件。程序运行的结果也可以保存到外部介质上，这一过程称为“写”文件或“存”文件。因此，写文件是创建文件的过程，读文件则是使用文件的过程，二者统称“文件存取”。

顺序存取只能依先后次序存取文件中的数据，例如，在流式文件中，存取完第 1 字节，才能存取第 2 字节；存取完第 n-1 字节，才能存取第 n 字节。

随机存取也称直接存取，可以直接存取文件中指定位置上的数据。例如，在流式文件中，可以直接存取指定的第 i 个字节（或字符），而不管第 i-1 字节是否已经存取。

（3）从文件的存储形式来看，可分为文本文件和二进制文件。

文本文件也称为 ASCII 文件，是指由字符组成的文件，每个字符用其相应的 ASCII 码存储。这种文件在磁盘中存放时每个字符对应 1 字节，用于存放对应的 ASCII 码。例如，数字 1234 的存储形式为：

ASCII 码	00000001	00000010	00000011	00000100
	↓	↓	↓	↓
十进制码	1	2	3	4

共占用 4 字节。

文本文件可在屏幕上按字符显示，如源程序文件就是文本文件，用 DOS 命令 TYPE 可显示文件的内容。由于是按字符显示，因此能读懂文件内容。

二进制文件是按二进制的编码方式直接存放文件。例如，数 1234 的存储形式为 0000010011010010，只占 2 字节。二进制文件虽然也可在屏幕上显示，但其内容无法读懂。C 语言系统在处理这些文件时并不区分类型，将其都看成是字符流，只按字节进行处理。

用文本文件形式输出数据与字符一一对应，一字节代表一个字符，因而便于对字符进行逐个处理，也便于输出字符。但一般占存储空间较多，而且要花费转换时间（二进制形式与 ASCII 码间的转换）。用二进制形式输出数据，可以节省外存空间和转换时间，但一字节并不对应一个字符，不能直接输出字符形式。一般中间结果数据需要暂时保存在外存中，以后又需要输入到内存，常用二进制文件保存。

（4）从 C 语言对文件的处理方法来看，可以将文件分为缓冲文件系统和非缓冲文件系统。

所谓缓冲文件系统是指系统自动在内存为每个正在使用的文件开辟一个缓冲区。从内存向磁盘输出数据必须先送到内存中的缓冲区，装满缓冲区后才一起送到磁盘。如果从磁盘向内存读入数据，则一次从磁盘文件将一批数据输入内存缓冲区（充满缓冲区），然后再从缓冲区逐个地将数据送到程序数据区（给程序变量）。

所谓非缓冲文件系统是指系统不自动开辟确定大小的缓冲区，而由程序为每个文件设定缓冲区。

用缓冲文件系统进行的输入/输出又称为高级磁盘输入/输出，用非缓冲文件系统进行的输入/输出又称为低级输入/输出系统。ANSI C 标准不采用非缓冲文件系统，而只采用缓冲文件系统。也就是说，既用缓冲文件系统处理文本文件，也用它来处理二进制文件。

12.1.3 文件指针

C 语言在使用文件时，系统会在内存中为每一个文件开辟一个区域，用来存放文件的有关信息（如文件的名字、文件状态及文件当前的位置等）。这些信息保存在一个名为 FILE 的结构体变量中。FILE 结构体类型不需要用户自己定义，它是由系统事先定义的，固定包含在

头文件 stdio.h 中，其类型定义如下：

```
typedef struct
{   short           level;          /*缓冲区“满”或“空”的程度*/
    unsigned        flags;          /*文件状态标志*/
    char            fd;             /*文件描述符*/
    unsigned char   hold;           /*如无缓冲区，则不读取字符*/
    short           bsize;          /*缓冲区的大小*/
    unsigned char   *buffer;        /*数据缓冲区的位置*/
    unsigned char   *curp;          /*当前读写位置*/
    unsigned        istemp;         /*临时文件，指示器*/
    short           token;          /*用于有效性检查*/
}FILE;
```

在 C 语言中，凡是要对已打开文件进行操作，都要通过指向该文件的 FILE 结构体变量的指针。为此，需要在程序中定义一个 FILE 型（文件型）指针变量。

文件型指针变量定义的形式为：

```
FILE *文件型指针名;
```

例如：

```
FILE *fp;
```

fp 是一个 FILE 结构体类型的指针变量。通过 fp 可找到存放某个文件信息的结构体变量，然后按结构体变量提供的信息找到该文件，实施对文件的操作。习惯上也把 fp 称为指向一个文件的指针。

12.2 文件的打开与关闭

对于文件通常要进行打开、关闭、读取、写入等操作，C 语言环境中系统预置了一系列相关的文件操作函数，可以直接调用。

对标准文件（标准输入文件为键盘，标准输出文件为显示器，标准错误输出文件为显示器）进行输入/输出操作时，不需要用户程序打开和关闭文件，就可以直接引用标准文件输入/输出函数进行操作。但是，对于一般文件的读写，必须先打开它，然后才能读写，完成后还应关闭该文件。一般文件的打开用 fopen 函数，而关闭用 fclose 函数。

12.2.1 文件的打开（fopen 函数）

打开文件是在程序和操作系统之间建立起联系，程序把所要操作文件的一些信息通知给操作系统。这些信息中除包括文件名外，还要指出读写方式及读写位置。如果是读，则需要先确认此文件是否已存在；如果是写，则检查原来是否有同名文件，如有，则将该文件删除，然后新建立一个文件，并将读写位置设定于文件开头，准备写入数据。

文件的打开通过函数 fopen 实现，调用格式为：

```
文件指针名=fopen(文件名,使用文件方式);
```

其功能是：函数 fopen 将文件正常打开后，将返回文件在内存中的起始地址，并把该地址赋给文件指针，此后对文件的操作通过文件指针进行，而不再使用文件名；如果不能打开指定的文件，则返回 NULL。例如：

```
FILE *fp;
fp=fopen("duque.doc","r");
```

它表示要打开在当前目录下名字为 duque.doc 的文件，文件使用的方式是“只读”，也就是文件 duque.doc 只能读不能写，用户不能修改文件中的内容。又如：

```
FILE *fp;
fp= fopen ("C:\\vc\\test.dat","rb");
```

其意义是打开 C 驱动器磁盘 vc 目录下的文件 test.dat，这是一个二进制文件，只允许按二进制方式进行读操作。两个反斜线“\\”中的第一个表示转义字符，第二个表示目录。

说明：

① “文件名”必须是被说明为 FILE 类型的指针变量。

② “文件名”是被打开文件的文件名，它可以是字符串常量、字符型数组或字符型指针，文件名可以包含路径。

③ “使用文件方式”是指文件的类型和操作要求。

使用文件方式共有 18 种，如表 12.1 所示。

表 12.1　使用文件方式

打开方式	含　义	说　明
r	只读	为输入打开一个已存在的文本文件
w	只写	为输出打开一个文本文件
a	追加	为追加打开一个已存在的文本文件
rb	只读	为输入打开一个已存在的二进制文件
wb	只写	为输出打开一个二进制文件
ab	追加	为追加打开一个已存在的二进制文件
r+	读写	为既读又写打开一个已存在的文本文件
w+	读写	为既读又写新建一个文本文件
a+	读写	为既读又写打开一个已存在的文本文件，文件指针移至文件末尾
rb+	读写	为既读又写打开一个已存在的二进制文件
wb+	读写	为既读又写新建一个二进制文件
ab+	读写	为既读又写打开一个已存在的二进制文件，文件指针移至文件末尾

对于使用文件方式有以下几点说明。

（1）使用文件方式由“r”、“w”、“a”、“b”和“+”这 5 个字符组成，各字符的含义是：

```
r(read)          读
w(write)         写
a(append)        追加
b(banary)        二进制文件
+                读和写
```

（2）凡用“r”打开一个文件时，该文件必须已经存在，且只能从该文件读出。

（3）用“w”打开的文件只能向该文件写入。若打开的文件不存在，则以指定的文件名建立该文件；若打开的文件已经存在，则将该文件删除，重建一个新文件。

（4）若要向一个已存在的文件追加新的信息，只能用“a”方式打开文件。

（5）用“r+”、“w+”、“a+”方式打开的文件可以用来输入和输出数据。用“r+”方式时该文件应该已经存在，以便能向计算机输入数据。用“w+”方式，则新建立一个文件，先向此文件写数据，然后可以读此文件中的数据。用“a+”方式打开的文件，原来的文件不被删除，位置指针移到文件末尾，可以添加，也可以读取。

（6）在打开一个文件时，如果出错，则函数 fopen 将返回一个空指针值 NULL。在程序中可以用这一信息来判别是否完成打开文件的工作，并进行相应的处理。例如：

```
if((fp=fopen("file1","r")==NULL)
{   printf("Cannot open file1!\n");
    exit(0);
}
```

程序说明，如果 fopen 返回的指针为空，则表示不能打开文件 file1，并给出提示信息“Cannot open file1!”，然后执行 exit(0)退出程序。如果 fopen 返回的指针不为空，则继续执行“{}”后面的语句。

（7）把一个文本文件读入内存时，要将 ASCII 码转换成二进制码；而把文件以文本方式写入磁盘时，也要把二进制码转换成 ASCII 码，因此文本文件的读写要花费较多的转换时间。对二进制文件的读写不存在这种转换。

（8）在程序开始运行时，系统自动打开 3 个标准文件：标准输入、标准输出、标准出错输出，并分别用文件指针 stdin、stdout、stderr 指向它们。

12.2.2 文件的关闭（fclose 函数）

文件被处理完后，应及时关闭，以防止别处误用。所谓的关闭文件，就是使指针变量不再指向原文件，指针变量与文件脱离。不能再通过该指针对文件进行读写操作。关闭文件使用的是标准输入/输出函数 fclose。

fclose 函数调用的一般形式是：

```
fclose(文件指针变量名);
```

其功能是：fclose 函数有一个返回值，当成功关闭文件时，其返回值为 0；如果返回值为非 0 值，则表示关闭时有错误，可以用 ferror 函数来测试。

例如：

```
fclose(fp);
```

在程序终止之前必须关闭所有使用的文件。如果不关闭，可能会造成数据丢失。因为在向文件写数据时，先将数据存入缓冲区，待缓冲区充满后才写到磁盘上的文件中。如果数据未充满缓冲区而程序结束运行，就会使缓冲区中的数据丢失。而用 fclose 函数关闭文件，将把缓冲区中的数据写到磁盘文件，然后释放文件指针变量。

读一读 12.1 演示文件的打开与关闭。

程序如下：

```
#include "stdio.h"
#include "conio.h"
```

```
main()
{  FILE *fp;
   clrscr();
   printf("open and close of file\n\n");
   if((fp=fopen("g:\\xt\\test1.txt","r"))==NULL)
   {     printf("can't open test1.txt file\n");
         exit(0);
   }
   else
   {     printf("open test1.txt file succeed!\n");
         printf("file point to %ld\n",fp);
         printf("Please press any key close file\n");
         getch();
         if(0==fclose(fp))
            printf("file already close\n");
         else
            printf("file close error!\n");
   }
}
```

练一练 12.1　从文本文件 test.txt 中顺序读入文件内容，并在屏幕上显示出来。

编程指导：定义一个文件指针，使用 fopen 函数以只读方式打开文件 test.txt，用 fgetc 函数从文件中读取字符，并将字符显示在屏幕上。这里要注意如何判断何时到达文件的尾部。

12.3　文件的读写

12.3.1　字符读写函数 fgetc 和 fputc

1．字符读函数 fgetc

fgetc 函数的使用格式为：

```
ch=fgetc(fp);
```

其中，fp 为文件指针变量，ch 为字符变量。fgetc 函数返回一个读取的字符，当返回 EOF 时表示文件结束或出错，EOF 的值为-1。

如果想从一个磁盘文件顺序读入字符并在屏幕上显示出来，可以用以下格式：

```
ch=fgetc(fp);
while(ch!=EOF)
{  putchar(ch);
   ch=fgetc(fp);
}
```

对于 fgetc 函数的几点说明：

（1）在 fgetc 函数调用中，读取的文件必须是以读或读写方式打开的。

（2）一般情况下，要将读取的字符赋给一个字符变量，读取字符的结果也可以不向字符变量赋值，例如，“fgetc(fp);”，但是读出的字符不能保存。

（3）在文件内部有一个位置指针，用来指向文件的当前读写字节。在文件打开时，该指针总是指向文件的第一字节。使用 fgetc 函数后，该位置指针将向后移动一字节。因此，可连续多次使用 fgetc 函数，读取多个字符。应注意文件指针和文件内部的位置指针不是一回事。文件指针是指向整个文件的，必须在程序中定义说明，只要不重新赋值，文件指针的值是不变的。文件内部的位置指针用来指示文件内部的当前读写位置，每读写一次，该指针均向后移动，它不用在程序中定义说明，而是由系统自动设置的。

（4）在读取二进制文件时，当读取到数据-1 时，可能会误解为文件结束，C 语言提供了 feof 函数用于检测文件是否结束。文件结束时，函数返回 1，否则返回 0。

实例 12.1 读入文件 f.doc，在屏幕上输出。

程序如下：

```
#include<stdio.h>
main()
{  FILE *fp;
   char ch;
   clrscr();
   if((fp=fopen("E:\\vc\\f.doc","rt"))==NULL)
     {  printf("\nCannot open file ,press any key exit!");
        getch();
        exit(1);
     }
   ch=fgetc(fp);
   while(ch!=EOF)
   {  putchar(ch);
      ch=fgetc(fp);
   }
  fclose(fp);
}
```

该程序的功能是从文件中逐个读取字符，然后在屏幕上显示。程序定义了文件指针 fp，以读文本文件方式打开文件“E:\\vc\\f.doc”，并使 fp 指向该文件。如打开文件出错，给出提示并退出程序。程序第 13 行先读出一个字符，然后进入循环，只要读出的字符不是文件结束标志（每个文件末有一结束标志 EOF），就把该字符显示在屏幕上，再读入下一字符。每读一次，文件内部的位置指针向后移动一个字符，文件结束时，该指针指向 EOF。执行本程序将显示整个文件。运行程序屏幕会显示 f.doc 文件中的内容。

2．字符写函数 fputc

fputc 函数的功能是将一个字符输出到指定文件中，函数调用形式为：

```
fputc(ch, fp);
```

其中，ch 是要输出的字符（可为字符常量或字符变量），fp 为文件型指针变量。函数将字符（ch 的值）输出到 fp 所指向的文件中。如果输出成功，则返回值就是输出的字符；如果输出

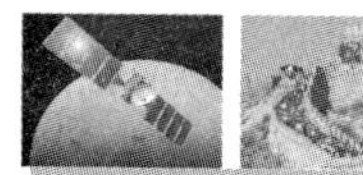

失败，则返回 EOF。

对于 fputc 函数有几点说明：

（1）被写入的文件可以用写、读写、追加方式打开，用写或读写方式打开一个已存在的文件时将清除原有的文件内容，写入字符从文件首开始。如需保留原有文件的内容，希望写入的字符从文件末开始存放，必须以追加方式打开文件。被写入的文件若不存在，则创建该文件。

（2）每写入一个字符，文件内部位置指针向后移动一字节。

（3）fputc 函数有一个返回值，如写入成功则返回写入的字符，否则返回一个 EOF。可用此来判断写入是否成功。

（4）在用函数 fputs 向文件写入一个字符串时，字符串末尾的'\0'不会写入文件。

实例 12.2　从键盘输入一行字符，写入文本文件 word.txt 中。

程序如下：

```
#include "stdio.h"
main()
{  FILE *fp;
   char ch;
   if((fp=fopen("E:\vc\word.txt","w"))==NULL)
   {  printf("can't open file,press any key to exit!");
      getchar();
      exit(0);
   }
   do
   {  ch=getchar();
      fputc(ch,fp);
   } while (ch!='\n');
   fclose(fp);
}
```

该程序的功能是把从键盘上输入的内容逐个存储到文本文件 word.txt 中。程序定义了文件指针 fp，以写文本文件方式打开文本文件 word.txt（如果这个文件不存在，则新创建一个），并使 fp 指向该文件。如果打开文件出错，则给出提示并退出程序。程序第 11～13 行进入循环，不断接收字符并写入文件，直到遇到换行符为止。

12.3.2　字符串读写函数 fgets 和 fputs

fgets 和 fputs 函数是以字符串为单位对文件进行读写的，由于这两个函数在使用中往往是一次读写一行，所以也称为行读写函数。

1．字符串读函数 fgets

fgets 函数的功能是从指定的文件中读字符串到字符数组中，函数调用的形式为：

```
fgets(s, n, 文件指针);
```

其中，s 是字符数组名或字符型指针，用于存放读进来的字符串，字符串读入后自动在 s 的末尾加一个'\0'字符；n 是一个正整数，表示从文件中读出 n-1 个字符，并在最后一个字符后

加上字符串结束标志'\0'，把它们一起放入字符数组中。如果在读入 n-1 个字符结束之前遇到换行符或 EOF，则读入结束。如果操作正确，则函数的返回值为字符数组的首地址；如果文件结束或出错，则函数的返回值为 NULL。

实例 12.3 从 D 盘根目录下的 test.txt 文件中读入一个含 10 个字符的字符串。

程序如下：

```
#include <stdio.h>
void main()
{   FILE *fp;
    char str[11];
    if((fp=fopen("D:\\test.txt","r"))==NULL)
    {   printf("Cannot open file!");
        exit(0);
    }
    fgets(str, 11, fp);
    printf("\n%s\n", str);
    fclose(fp);
}
```

本例定义了一个字符数组 str，共 11 个字节，在以只读文件方式打开 D 盘上文件 test.txt 后，从中读出 10 个字符送入 str 数组，在数组最后一个单元内将加上'\0'，然后在屏幕上显示输出 str 数组。

2．字符串写函数 fputs

fputs 函数的功能是向指定的文件写入一个字符串，函数调用形式为：

```
fputs(字符串, 文件指针);
```

其中，字符串可以是字符串常量，也可以是字符数组名，或字符型指针变量。例如：

```
fputs("abcd", fp);
```

其意义是把字符串"abcd"写入 fp 所指的文件之中。

实例 12.4 从键盘输入若干行字符存入 D 盘根目录下的文件 file.txt 中。

程序如下：

```
#include <stdio.h>
#include <string.h>
void main()
{   FILE *fp;
    char str[81];
    if((fp=fopen("D:\\file.txt", "w")) == NULL)
    {   printf("Cannot open file!\n");
        exit(0);
    }
    while(strlen(gets(str)) > 0 )
    {   fputs(str, fp);
        fputs("\n", fp);
    }
```

```
        fclose (fp);
    }
```

程序以只写方式打开 D 盘根目录下的文件 file.txt 后，用一个 while 循环来完成从键盘输入字符串，并把字符串写到文件中。gets(str)表示从键盘获取字符串，并把它保存到字符数组 str 中。strlen()函数测试输入的字符串的字符个数，如果大于 0，则用函数 fputs 把保存在 str 中的字符串写到文件中。fputs("\n", fp)表示向文件中输入一个换行符，使位置指针移到下一行开始。

12.3.3　数据块读写函数 fread 和 fwrite

C 语言提供了读写整块数据的函数 fread 和 fwrite，它们可用来读写一组数据，如一个数组元素、一个结构体变量的值等。

读数据块函数调用的一般形式为：

```
fread(buffer, size, count, fp);
```

写数据块函数调用的一般形式为：

```
fwrite(buffer, size, count, fp);
```

其中，buffer 是一个指针。在 fread 函数中，它表示存放输入数据的首地址；在 fwrite 函数中，它表示存放输出数据的首地址。size 表示数据块的字节数。count 表示要读写的数据块块数。fp 表示文件指针。

例如：

```
fread(f, 4, 5, fp);
```

其意义是从 fp 所指的文件中，每次读 4 字节（一个整数）送入整数数组 f 中，连续读 5 次，即读 5 个整数到 f 中。

实例 12.5　D 盘根目录下的文件 student.dat 中存储学生的学号、姓名、年龄、班级等信息，编写程序把年龄小于 20 岁的学生信息显示出来。

程序如下：

```
#include <stdio.h>
struct student
{   int number;
    char name[10];
    int age;
    char class[10];
};
void main()
{   FILE *fp;
    struct student s;
    int i, size;
    size = sizeof(struct student);
    if((fp=fopen("D:\\student.dat", "rb")) == NULL)
    {
        printf("Cannot open the file!");
        exit(0);
```

```
    }
    while(!feof(fp))
    {   fread(&s, size, 1, fp);
        if(s.age<20)
            printf("%d  %s  %d  %s\n", s.number, s.name, s.age, s.class);
    }
    fclose(fp);
}
```

运行结果为：

```
101  zhanghua  18  11511
102  chenqun   18  11512
```

12.3.4 格式化读写函数 fscanf 和 fprintf

函数 fscanf 和 fprintf 与前面使用的 scanf 和 printf 功能相似，都是格式化读写函数。两者的区别在于：fscanf 和 fprintf 的读写对象是磁盘文件，scanf 和 printf 的读写对象是标准输入/输出设备（键盘/显示器）。

fscanf 函数和 fprintf 函数的调用形式分别为：

```
fscanf(文件指针, 格式字符串, 输入表列);
fprintf(文件指针, 格式字符串, 输出表列);
```

例如： fscanf(fp, "%d%s", &i, s);

该语句是从 fp 所指的文件中读入一个整数和一个字符串，分别送给整型变量 i 和字符数组 s。

例如： fprintf(fp, "%d%c", j, ch);

该语句把整型变量 j 和字符变量 ch 的值依次写入 fp 所指的文件中。

函数 fscanf 和 fprintf 与函数 scanf 和 printf 的格式也非常相似，只是多了文件指针项，用于指明要操作的文件，而格式字符串和输入/输出表列与 scanf 和 printf 中的规则完全一致。

实例 12.6 从键盘输入一个字符串，将它们写入 test.txt 文件中，然后再从 test.txt 文件中读出并显示在屏幕上。

程序如下：

```
#include <stdio.h>
void main()
{   char c[81];
    FILE *fp;
    if ((fp=fopen("test.txt", "w")) == NULL)     /*以写方式打开文本文件*/
    {   printf ("Can not open file.\n");
        exit(0);
    }
    printf("Please input a string :\n");
    fscanf(stdin, "%s", c);              /*从标准输入设备（键盘）上读取数据*/
    fprintf(fp, "%s", c);                /*以格式输出方式写入文件*/
    fclose(fp);                          /*写文件结束关闭文件*/
```

```
    printf("To print a string from the file test.txt!\n");
    if((fp=fopen("test.txt", "r")) == NULL)  /* 以读方式打开文本文件 */
    {   printf("Cannot open file.\n");
        exit(0);
    }
    fscanf(fp, "%s", c);                    /*以格式输入方式从文件读取数据*/
    fprintf(stdout, "%s \n",c);             /*将数据显示到标准输出设备（屏幕）上*/
    fclose(fp);                             /*读文件结束，关闭文件*/
}
```

运行结果为：

```
Please input a string:
mountain<回车>
To print a string from the file test.txt!
mountain
```

该程序在从键盘输入数据时使用 fscanf (stdin, "%s",c)，它同 scanf ("%s", c)功能相同。同样，fprintf(stdout, "%s \n", c)与 printf("%s \n",c)功能也相同。

读一读 12.2　编写程序，将 1～100 之间的偶数与奇数分别用文件保存。

程序如下：

```
#include <stdio.h>
void main()
{  int a[100],i;
   for(i=0;i<100;i++)
     a[i]=i+1;
   FILE *fp;
   fp=fopen("d:\\odd.dat","w");
   if(fp==NULL)
   {   printf("文件不能建立！");
       exit(0);
   }
   for(i=0;i<100;i=i+2)
   {   fprintf(fp,"%3d",a[i]);
   }
   fclose(fp);
   fp=fopen("d:\\edd.dat","w");
   if(fp==NULL)
   {   printf("文件不能建立！");
       exit(0);
   }
   for(i=1;i<100;i=i+2)
     fprintf(fp,"%3d",a[i]);
   fclose(fp);
}
```

d:\\odd.dat 文件中保存着 1～100 之间的偶数，d:\\edd.dat 文件中保存着 1～100 之间的奇数。

首先把 1～100 存入数组 a[100]中，定义文件指针 fp，让 fp 以只写的形式指向 d:\\odd.dat 文件，用 fprintf 将 a[100]中的偶数存入 odd.dat 文件中；再让 fp 以只写的形式指向 d:\\edd.dat 文件，用 fprintf 将 a[100]中的奇数存入 edd.dat 文件中。

读一读 12.3 编写程序，将一字符文件的内容反序保存至另一文件中。

程序如下：

```
#include  <stdio.h>
void main()
{  FILE *fin,*fout;
   char c[100];        //假设字符文件中最多含有 100 个字符
   int i=0;
   if ((fin=fopen("a.dat","r"))==NULL)
   {  printf("不能打开此文件！ ");
      exit(0);
   }
   if ((fout=fopen("b.dat","w"))==NULL)
   {  printf("文件不能建立！ ");
      exit(0);
   }
   while(!feof(in))    //先把字符读到字符数组 c 中
   {  c[i]=fgetc(fin);
      i++;
   }
   i--;
   while(i>=0)        //把字符数组中的字符倒着写到另一文件中
   {    fputc(c[i],fout);
        i--;
   }
   fclose(fin);
   fclose(fout);
}
```

程序运行后屏幕上没有输出结果，但在当前目录下找到 b.dat 文件，其内容是 a.dat 文件内容的反序。

程序定义了两个文件指针 in 和 out，以只读的形式将 in 指向 a.dat 文件，以只写的形式将 out 指向 b.dat 文件，用 fgetc 逐一读取 a.dat 文件中的字符并存入 c[100]中，再用 fputc 把 c[100]中存入的字符写入 b.dat 文件中。

练一练 12.2 编写程序，求出 1000 以内的素数，并用一个文件保存。

编程指导：定义一个文件指针，以只写的形式指向一个文件，然后将计算出的 1000 以内的素数存入文件中。

12.4　文件的定位函数

文件中有一个位置指针，指向当前读写的位置。文件刚打开时，位置指针指向开始位置或者末尾。利用前面介绍的函数读写后，位置指针往后移动相应长度的距离。也就是说，文件的读写是顺序往后进行的。但在实际问题中有时需要只读写文件中某一指定的部分。为此，C 语言编译系统提供了移动文件位置指针的函数。当文件刚打开时，文件指针位于文件头，进行读写时文件指针会自动移动。文件的随机存取是将数据写入文件的指定位置或从文件的指定位置读取数据。程序员可以使用以下 3 种文件位置指针移动函数，实现文件的定位读写。

1. 重返文件头函数 rewind

格式：rewind(fp);

功能：可将文件指针 fp 移到文件的开头，若函数调用成功，则返回 0 值；否则，返回非 0 值。

2. 指针位置移动函数 fseek

格式：fseek(fp,offset,orng);　　即 fseek(文件指针,位移量,起始点)

功能：用来移动文件内部位置指针，将文件指针 fp 指到初始位置 orng，移动 offset 个字节。

说明：（1）offset 是一个长整数，表示指针移动的字节数。为正时，表示向文件尾的方向移动；为负时，表示向文件头的方向移动；为 0 时，不移动。

（2）orng 用来指定指针的初始位置，按表 12.2 规定的方式取值，既可以用符号名，也可以用对应的整数。

表 12.2　指针初始位置表示法

起　始　点	名　　字	用数字表示
文件开始	SEEK_SET	0
文件当前位置	SEEK_CUR	1
文件末尾	SEEK_END	2

3. 取指针当前位置函数 ftell

在流式文件中，文件位置指针经常移动，人们往往很难确定其当前位置。ftell 函数的作用就是得到文件指针的当前位置。

格式：ftell(fp);

功能：函数可以返回文件指针的当前位置，返回值为长整型数，表示相对于文件头的字节数；如果函数返回值为 1L，则表示出错。

12.5　文件的检测函数

前面介绍的文件读写函数，不能直接反映函数是否正确运行，虽然有些函数具有返回值，但返回值既可能代表文件运行结果，也可能代表文件操作出错。如 fgetc 返回 EOF，fgets 返

回 NULL，这些符号既可能代表文件运行结果，也可能表示操作出错。所以，C 标准提供了一些专用函数，用来检查或清除函数调用中的错误。

C 语言中常用的文件检测函数有以下几个。

1．文件结束检测函数 feof

格式：feof(fp);

功能：判断文件是否处于文件结束位置，如果文件指针已到文件末尾，则函数返回非 0 值，否则返回 0。

说明：feof 函数用于文件结束检测，对于文本文件，通常可用 EOF(1)作为结束标志；但对于二进制文件，1 可能是字节数据的值。为了正确判定文件的结束，可以通过使用 feof 函数来完成，因此 feof 既能用于二进制文件，也能用于文本文件。

2．读写文件出错检测函数 ferror

格式：ferror(fp);

功能：检查文件在用各种输入/输出函数进行读写时是否出错。如 ferror 返回值为 0，则表示未出错；否则表示有错。

说明：（1）如果没有发生读写错误，则函数 ferror 返回值为 0，表示本次调用成功；否则返回非 0 值，表示本次调用出错。

（2）对同一文件的每一次读写操作，都会产生一个新的 ferror 函数值。也就是说，在检测函数 ferror 时，它反映的是最近一次函数调用的出错状态。所以，每次读写操作后，应立即检查函数 ferror 的值，否则就会发生下一次读写操作后函数 ferror 的值覆盖前一次读写操作后的函数 ferror 的值的情况，而不能及时发现错误。

（3）在执行 fopen 函数时，函数 ferror 的初始值自动置为 0。

3．清除文件出错标志和文件结束标志函数 clearerr

格式：clearerr(fp);

功能：本函数用于清除出错标志和文件结束标志，使它们置为 0。

说明：（1）当调用某个输入/输出函数时出错，则函数 ferror 的返回值为非 0 数据，而调用了函数 clearerr 后，函数 ferror 的值变为 0。

（2）当调用某个输入/输出函数时出错，并且不改变它，此值一直保留下去，直到对同一个文件使用了函数 clearerr 或函数 rewind 时才重新置为 0。当然，如果使用了其他任一个读写函数也会改变这个值。

12.6 文件处理常见错误及解决方法

下面总结了一些文件处理常见的错误，根据错误现象分析原因并给出解决方法。

示例 1 fp=fopen("D:\123.txt","r");

错误现象：系统无报错，但经常提示文件打开错误。

错误原因：打开文件时，文件路径名中的斜杠未用“\\”。

解决方法：改为“fp=fopen("D:\\123.txt","r");”。

示例 2　fscanf(fp,"%d",&a);且 fp 指向二进制文件。

错误现象：系统无报错，通常读不到需要的数据。

错误原因：用文本读写函数对二进制文件进行读写。

解决方法：使用二进制的方式打开二进制文件，并使用 fread、fwrite 等函数进行读写操作。

示例 3

```
int main()
{ FILE *fp;
  fp=fopen(...);
  …
  return 0;
}
```

错误现象：系统无报错，但文件中的数据可能会丢失。

错误原因：文件操作结束后，未使用 fclose 关闭文件。

解决方法：改为

```
int main()
{ FILE *fp;
fp=fopen(...);
...
fclose(fp);
return 0;
}
```

知识梳理与总结

本章主要介绍了 C 语言中文件的概念及文件的分类方式。文件是指存储在外部介质上一组相关数据或信息的集合。文件有几种不同的分类方式，从用户的角度可以分为普通文件和设备文件，从文件的组织形式可分为顺序存取文件和随机存取文件，从文件的存储形式可分为文本文件和二进制文件，从 C 语言对文件的处理可分为缓冲文件和非缓冲文件。

C 语言把文件的相关信息保存在一个名为 FILE 的结构体变量中，通常用文件指针指向对应的文件。C 语言定义了一系列文件操作函数，如打开文件函数（fopen)、关闭文件函数（fclose）、字符读函数（fgetc）、字符写函数（fputc）、字符串读函数（fgets）、字符串写函数（fputs）、数据块读函数（fread）、数据块写函数（fwrite）、格式化读函数（fscanf）、格式化写函数（fprintf）、文件的定位函数（rewind、fseek、ftell）及文件的检测函数（feof、ferror、clearerr）等，在对文件进行操作时可以直接调用。

自测题 12

一、选择题

1. 若要用 fopen 函数打开一个新的二进制文件，该文件要既能读也能写，则使用文件方

式字符串应是（　　）。

A．"ab++"　　B．"wb+"　　C．"rb+"　　D．"ab"

2. 若 fp 是指向某文件的指针，且已读到此文件末尾，则库函数 feof(fp)的返回值是（　　）。

A．EOF　　B．0　　C．非零值　　D．NULL

3．以下可作为函数 fopen 中第一个参数的正确格式是（　　）。

A．c:user\text.txt　　B．c:\user\text.txt

C．"c:\user\text.txt"　　D．"c:\\user\\text.txt"

4．若要打开 A 盘上 user 子目录下名为 abc.txt 的文本文件进行读写操作，下面符合此要求的函数调用是（　　）。

A．fopen("A :\user\abc.txt","r")　　B．fopen("A:\\user\\abc.txt","r+")

C．fopen("A:\user\abc.txt","rb")　　D．fopen ("A:\\user\\abc.txt","w")

5．下面的程序执行后，文件 test.t 中的内容是（　　）。

```
#include <stdio.h>
void fun(char *fname, char *st)
{   FILE *myf;
    int i;
    myf = fopen(fnam e, "w");
    for(i=0; i<strlen(st); i++)
       fputc(st[i], myf);
    fclose(myf);
}
void main()
{   fun("test.t", "new world");
    fun("test.t", "hello,");
}
```

A．hello,　　B．new worldhello,　　C．new world　　D．hello,rld

二、填空题

1．已有文本文件 test.txt，其中的内容为：Hello,everyone!。以下程序中，文件 test.txt 已正确为“读”而打开，由文件指针 fr 指向该文件，则程序的输出结果是________。

```
#include <stdio.h>
void main()
{   FILE *fr;
    char str[40];
    …
    fgets(str, 5, fr);
    printf("%s\n", str);
    fclose(fr);
}
```

2．有以下程序：

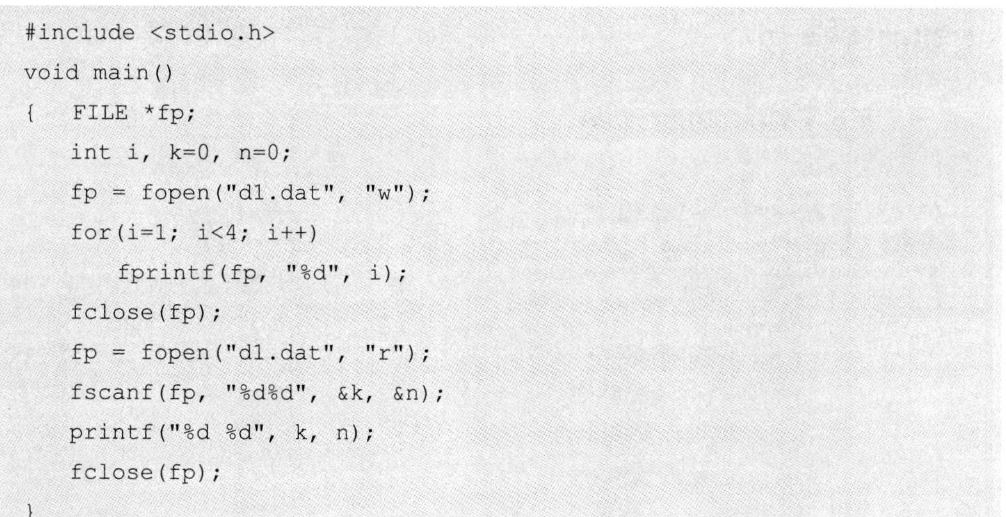

```
#include <stdio.h>
void main()
{   FILE *fp;
    int i, k=0, n=0;
    fp = fopen("d1.dat", "w");
    for(i=1; i<4; i++)
        fprintf(fp, "%d", i);
    fclose(fp);
    fp = fopen("d1.dat", "r");
    fscanf(fp, "%d%d", &k, &n);
    printf("%d %d", k, n);
    fclose(fp);
}
```

执行后输出结果是__________。

3．有以下程序：

```
#include <stdio.h>
void main()
{
    FILE *fp;
    int i, a[4]={1,2,3,4}, b;
    fp = fopen("data.dat", "wb");
    for(i=0; i<4; i++)
        fwrite(&a[i], sizeof(int), 1, fp);
    fclose(fp);
    fp = fopen("data.dat", "rb");
    fseek(fp, -2L*sizeof(int), SEEK_END);
    fread(&b, sizeof(int), 1, fp);
    fclose(fp);
    printf("%d", b);
}
```

执行后输出结果是____________。

三、编程题

1．将文本文件中的所有字母 o 替换为 w 后存入另一文件中。

2．从键盘输入一个字符串，将其中的字母存入一个磁盘文件中，非字母存入另一个磁盘文件中。

3．有两个文本文件 t1.txt 和 t2.txt，各自存放已排好序的若干字符，要求将它们合并，合并后仍然保持有序，并存放在 t3.txt 文件中。

4．已知文件中存有 10 名学生数学、政治和英语 3 门课的成绩，试统计每名学生的平均成绩，并存入该文件中。

上机训练题 12

一、写出下列程序的运行结果

```
1. #include "stdio.h"
   #include "string.h"
   void fun(char *fname,char *st)
   { FILE *myf;
     int i;
     myf=fopen(fname,"r+");
     for(i=0;i<strlen(st);i++)
            fputc(st[i],myf);
     fclose(myf);
   }
   main()
   {  fun("test.txt","new world")
      fun("test.txt","hello,");
   }
```

运行结果为：________________

如果把本题中的“myf=fopen(fname,"r+");”改写成“myf=fopen(fname,"w");”，那么该程序的运行结果为：________________

```
2. #include "stdio.h"
   main()
   { FILE *fp;
     if((fp=fopen("temp.txt","w+"))
         ==NULL)
         return;
     fputc('a',fp);
     rewind(fp);
     printf("%c",fgetc(fp));
     fclose(fp);
   }
```

运行结果为：________________

```
3. #include "stdio.h"
   main()
   { FILE *fp;
     int i=20,j=30,k,n;  fp=fopen("d1.dat","w+");
     fprintf(fp,"%d ",i);
     fprintf(fp,"%d\n",j);
     rewind(fp);
     fscanf(fp,"%d%d",&k,&n);
     printf("%d %d\n",k,n);
     fclose(fp);
   }
```

运行结果为：________________

```
4. #include "stdio.h"
   main(int argc,char *argv[])
   { FILE *fp;
     void fc();
     int i=1;
     while( argc>0)
     if((fp=fopen(argv[i++],"r"))==NULL)
     {   printf("Can't open file press any key exit!");
         getch();
```

```
            exit(1);
        }
        else
        {  fc(fp);
           fclose(fp);
        }
    }
    void fc(FILE *fp1)
    {  char c;
       while((c=getc(fp1))!='#')
             putchar(c 32);
    }
```

上述程序经过编译、链接后生成的可执行文件名为 sj6.exe。假定磁盘上有 3 个文本文件，其文件名和内容分别为：

文件名	内容
a	aaaa#
b	bbbb#
c	cccc#

如果在 DOS 下输入：

```
sj6 a b c<CR>   /*CR 代表回车*/
```

则运行结果为：______________________

```
5. #define FAN(a)  a*a+1
   main()
   { int m=2,n=3;
     printf("%d\n",FAN(1+
              m+n));
   }
```

运行结果为：________________

```
6. #include "stdio.h"
   void main()
   {  int a[4]={1,10,100,1000},b[4];
      int k;
      FILE *fp;
      clrscr();
      if((fp=fopen("ls.txt","w+"))==NULL)
          return;
      fwrite(a,sizeof(int),4,fp);
      rewind(fp);
      fread(b,sizeof(int),4,fp);
      for(k=0;k<4;k++)
         printf("%d",b[k]);
      fclose(fp);
   }
```

运行结果为：________________

二、编写程序，并上机调试

1. 求出 1000 以内的水仙花数，并用文件保存。
2. 将一个 C 语言的源程序文件删除注释信息后输出。

阶段性综合训练3　学生成绩管理系统设计

1．任务要求

设计一个学生成绩管理系统，要求实现以下具体功能：

（1）读入学生信息，以数据文件的形式存储学生信息。

（2）可以按学号增加、修改、删除学生的信息。

（3）按学号、姓名、名次等方式查询学生信息。

（4）可以依学号顺序浏览学生信息。

（5）可以统计每门课的最高分、最低分及平均分。

（6）计算每名学生的总分并进行排名。

2．算法分析

根据任务要求的功能，采用结构化程序设计思想，将系统分成5大功能模块（如图综3.1所示）。

（1）显示基本信息。

（2）基本信息管理：插入、删除、修改学生信息3个子模块。

（3）学生成绩管理：计算学生总分、根据总分排名两个子模块。

（4）考试成绩统计：求课程最高分、最低分、平均分3个子模块。

（5）根据条件查询：根据学号、姓名、名次查询3个子模块。

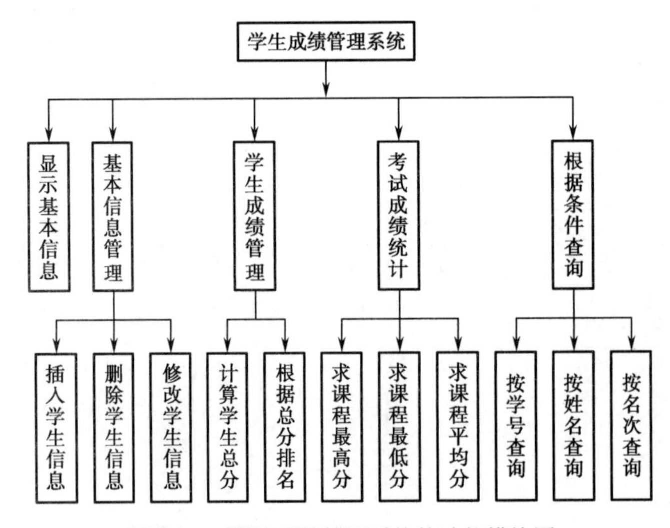

图综3.1　学生成绩管理系统的功能模块图

为了实现该系统，需要解决以下问题。

（1）数据的表示：用什么样的数据类型能正确、合理、全面地表示学生的信息，每名学生必须要有哪些信息。

（2）数据的存储：用什么样的结构存储学生的信息，有利于扩充并方便操作。

（3）数据的永久保存问题：数据以怎样的形式保存在磁盘上，避免数据的重复录入。

（4）如何能做到便于操作，即人机接口的界面友好，方便使用者操作。

（5）如何抽象各个功能，做到代码复用程度高，函数的接口尽可能简单明了。

3. 任务实施

系统的实现按模块化合理划分，完整的程序由 4 个文件组成：student.h、student.c、file.h、manage.c，在 VC 环境下将它们放在同一个工程中，在磁盘上存放于同一个文件夹中。

1）定义数据类型

根据任务要求，一名学生的信息包含表综 3.1 中的几个方面。

表综 3.1　学生信息的各个成员及类型

需要表示的信息	成　员　名	类　　型	成员值的获得方式
学号	num	long　长整型	输入提供
姓名	name	char [ ] 字符串	输入提供
性别	sex	char[ ]　字符串	输入提供
3 门课的成绩	score	int [ ]　一维整型数组	输入提供
总分	total	int　　整型	根据 3 门课成绩计算
名次	rank	int　　整型	根据总分计算

将不同类型的成员作为同一个变量的不同成分，必须用结构类型来定义。表示每条学生信息对应的结构类型定义如下：

```
struct Student
{   long num;                /*学号*/
    char name[20];           /*姓名*/
    char sex[10];            /*性别*/
    int score[3];            /*3 门课成绩*/
    int total;               /*总分*/
    int rank;                /*名次*/
};
typedef struct Student  Student;
```

由于要处理一批学生的信息，但记录条数不太多，插入、删除操作不太频繁，完整的类型选用结构体数组比较合适，因为有足够大的连续内存空间保证可以存放所有记录，并且数组的随机访问方式使得访问任意数组元素方便、快捷、效率高。

2）基于结构体类型的基本操作

根据图综 3.1 可知，在结构体数组或变量之上，需要提供下列操作：读入一个或一批记录、输出一个或一批记录、查找、删除、修改、排序、求总分和名次、求课程的各种分数等，在这些函数中还会用到按一定条件判断两个结构体变量是否相等，二者之间的大小关系等。

基于 Student 类型的基本操作的定义和实现分别放在 student.h 和 student.c 文件中。

student.h 源程序如下：

```
#ifndef _STUDENT            /*条件编译，防止重复包含的错误*/
#define _STUDENT
```

```
#include <string.h>
#define NUM 20              /*定义学生人数常量，此处可以根据实际需要修改常量值*/
struct Student              /*学生信息的数据域*/
{       long num;
        char name[20];
        char sex[10];
        int score[3];
        int total;
        int rank;
};
typedef struct Student Student;
#define sizeStu sizeof(Student)         /*一条学生信息所需要的内存空间大小*/
/*读入学生信息，学号为 0 或读满规定条数记录时停止*/
int readStu(Student stu[],int n);
void printStu(Student  *stu, int n);    /*输出所有学生信息的值*/
/*根据 condition 条件判断两个 Student 类型数据是否相等*/
int equal(Student s1,Student s2,int condition);
/*根据 condition 比较 Student 类型数据的大小*/
int larger(Student s1,Student s2,int condition);
void reverse(Student stu[],int n);          /*学生信息数组元素逆置*/
void calcuTotal(Student stu[],int n);       /*计算所有学生的总分*/
/*根据总分计算学生的名次，允许有并列名次*/
void calcuRank(Student stu[],int n);
/*求 3 门课的最高、最低、平均分，m 数组第一维表示哪门课，第二维表示最高、最低、平均分*/
void calcuMark(double m[3][3],Student stu[],int n);
/*选择从小到大排序，按 condition 所规定的条件*/
void sortStu(Student stu[],int n,int condition);
/*根据条件找数组中与 s 相等的各元素*/
/*下标置于 f 数组中，设 f 数组是因为查找结果可能不止一条信息*/
int searchStu(Student stu[],int n,Student s,int condition,int f[]);
/*向数组中插入一个元素按学号有序排列*/
int insertStu(Student stu[],int n,Student s);
/*从数组中删除一个指定学号的元素*/
int deleteStu(Student stu[],int n,Student s);
#endif
```

student.c 源程序如下：

```
#include "student.h"
#include <stdio.h>
/*读入学生记录值，学号为 0 或读满规定条数记录时停止*/
int readStu(Student  *stu, int n)
{   int i,j;
    for (i=0;i<n;i++)
    {   printf("Input one student\'s information\n");
```

```
        printf("num:  ");
        scanf("%ld", &stu[i].num);
        if(stu[i].num==0) break;
        printf("name: ");
        scanf("%s",stu[i].name);
        printf("sex:  ");
        scanf("%s",stu[i].sex);
        stu[i].total=0;                /*总分需要计算求得，初值置为 0*/
        printf("Input three courses of the student:\n");
        for(j=0;j<3;j++)
          scanf("%d",&stu[i].score[j]);
        stu[i].rank=0;                 /*名次需要根据总分来计算，初值置为 0*/
    }
    return i;                          /*返回实际读入的信息条数*/
}

void printStu(Student  *stu, int n)         /*输出所有学生信息的值*/
{   int i,j;
    for (i=0;i<n;i++)
    {   printf("%8ld", stu[i].num);
        printf("%8s", stu[i].name);
        printf("%8s", stu[i].sex);
        for(j=0;j<3;j++)
           printf("%6d",stu[i].score[j]);
       printf("%7d",stu[i].total);
       printf("%5d\n",stu[i].rank);
    }
}
/*如何判断两个 Student 信息相等*/
int equal(Student s1,Student s2,int condition)
{   if(condition==1)              /*如果参数 condition 的值为 1，则比较学号*/
        return s1.num==s2.num;
    else if(condition==2)         /*如果参数 condition 的值为 2，则比较姓名*/
    {  if(strcmp(s1.name,s2.name)==0)
          return 1;
        else
          return 0;
    }
    else if(condition==3)         /*如果参数 condition 的值为 3，则比较名次*/
        return s1.rank==s2.rank;
    else if(condition==4)         /*如果参数 condition 的值为 4，则比较总分*/
        return s1.total==s2.total;
    else return 1;                /*其余情况返回 1*/
```

```
}
/*根据 condition 条件比较两个 Student 信息的大小*/
int larger(Student s1,Student s2,int condition)
{   if(condition==1)              /*如果参数 condition 的值为 1，则比较学号*/
        return s1.num>s2.num;
    if(condition==2)              /*如果参数 condition 的值为 2，则比较总分*/
        return s1.total>s2.total;
    else return 1;                /*其余情况返回 1*/
}

void reverse(Student stu[],int n)         /*数组元素逆置*/
{   int i;
    Student temp;
    for(i=0;i<n/2;i++)                    /*循环次数为元素数量的一半*/
    {   temp=stu[i];
        stu[i]=stu[n-1-i];
        stu[n-1-i]=temp;
    }
}

void calcuTotal(Student stu[],int n)    /*计算所有学生的总分*/
{   int i,j;
    for(i=0;i<n;i++)                      /*外层循环控制所有学生信息*/
    {   stu[i].total =0;
        for(j=0;j<3;j++)                  /*内层循环控制 3 门功课*/
            stu[i].total +=stu[i].score[j];
    }
}
/*根据总分计算所有学生的排名，成绩相同者名次相同*/
void calcuRank(Student stu[],int n)
{   int i;
    sortStu(stu,n,2);             /*先调用 sortStu 算法，按总分由小到大排序*/
    reverse(stu,n);               /*再逆置，按总分由大到小排序*/
    stu[0].rank=1;                /*第一条记录的名次一定是 1*/
    for(i=1;i<n;i++)              /*从第二条记录一直到最后一条进行循环*/
    /*当前记录与其相邻的前一条记录如果总分相等,则当前记录名次等于其相邻的前一条记录名次*/
    {   if(equal(stu[i],stu[i-1],4))
            stu[i].rank=stu[i-1].rank;
        else
            stu[i].rank=i+1;       /*如果不相等，则当前记录名次等于其下标号+1*/
    }
}
/*求 3 门课的最高、最低、平均分*/
```

```
/*其中形式参数二维数组 m 的第一维代表 3 门课，第二维代表最高、最低、平均分*/
void calcuMark(double m[3][3],Student stu[],int n)
{   int i,j;
    for(i=0;i<3;i++)                        /*求 3 门课的最高分*/
    {   m[i][0]=stu[0].score[i];
        for(j=1;j<n;j++)
            if(m[i][0]<stu[j].score[i])
                m[i][0]=stu[j].score[i];
    }
    for(i=0;i<3;i++)                        /*求 3 门课的最低分*/
    {   m[i][1]=stu[0].score[i];
        for(j=1;j<n;j++)
            if(m[i][1]>stu[j].score[i])
                m[i][1]=stu[j].score[i];
    }
    for(i=0;i<3;i++)                        /*求 3 门课的平均分*/
    {   m[i][2]=stu[0].score[i];
        for(j=1;j<n;j++)
            m[i][2]+=stu[j].score[i];
        m[i][2]/=n;
    }
}
/*选择法排序，按 condition 条件由小到大排序*/
void sortStu(Student stu[],int n,int condition)
{   int i,j,minpos;                   /*minpos 用来存储本次最小元素所在的下标*/
    Student t;
    for(i=0;i<n-1;i++)                /*控制循环的第 n-1 次*/
    {   minpos=i;
        for(j=i+1;j<n;j++)            /*寻找本次最小元素所在的下标*/
            if(larger(stu[minpos],stu[j],condition))
                minpos=j;
        if(i!=minpos)                 /*保证本次最小元素到达下标为 i 的位置*/
        {   t=stu[i];
            stu[i]=stu[minpos];
            stu[minpos]=t;
        }
    }
}
```

/*在 stu 数组中依 condition 条件查找与 s 相同的元素，由于不止一条记录符合条件，因此将这些元素的下标置于 f 数组中*/

```
int searchStu(Student stu[],int n,Student s,int condition,int f[ ])
{   int i,j=0,find=0;
    for(i=0;i<n;i++)                        /*待查找的元素*/
```

```
        if(equal(stu[i],s,condition))
        {   f[j++]=i;                  /*找到了相等的元素,将其下标放到f数组中*/
            find++;                    /*统计找到的元素个数*/
        }
      return find;                     /*返回find，若其值为0，则表示没找到*/
}
/*向stu数组中依学号递增插入一个元素s*/
int insertStu(Student stu[],int n,Student s)
{   int i;
    sortStu(stu,n,1);                  /*先按学号排序*/
    for(i=0;i<n;i++)
    {   if(equal(stu[i],s,1))          /*学号相同不允许插入，保证学号的唯一性*/
        {   printf("this record exist,can not insert again!\n");
            return n;
        }
    }
    for(i=n-1;i>=0;i--)                /*按学号从小到大排序*/
    {   if(!larger(stu[i],s,1))        /*如果s大于当前元素stu[i],则退出循环*/
        break;
        stu[i+1]=stu[i];               /*否则元素stu[i]后移一个位置*/
    }
    stu[i+1]=s;                        /*在下标i+1处插入元素s*/
    n++;                               /*元素个数增加1*/
    return n;                          /*返回现有元素个数*/
}
/*从数组中删除指定学号的一个元素*/
int deleteStu(Student stu[],int n,Student s)
{   int i,j;
    for(i=0;i<n;i++)                           /*寻找待删除的元素*/
        if(equal(stu[i],s,1))   break;         /*如果找到相等元素，则退出循环*/
    if(i==n)                                   /*如果找不到待删除的元素*/
    {   printf("This record does not exist!\n");/*则给出提示信息然后返回*/
        return n;
    }
    for(j=i; j<n-1; j++)       /*此处隐含条件为i<n且equal(stu[i],s,1)成立*/
        stu[j]=stu[j+1];       /*通过移动覆盖删除下标为i的元素*/
    n--;                       /*元素个数减少1*/
    return n;                  /*返回现有个数*/
}
```

3）用二进制文件实现数据的永久保存

在本系统中，初次输入的学生数据信息要保存到磁盘文件中，下次再运行程序的时候直接从已有的磁盘文件中读取内容到内存中进行处理，采用二进制文件操作效率更高。

程序自动调用 readFile() 函数打开文件，从文件中读取记录信息到内存，保存在结构体数组中。如果此时文件不存在，则首先调用建立初始文件的函数 createFile()，将从磁盘读入的记录先存入文件中，再在程序每次运行结束退出前调用 saveFile()函数，将内存中的所有记录保存到文件中。

文件的建立、读出、保存都定义在头文件 file.h 中。

file.h 源程序如下：

```
#include <stdio.h>
#include <stdlib.h>
#include "student.h"
int  createFile(Student stu[ ])              /*建立初始的数据文件*/
{   FILE *fp;
    int n;
    /*指定好文件名，以写入方式打开*/
    if((fp=fopen("d:\\student.dat", "wb")) == NULL)
    {   printf("can not open file !\n");     /*若打开失败，则输出提示信息*/
        exit(0);                             /*然后退出*/
    }
    printf("input students\' information:\n");
    n=readStu(stu,NUM);                      /*调用 student.h 中的函数读数据*/
    fwrite(stu,sizeStu,n,fp);                /*将刚才读入的所有记录一次性写入文件*/
    fclose(fp);                              /*关闭文件*/
     return n;
}

int readFile(Student stu[ ] )          /*将文件中的内容读出置于结构体数组 stu 中*/
{   FILE *fp;
    int i=0;
    /*以读的方式打开指定文件*/
    if((fp=fopen("d:\\student.dat", "rb")) == NULL)
    /*如果打开失败，则输出提示信息*/
    {   printf("file does not exist,create it first:\n");
        return 0;                            /*然后返回 0*/
    }
    fread(&stu[i],sizeStu,1,fp);             /*读出第一条记录*/
    while(!feof(fp))                         /*文件未结束时循环*/
    {    i++;
         fread(&stu[i],sizeStu,1,fp);        /*再读出下一条记录*/
     }
    fclose(fp);                              /*关闭文件*/
    return i;                                /*返回记录条数*/
}
```

```
void saveFile(Student stu[],int n)      /*将结构体数组的内容写入文件*/
{   FILE *fp;
    /*以写的方式打开指定文件*/
    if((fp=fopen("d:\\student.dat", "wb")) == NULL)
    {   printf("Can not open file!\n");    /*如果打开失败，则输出提示信息*/
        exit(0);                            /*然后退出*/
    }
    fwrite(stu,sizeStu,n,fp);
    fclose(fp);                             /*关闭文件*/
}
```

4）用两级菜单多个函数实现系统

所有菜单都是通过定义函数并被其他函数调用后显示以起到提示的作用的。根据操作时显示的顺序，5 个菜单分为两级。两级菜单的使用提高了人机交互性，而且同一级菜单可以多次选择再结束，操作灵活方便。

按照功能模块图，各菜单的细节如表综 3.2 所示。

表综 3.2　系统各菜单具体信息

菜　单	一级菜单	二级菜单（1）	二级菜单（2）	二级菜单（3）	二级菜单（4）
函 数 名	void menu();	void menuBase();	void menuScore();	void menuCount();	void menuSearch();
对应功能模块	学生成绩管理系统	基本信息管理	学生成绩管理	考试成绩统计	根据条件查询
被哪个函数调用	main 函数	baseManage 函数	scoreManage 函数	countManage 函数	searchManage 函数

文件 manage.c 中定义了 13 个函数，每个函数都功能明确、代码简洁，使得整个系统很好地体现了模块化程序设计思想。

manage.c 源程序如下：

```
#include <stdio.h>
#include <stdlib.h>
#include "file.h"
#include "student.h"
void printHead( )      /*打印学生信息的表头*/
{ printf("%8s%10s%8s%6s%6s%8s%6s%6s\n","学号","姓名","性别","数学","英语",
  "计算机","总分","名次");
}

void menu( )          /*顶层菜单函数*/
{       printf("******** 1. 显示基本信息 ********\n");
        printf("******** 2. 基本信息管理 ********\n");
        printf("******** 3. 学生成绩管理 ********\n");
        printf("******** 4. 考试成绩统计 ********\n");
        printf("******** 5. 根据条件查询 ********\n");
```

```
        printf("******** 0. 退出          ********\n");
}

void menuBase( )        /*基本信息管理菜单函数*/
{       printf("%%%%%%%% 1. 插入学生记录 %%%%%%%%\n");
        printf("%%%%%%%% 2. 删除学生记录 %%%%%%%%\n");
        printf("%%%%%%%% 3. 修改学生记录 %%%%%%%%\n");
        printf("%%%%%%%% 0. 返回上层菜单 %%%%%%%%\n");
}

void menuScore( )        /*学生成绩管理菜单函数*/
{       printf("@@@@@@@@ 1. 计算学生总分 @@@@@@@@\n");
        printf("@@@@@@@@ 2. 根据总分排名 @@@@@@@@\n");
        printf("@@@@@@@@ 0. 返回上层菜单 @@@@@@@@\n");
}

void menuCount( )        /*考试成绩统计菜单函数*/
{       printf("&&&&&&&& 1. 求课程最高分 &&&&&&&&\n");
        printf("&&&&&&&& 2. 求课程最低分 &&&&&&&&\n");
        printf("&&&&&&&& 3. 求课程平均分 &&&&&&&&\n");
        printf("&&&&&&&& 0. 返回上层菜单 &&&&&&&&\n");
}

void menuSearch( )       /*根据条件查询菜单函数*/
{       printf("######## 1. 按学号查询    ########\n");
        printf("######## 2. 按姓名查询    ########\n");
        printf("######## 3. 按名次查询    ########\n");
        printf("######## 0. 返回上层菜单 ########\n");
}

int baseManage(Student stu[],int n)           /*该函数完成基本信息管理*/
/*按学号进行插入、删除、修改，学号不能重复*/
{   int choice,t,find[NUM];
    Student s;
    do
    {   menuBase( );                        /*显示对应的二级菜单*/
        printf("Choose one operation you want to do:\n");
        scanf("%d",&choice);                /*读入选项*/
        switch(choice)
        { case 1:   readStu(&s,1);          /*读入一条待插入的学生信息*/
                  n=insertStu(stu,n,s);     /*调用函数插入学生信息*/
                  break;
          case 2: printf("Input the number deleted\n");
```

```
                scanf("%ld",&s.num);    /*读入一条待删除的学生信息*/
                n=deleteStu(stu,n,s);   /*调用函数删除指定学号的学生信息*/
                break;
            case 3: printf("Input the number modified\n");
                scanf("%ld",&s.num);    /*读入一个待修改的学生信息*/
                /*调用函数查找指定学号的学生信息*/
                t=searchStu(stu,n,s,1,find) ;
                if(t)                   /*如果该学号的信息存在*/
                { readStu(&s,1);        /*读入一条完整的学生信息*/
                  stu[find[0]]=s;       /*将刚读入的信息赋值给需要修改的数组*/
                }
                else                    /*如果该学号的信息不存在*/
                  printf("This student is not in,can not be
                      modified.\n");            /*输出提示信息*/
                break;
            case 0: break;
            }
        }while(choice);
        return n;                       /*返回当前操作结束后的实际信息条数*/
}

void scoreManage(Student stu[],int n)   /*该函数完成学生成绩管理功能*/
{   int choice;
    do
    {   menuScore( );                   /*显示对应的二级菜单*/
        printf("choose one operation you want to do:\n");
        scanf("%d",&choice);            /*读入二级选项*/
        switch(choice)
        {   case 1:  calcuTotal(stu,n);  break;  /*求所有学生的总分*/
            case 2:  calcuRank(stu,n);  break;   /*根据所有学生的总分排名次*/
            case 0:  break;
        }
    }while(choice);
}
/*打印分数通用函数，被 countManage 调用*/
void printMarkCourse(char *s,double m[3][3],int k)
{ /*形参 k 代表输出不同的内容，0、1、2 分别对应最高分、最低分、平均分*/
    int i;
    printf(s);                          /*这里的 s 传入的是输出分数的提示信息*/
    for(i=0;i<3;i++)                    /*i 控制哪一门课*/
        printf("%10.2lf",m[i][k]);
    printf("\n");
}
```

```
void countManage(Student stu[],int n)     /*该函数完成考试成绩统计功能*/
{   int choice;
    double mark[3][3];
    do
    {   menuCount( );                     /*显示对应的二级菜单*/
        calcuMark(mark,stu,n);            /*调用此函数求3门课的最高、最低、平均分*/
        printf("choose one operation you want to do:\n");
        scanf("%d",&choice);
        switch(choice)
        {  case 1:  printMarkCourse("3门课的最高分分别是:\n",mark,0);
                                          /*输出最高分*/
                    break;
           case 2:  printMarkCourse("3门课的最低分分别是:\n",mark,1);
                                          /*输出最低分*/
                    break;
           case 3:  printMarkCourse("3门课的平均分分别是:\n",mark,2);
                                          /*输出平均分*/
                    break;
           case 0:  break;
        }
    }while(choice);
}

void searchManage(Student stu[],int n)      /*该函数完成根据条件查询功能*/
{   int i,choice,findnum,f[NUM];
    Student s;
    do
    {   menuSearch( );                        /*显示对应的二级菜单*/
        printf("choose one operation you want to do:\n");
        scanf("%d",&choice);
        switch(choice)
        {   case 1:   printf("Input a student's num will be searched:\n");
                  scanf("%ld",&s.num);          /*输入待查询学生的学号*/
                  break;
            case 2:  printf("Input a student's name will be searched:\n");
                  scanf("%s",s.name);           /*输入待查询学生的姓名*/
                  break;
            case 3:   printf("Input a rank will be searched:\n");
                  scanf("%d",&s.rank);          /*输入待查询学生的名次*/
                  break;
            case 0:   break;
        }
```

```
        if(choice>=1&&choice<=3)
        { findnum=searchStu(stu,n,s,choice,f);
                                        /*查找符合条件元素的下标存于 f 数组中*/
          if(findnum)                               /*如果查找成功*/
          {   printHead( );                         /*打印表头*/
              for(i=0;i<findnum;i++)                /*循环控制 f 数组的下标*/
              printStu(&stu[f[i]],1);               /*每次输出一条记录*/
           }
           else
              printf("this record does not exist!\n");
                                        /*如果查找不到元素，则输出提示信息*/
         }
    }while(choice);
}
/*主控模块，对应于一级菜单，其下各功能选择执行*/
int runMain(Student stu[],int n,int choice)
{       switch(choice)
        {    case 1: printHead( );         /* 1. 显示基本信息*/
                     sortStu(stu,n,1);     /*按学号由小到大的顺序排序信息*/
                     printStu(stu,n);      /*按学号由小到大的顺序输出所有信息*/
                     break;
             case 2: n=baseManage(stu,n);     /* 2. 基本信息管理*/
                     break;
             case 3: scoreManage(stu,n);      /* 3. 学生成绩管理*/
                     break;
             case 4: countManage(stu,n);      /* 4. 考试成绩统计*/
                     break;
             case 5: searchManage(stu,n);     /* 5. 根据条件查询*/
                     break;
           case 0: break;
        }
        return n;
}

int main( )
{   Student stu[NUM];           /*定义实参一维数组存储学生信息*/
    int choice,n;
    n=readFile(stu);            /*首先读取文件，记录条数返回赋值给 n*/
    if (!n)                     /*如果原来的文件为空*/
       n=createFile(stu);       /*则首先要建立文件，从键盘输入一系列信息存于文件*/
    do
    {  menu();                              /*显示主菜单*/
       printf("Please input your choice: ");
```

```
        scanf("%d",&choice);
        if(choice>=0&&choice<=5)
            n=runMain(stu,n,choice); /*通过调用此函数进行一级功能项的选择执行*/
        else
            printf("error input,please input your choice again!\n");
    } while(choice);
    sortStu(stu,n,1);                    /*存入文件前按学号由小到大排序*/
      saveFile(stu,n);                   /*将结果存入文件*/
    return 0;
}
```

4. 任务拓展思考

在上面学生成绩管理系统程序的基础上做如下的完善和扩展。

（1）对学生成绩管理系统的第一个模块“显示基本信息”加以改造，使其不仅能支持按学号顺序输出所有的学生信息，也支持按分数由高到低的顺序输出所有学生的信息。

（2）将本训练中程序改造成基于单链表的结构，功能要求不变。

（3）仿照本训练中的系统设计，设计一个你身边的信息管理软件系统（如图书、财务、办公、购物等）。

附录 A　常用字符与 ASCII 码对照表

ASCII 值	字符	ASCII 值	字符	ASCII 值	字符	ASCII 值	字符
0	NUT	32	[space]	64	@	96	`
1	SOH	33	!	65	A	97	a
2	STX	34	"	66	B	98	b
3	ETX	35	#	67	C	99	c
4	EOT	36	$	68	D	100	d
5	ENQ	37	%	69	E	101	e
6	ACK	38	&	70	F	102	f
7	BEL	39	‘	71	G	103	g
8	BS	40	(	72	H	104	h
9	HT	41	)	73	I	105	i
10	LF	42	*	74	J	106	j
11	VT	43	+	75	K	107	k
12	FF	44	,	76	L	108	l
13	CR	45	-	77	M	109	m
14	SO	46	.	78	N	110	n
15	SI	47	/	79	O	111	o
16	DLE	48	0	80	P	112	p
17	DCI	49	1	81	Q	113	q
18	DC2	50	2	82	R	114	r
19	DC3	51	3	83	S	115	s
20	DC4	52	4	84	T	116	t
21	NAK	53	5	85	U	117	u
22	SYN	54	6	86	V	118	v
23	TB	55	7	87	W	119	w
24	CAN	56	8	88	X	120	x
25	EM	57	9	89	Y	121	y
26	SUB	58	:	90	Z	122	z
27	ESC	59	;	91	[	123	{
28	FS	60	<	92	\	124	|
29	GS	61	=	93	]	125	}
30	RS	62	>	94	^	126	~
31	US	63	?	95	_	127	*

附录B　C语言运算符与优先级汇总表

<table>
<tr><th>优先级</th><th>运 算 符</th><th>含 义</th><th>运算符类型</th><th>结 合 方 向</th></tr>
<tr><td>1</td><td>()
[]
->
.</td><td>圆括号
下标运算符
指向结构体成员运算符
结构体成员运算符</td><td></td><td>从左到右</td></tr>
<tr><td>2</td><td>!
~
++
--
-
（类型）
*
&
sizeof</td><td>逻辑非运算符
按位取反运算符
自增运算符
自减运算符
负号运算符
类型转换运算符
指针运算符
地址运算符
求长度运算符</td><td>单目运算符</td><td>从右到左</td></tr>
<tr><td>3</td><td>*
/
%</td><td>乘法运算符
除法运算符
求余运算符</td><td>双目运算符</td><td>从左到右</td></tr>
<tr><td>4</td><td>+
-</td><td>加法运算符
减法运算符</td><td>双目运算符</td><td>从左到右</td></tr>
<tr><td>5</td><td><<
>></td><td>左移运算符
右移运算符</td><td>双目运算符</td><td>从左到右</td></tr>
<tr><td>6</td><td><
<=
>
>=</td><td>小于运算符
小于等于运算符
大于运算符
大于等于运算符</td><td>双目运算符</td><td>从左到右</td></tr>
<tr><td>7</td><td>==
!=</td><td>等于运算符
不等于运算符</td><td>双目运算符</td><td>从左到右</td></tr>
<tr><td>8</td><td>&</td><td>按位与运算符</td><td>双目运算符</td><td>从左到右</td></tr>
<tr><td>9</td><td>^</td><td>按位异或运算符</td><td>双目运算符</td><td>从左到右</td></tr>
<tr><td>10</td><td>|</td><td>按位或运算符</td><td>双目运算符</td><td>从左到右</td></tr>
<tr><td>11</td><td>&&</td><td>逻辑与运算符</td><td>双目运算符</td><td>从左到右</td></tr>
<tr><td>12</td><td>||</td><td>逻辑或运算符</td><td>双目运算符</td><td>从左到右</td></tr>
<tr><td>13</td><td>? :</td><td>条件运算符</td><td>三目运算符</td><td>从右到左</td></tr>
<tr><td>14</td><td>=
+=　-=　*=　/=　%=
>>=　<<=　&=　^=　|=</td><td>赋值运算符
算术赋值运算符
位复合赋值运算符</td><td>双目运算符</td><td>从右到左</td></tr>
<tr><td>15</td><td>,</td><td>逗号运算符</td><td></td><td>从左到右</td></tr>
</table>

说明：

（1）表中运算符的优先级序号越小，表示优先级越高。

（2）同一优先级的运算符优先级别相同，运算次序由结合性决定。

（3）不同的运算符要求不同的运算对象个数。条件运算符是C语言中唯一的一个三目运算符。

参考文献

［1］周敏，于瀛军．C 语言程序设计．北京：清华大学出版社；北京交通大学出版社，2009.

［2］曾令明．C 语言程序设计实用教程．成都：电子科技大学出版社，2006.

［3］何光明，杨静宇．C 语言程序设计与应用开发．北京：清华大学出版社，2006.

［4］张军安．C 语言程序设计应用基础教程．西安：西北工业大学出版社，2006.

［5］丁爱萍．C 语言程序设计实例教程．西安：西安电子科技大学出版社，2004.

［6］刘宏，杨虹．C 语言程序设计实用教程．北京：清华大学出版社；北京交通大学出版社，2008.

［7］周学毛．新编 C 语言程序设计教程．西安：西安电子科技大学出版社，2004.

［8］邱希春，周建中，陈莲君．C 语言程序设计教程．北京：清华大学出版社；北京交通大学出版社，2004.

［9］朱立华，郭剑．C 语言程序设计．北京：人民邮电出版社，2014.

［10］成奋华，陆惠民．C 语言程序设计．长沙：中南大学出版社，2005.

［11］徐贞如．C 语言程序设计．大连：大连理工大学出版社，2008.

［12］李秦伟．C 语言程序设计．重庆：重庆大学出版社，2004.